큰 꿈을 키우는 작은 도시들

큰 꿈을 키우는 작은 도시들

창조적 장소만들기와 브랜딩 전략

그렉 리처즈, 리안 다위프 지음

이병민, 남기범, 양호민, 정선화, 정수희, 최성웅, 허동숙 옮김

푸른길

위드 코로나 시대 작은 도시의 생존 전략

지난 20세기 인류에게 최대의 부를 가져다 준 산업시대의 핵심 생산요소는 노동과 자본이었다. 하지만 20세기 말 급속히 진행된 정보통신기술의 도입과 확산은 지식경제로 산업패러다임을 변화시켰고, 그에 따라 지식이 사회적 부의 원천으로 등장하였다. 뒤이은 21세기에는 지식경제가 진화하여 소위 창조경제 패러다임이 시작되었고, 이는 지식과 상상력을 융합하는 인간의 창조성을 도시와 사회발전의 핵심요소로 부상시켰다.

　최근 코로나19 바이러스가 창궐하면서 기존의 인프라와 산업시대의 성장기반으로 도시의 발전을 이야기하기에는 어려운 시대가 되었다. 이러한 환경변화 속에서 창조성을 근간으로 하는 작은 도시들의 유연성과 잠재력이 더욱 중요하게 대두되고 있다. 지역에서 창조성이 의미를 갖는 것은 그 핵심이 되는 창조인력이 그들의 아이디어와 상상력과 더불어 지역이라는 공간을 기반으로 다양한 발전을 유도하고, 창조적인 인프라를 만들어 간다는 점이다. 이러한 동력에 힘입어, 지역에서는 기존과는 다르게 문화를 기반으로 한 창조산업의 효과가 가시적으로 창출되는 등 지역발전의 다양한 가능성이 나타나고 있다. 이는 산학연의 협력과 고용 창출, 신산업의 태동, 새로운 협력과 소통의 관계성뿐 아니라 다양한 문화적 활동으로 나타난다. 이를 통해 창조성과 혁신 잠재력이 풍부한 지역에는 활력이 나타나고, 문화예술을 바탕으로 하는 창조인력과 창조산업, 그리고 개방성, 다양성, 포용력을 가지고 소통과 협력을 나눌 수 있는 공간이 도시를 지탱하는 요소로 작용한다. 지역발전을 위해서는 문화를 기반으로 하는 창조적 환경을 만드는 것이 이 시대에 매우 중요해진 것이다. 이러한 논의를 바탕으로 이 책에서는 위드 코로나 시대 중소도시의 생존과 번영이라는 측면에서 지역의 의미를 다시 보기 위해 유럽의 사례를 통해 다양한 가이드라인을 제시하고 있다. 문화전략을 기반으로 하고 있지만, 작은 도시의 생존 전략이라는 측면에서 시의성이 있고 매우 의미가 크다. 국가와 지역의 환경 차이가 있기는 하지만, 한국적 중소도시 전략에서도 실제적인 경쟁력 제고를 위해 지역발전 전략을 설정하는 데 유용한 자양분이 될 것이라고 기대한다.

세부 내용을 살펴보자면, 저자는 실질적인 중소도시의 발전전략을 위해, 특히 네덜란드의 문화전략을 토대로 주요 분야별로 핵심적인 비전과 방향, 실제 전략을 설명하고 있다. 예를 들자면, 소도시는 대도시와 비교하여 정면승부할 수 있는 힘과 영향력이 부족하기 때문에 오히려 모든 이해관계자가 참여하는, 한층 전략적이고 총체적인 장소만들기(placemaking) 전략을 도입해야 한다는 주장이 눈에 띈다. 문제는 작은 도시의 장점을 충분히 발휘할 수 있느냐 하는 것이다. 작은 도시가 가지고 있는 유무형의 자원을 동원하고 네트워크와 연계하며 작은 규모를 창의적으로 활용하는 것이 관건이 될 것이다. 본문에서 강조한 바와 같이 혁신, 지식과 문화에 대한 접근성, 역동적인 경제 공간과의 연계 그리고 무엇보다 살기 좋은 곳으로서 소도시가 장점을 가질 수 있는 균형성장을 그 방안으로 생각해 볼 수 있다.

대도시는 규모의 경제를 기반으로 하고 있지만, 역으로 불경제 요소와 삶의 질을 해치는 다양한 요인들이 존재한다. 코로나19 바이러스의 전 세계적 확산으로 생존을 위협받는 시대, 양적 성장보다 질적 쾌적함이 요구되는 시대, 우리는 어디에서 살 것인가에 대한 대답이 필요한 것이다. 문화 자산, 삶의 질, 행복, 쾌적함, 유연성과 발빠른 혁신 대응능력 등 중소도시는 대도시와 다른 장점을 보유하고 있으며, 이는 비가시적인 무형자원인 경우가 많다. 그러한 요소들을 발굴하고 경쟁력을 키우는 것이 중요하며, 적은 인력이지만 공동의 협력적 구조를 만들어가는 것이 필요하다. 저자가 본문에서 다루고 있는 유무형의 한정된 자원과 구성요소(2장), 협력적 장소만들기(3장), 이해관계자 설득의 방법(4장), 다양한 의사결정구조와 거버넌스(5장), 브랜드와 스토리텔링(6장), 비용과 재정의 문제(7장), 투자와 타이밍, 시간의 문제(8장), 성공요인과 다른 도시를 위한 시사점의 정리(9장) 등 다양하고 실제적인 주제들이 우리가 기대하고 있는 해답의 실마리가 충분히 될 수 있을 것이다.

과거로부터 내려온 역사와 자산을 토대로 지역만이 가지고 있는 차별적인 스토리텔링에 집중하고, 정책의 수혜대상자로서 다양한 주민, 예술가, 행정가, 상인 그룹, 대학, 관광객 등 대상을 명확히 하며, 삶의 질 제고를 위한 노력을 경주해 나갈 때, 성공의 가능성은 더욱 높아질 것이다. 더하여 투명한 의사결정구조의 마련과 합의는 디지털시대 다양한 플랫폼의 마련과 함께 더 평등한 기회를 약속할 수 있을 것이다. 작은 도시가 가지고 있는 위치는 약자의 것이지만, 씨름에서의 되치기 기술과 같이 기회를 이용한다면 역전은 언제나 가능하다.

이 책은 이와 같이 다양한 주제를 다루면서 현재 상황에서 작은 도시들이 재고해야 할 점을 문화전략 중심으로 성찰하고, 작은 도시가 지향해야 할 점을 제시하고 있다. 이러한 논의는 최근 한국에서 문화도시, 유휴공간, 장소만들기 등에 집중하고 자치분권이 강조되고 있는 시점에 매우 적절한 주제라 하지 않을 수 없다. 실용적인 정책 안내서의 발간이라는 낯선 주제에도 불구하고, 이 책이 나올 수 있게 물심양면으로 힘써 주신 푸른길 이선주 팀장님과 김선기 사장님께 진심으로 감사드린다.

글로벌 경제위기 이후 국내뿐만 아니라 전 세계적으로 저성장 현상이 지속되고 있다. 이러한 위기를 헤쳐나가고 미래를 선도할 수 있는 어젠다 설정을 통해 한 발 빠르게 고민하고 준비한다면 누구나 기회를 잡을 수 있을 것이라고 생각한다. 이는 비단 특정 국가만의 역할이 아니라 개개인 모두가 고민하고 해결해 나가야 할 과제이다. 새로운 시대, 지역과 작은 도시들을 바라보는 새로운 눈을 통해 작은 도시가 키워 가는 큰 희망이 도시정책의 길라잡이가 되어 작은 발걸음이 미래의 큰 도약으로 이루어지고, 유럽 작은 도시의 경험이 우리에게 유익하기를 기대해 본다.

2021년 7월
옮긴이 일동

· 서 문 ·

네덜란드의 항구도시 로테르담은 2001 유럽문화수도 프로그램 조성을 위해 "Rotterdam Is Many Cities"라는 슬로건을 채택했다. 이 문구는 당시 예술감독이었던 베르트 판 메헬런(Bert van Meggelen)이 이탈로 칼비노(Italo Calvino)의 책 《보이지 않는 도시들(Invisible Cities)》에서 영감을 얻어 고안한 것이었다. 그 중심에는 모든 도시에는 그 크기에 상관없이 업무의 도시, 여가의 도시, 문화의 도시, 주간의 도시, 야간의 도시, 이민자, 여행가, 예술가의 도시처럼 다양성이 존재한다는 생각이 자리 잡고 있었다. 이 프로그램을 통해 네덜란드 중세 화가 히에로니무스 보스(Hieronymus Bosch)의 작품을 전시함으로써 2001년 당시 22만 명이 넘는 관광객을 유치할 수 있었다. 이러한 경험은 15년 후 보스의 사후 500주년을 맞아 스헤르토헨보스('s-Hertogenbosch)라는 네덜란드 도시의 프로그램에 영감을 주는 계기가 되었다. 로테르담은 네덜란드에서 비교적 큰 도시이고, 보스의 작품 또한 보유하고 있었기에 보스 전시회의 성공이 그리 놀라운 일은 아니었다. 그러나 스헤르토헨보스라는 훨씬 작고, 발음하기도 어려운 도시가 전시회를 개최한다는 것은 불가능에 가까워보였다. 이 도시는 예술 도시로서의 명성도 없었고, 마땅한 자원도 없었으며, 심지어는 보스의 작품조차 가지고 있는 것이 없었다.

이 책에서는 《가디언(The Guardian)》이 기적이라 평했던, 즉 스헤르토헨보스가 뚜렷한 수단도 없이 어떻게 세계적인 문화 프로그램을 개최했는지를 이야기한다. 창조적인 장소만들기가 어떤 방식으로 소도시의 발전에 도움이 될 수 있는지를 논의하기 위해 스헤르토헨보스의 경험은 물론, 전 세계 다른 도시의 사례도 참고했다. 그리고 소도시가 어떻게 미래를 바꾸고, 이름을 알릴 수 있는지를 보여 주기 위해 창조적인 장소만들기의 요소를 분석했다.

수많은 사람의 노력이 이 이야기를 만들어 냈던 것처럼, 이 책 또한 마찬가지이다. 우리는 운 좋게도 스헤르토헨보스의 장소만들기 프로그램에 오랫동안 다방면으로 참여했던 여러 핵심 인사들의 경험과 지식을 활용할 수 있었다. 특히 지난 20여 년간 도시의 발전에 대한 통찰력과 더불어 이 프로젝트가 지속될 수 있도록 격려해 준 전 스헤르토헨보스 시장 톤 롬바우츠(Ton Rombouts)에게 감사를 표하고자 한다. 또한 히에로니무스 보스500재단의 예술감독 아트 스흐라베산더(Ad 's-Gravesande), 브라반트케니스(BrabantKennis)의 디렉터이자 바헤닝언 대학(Wageningen University)의 공간계획 및 문화유산학 교수인 욕스 얀센(Joks Janssen), 네덜란드 관광청의 요스 프랑컨(Jos Vrancken) 청장, 노르트브라반트 주지사 빔 판데르동크(Wim van der Donk)로부터 귀중한 정보를 얻을 수 있었다. 마지막으로 이 책의 초안에 아낌없는 조언을 해 준 레니아 마르케스(Lénia Marques)와 사진자료를 사용할 수 있도록 허락해 준 벤 닌하위스(Ben Nienhuis)와 마르크 볼시위스(Marc Bolsius)에게도 감사의 인사를 전한다.

소도시의 엄청난 다양성으로 인해 이 책이 완전하다고 할 수는 없을 것이다. 우리의 경험과 지식에 따라 사례들을 선택할 수밖에 없었다. 핵심적인 사례라 할 수 있는 네덜란드 도시 스헤르토헨보스는 우리가 수년간 프로그램을 연구하고 발전시킨 곳이었다. 그 외 다수의 사례 또한 주요 연구지역인 유럽에서 찾았다. 한편으로는 문화 프로그램이 창조적 장소만들기의 잠재력 측면에서 도시에 엄청난 기회를 제공한다고 생각하기에 이러한 프로그램에 초점을 맞추었다. 전반적으로 이 책에 소개된 도시들은 모든 소도시가 큰 꿈을 이루기 위해 노력한다면 발전할 수 있을 것이라는 우리의 확신을 보여 준다.

"자신의 것을 만들지 않고 언제나 남이 만든 것을 쓰려는 자는 마음이 가난하다(Poor is the spirit that always uses the inventions of others and invents nothing themselves)."

히에로니무스 보스(1450~1516)

스헤르토헨보스시의 시장인 톤 롬바우츠(Ton Rombouts)가 "자신의 것을 만들지 않고 언제나 남이 만든 것을 쓰려는 자는 마음이 가난하다"라는 경구가 새겨져 있는 히에로니무스의 작품 〈숲에는 귀가 있고, 들에는 눈이 있다(The wood has ears, the field has eyes)〉를 들고 있다. (사진: Ben Nienhuis)

· 차 례 ·

1장

작은 도시, 큰 도전

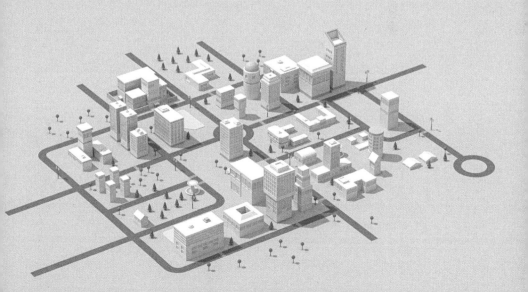

서론

세계화의 흐름 속에서 도시는 경제 재편과 포지셔닝 같은 문제에 지대한 영향을 받아 왔다. 도시는 새로운 기회를 만들기 위해 자체적으로 물리적 변화를 꾀하거나, 이목을 끌려는 목적으로 이미지 쇄신을 시도해 왔다. 그런 전략들은 흔히 볼티모어 연안 개발이나 빌바오의 '구겐하임 효과'와 같이 경제 재편 중인 산업 대도시의 제한된 '모델'을 따른다.

그렇다면 그런 대규모 계획을 추진할 수 있는 자원과 전문성이 부족한 소도시는 어떻게 대처해야 할까? 소도시는 어떻게 이름을 알릴 수 있을까? 소도시는 이런 문제와 씨름하고 있지만 대도시와 같은 힘과 영향력이 없다. 우리는 모든 이해관계자가 참여하는, 한층 전략적이고 총체적인 장소만들기 (placemaking) 전략을 도입해야 한다는 점을 강조하고자 한다.

이 책에서는 네덜란드 스헤르토헨보스*의 사례를 통해 소도시가 어떻게 관심을 끌고, 성장과 번영 및 사회문화적 이익을 얻을 수 있는지 설명한다. 인구

15만 명의 이 지방 도시는 그곳에서 태어나서 일하고 죽음을 맞이한 중세 화가 히에로니무스 보스**의 삶과 작품을 다룬 프로그램을 바탕으로 세계 무대에 등장했다. 보스의 작품이 탄생한 장소임에도 불구하고, 그의 유산은 수십 년 동안 전혀 활용되지 않았다. 모든 작품이 사라진 지 오래였고, 보스의 유산이나 그와 관련된 무언가를 구축할 만한 토대조차 존재하지 않았다.

　보스의 사후 500주년 기념일은 이 중세의 천재를 도시의 브랜드로 활용하는 기폭제가 되었다. 보스의 작품이 많지 않기 때문에 그의 작품이 구현한 창조 정신을 받들어 창의적 방법을 택할 수밖에 없었다. 스헤르토헨보스시는 보스 연구 보존 프로젝트(Bosch Research and Conservation Project)를 추진해 그의 작품을 소장하고 있는 유럽과 북미 도시 간 국제 네트워크의 중심지가 되었다. 귀환 작품 전시회가 열린다는 소문은 전 세계 언론의 헤드라인을 장식했으며, 전시회 마지막 주의 입장권을 구하려고 쟁탈전이 벌어졌다. 결과적으로 무려 42만 2,000명의 관람객이 스헤르토헨보스를 방문했으며, 파리·런던·뉴욕 같은 도시에서 개최된 전시회와 함께 《아트 뉴스페이퍼(Art Newspaper)》의 전시회 순위에서 10위를 차지했다. 이에 대해 영국 일간지 《가디언(The Guardian)》은 스헤르토헨보스시가 "금세기 가장 중요한 전시회 중 하나"를 개최함으로써 "불가능한 일을 이루었다"라고 평했다.

　이 '기적'이 하룻밤 사이에 이루어진 일은 아니었다. 2016년을 잊을 수 없는 해로 만들기 위해 많은 사람이 오랫동안 노력을 기울였다. 회의론에 부딪혔던 이 아이디어는 문화·사회·경제적 효과와 함께 국가적 행사로 성장했다. 스헤르토헨보스시는 명성을 얻었지만 거기서 멈추지 않았다. 한 참가자가 이

---

* 스헤르토헨보스('s-Hertogenbosch)는 네덜란드 남부의 도시로 노르트브라반트주의 주도이다.
** 히에로니무스 보스(Hieronymus Bosch, 네덜란드어로는 Jheronimus Bosch)는 네덜란드의 화가이다. 상상 속의 풍경을 담은 작품들로 유명하다. 20세기 초현실주의 운동에 영향을 끼쳤다고 알려져 있다.

〈사진 1.1〉 '히에로니무스 보스: 천재의 비전(Visions of Genius)' 스헤르토헨보스 전시회
(사진: Lian Duif)

렇게 말했다. "계속 큰 꿈을 꾸려 합니다. 아직 끝나지 않았습니다. 다시 새로운 꿈을 꿀 수 있습니다"(Afdeling Onderzoek & Statistiek 2017: 9).

스헤르토헨보스만이 이례적인 것은 아니다. 전 세계의 작은 도시와 장소들이 이벤트, 새로운 행정 모델, 공동체 개발 프로그램, 혁신적인 주택, 새로운 운송 솔루션과 창의적인 전략 수립 등의 방식으로 성공을 거두고 있다. 예를 들어 슈메이너스(브리티시컬럼비아주, 인구 4,000명)는 벽화마을로 세계적인 명성을 얻었다(Box 9.1 참고). 황폐한 도시였던 아이오와주의 더뷰크(Dubuque, 인구 5만 8,000명)는 미시시피 강변을 재활성화하면서 해마다 150만 명이 넘는 관광객을 끌어들였다(Box 7.2 참고). 태즈메이니아의 호바트(Hobart, 인구 20만 명)는 새로운 이벤트와 축제뿐만 아니라 모나(MONA) 박물관을 통해 활력을 되찾았다(Box 2.1 참고). 일본 세토내해 12개의 작은 섬에서 개최된 2016 세토우치 국제예술제(Setouchi International Art Festival)에는 외국인 관광객 13만 명을 포함해 100만 명 이상이 방문했다.

소도시 재생이 매우 성공적일 수 있음에도 여전히 큰 문제나 규모가 큰 계획, 많은 예산이 대도시에 집중되어 있다. 대도시는 유명 건축가나 국제 컨설턴트를 고용할 수 있고, 대규모의 과감한 해결책을 추구한다. 소도시는 규모가 그만큼 크지는 않더라도 자체적인 도전에 직면해 있다. 관심을 끌기 위해 경쟁하는 도시들 사이에서 어떻게 주목받을 수 있을까? 소도시는 올림픽을 유치할 수도 없고, 박물관에 자금을 희사할 자선가가 있는 것도 아니며, 프랭크 게리(Frank Gehry)나 리처드 플로리다(Richard Florida) 같은 저명한 인물을 고용할 여유도 없다. 소도시는 무엇을 할 수 있을까?

소도시는 강점을 살리는 것으로 시작할 수 있다. 소도시가 가지고 있는 유무형의 자원을 동원하고 네트워크와 연계하며 작은 규모를 창의적으로 활용할 수 있다. 이 책은 소도시가 어떻게 눈에 띄는 존재가 될 수 있는지를 보여준다. 기핑어 외(Giffinger et al. 2007: 3)는 '중소 도시'에 관해 다음과 같이 설명했다.

> 내생적 잠재력을 기반으로 한 중소 도시의 효율적인 포지셔닝과 효과적인 개발 전략은 규모가 큰 도시와 달리 잘 알려지지 않았다. 따라서 유사한 문제에 대처한 다른 중소 도시의 성공적인 개발 전략에서 시사점을 얻는 것이 바람직하다.

우리는 성공적인 소도시가 이루어 온 것을 분석해 시사점을 도출하는 방식으로 이 조언을 따르고자 한다.

그리고 신경제에 의해 만들어진 가능성을 강조할 것이다. 최근 수십 년간 도시의 무형 자원은 도시를 포지셔닝하고 성공을 추구하는 데 훨씬 중요해졌다. 도시는 폭넓은 잠재적 파트너뿐만 아니라 다양한 수단과 재료를 가지고 있다. '협력경제' 체제에서 자원의 소유는 더는 필수적인 것이 아니며, 필요로 하는 많은 것을 대여하거나 공동으로 개발할 수 있다. 이 책은 이러한 변화가 소도시에 주는 의미와 가능성을 보여 준다.

　본 장에서는 현대 도시권에서 소도시의 위상을 살펴보고, 소도시가 직면하고 있는 도전과 기회에 대해 논의한다. 이후의 논의가 소도시에 새로운 발전적 논의를 불러일으킬 수 있기를 희망한다.

작은 도시에 대한 주목

최근 수십 년간 도시는 큰 관심을 받았다. 현재 33억 명이 도시에 거주함에 따라 21세기는 '도시의 시대'라 일컬어진다(Kourtit et al. 2015). 이러한 관심이 대부분 대도시, 특히 상파울루, 도쿄, 뉴욕, 런던과 같이 급성장하는 메가시티에 집중되었다. 도시 연구와 도시계획 분야의 유명 인사들 역시 큰 도시에 초점을 맞추는 경향이 있다. 제인 제이콥스(Jane Jacobs), 루이스 멈퍼드(Lewis Mumford), 피터 홀(Peter Hall), 케빈 린치(Kevin Lynch)의 글을 아우르는 '도시계획 저서 20[Top 20 Urban Planning Books(Of All Time)]'은 그중에서도 뉴욕, 샌프란시스코, 몬트리올, 시카고, 로스앤젤레스, 런던, 파리, 뉴델리, 모스크바, 홍콩 같은 도시를 다룬다. 앤 파워(Anne Power)의 저서 《작은 대륙의 도시: 도시 회복의 국제편람(Cities for a Small Continent: International Handbook of City Recovery)》은 빌바오, 셰필드, 릴, 토리노, 라이프치히 등의 도시를 다룬다. 이 도시들은 평균 인구가 약 75만 명으로 엄밀히 말해 소도시는 아니다.

　많은 연구가 대도시에 관한 것이지만, 소도시에 대한 학술적이고 전문적인 관심 또한 최근 몇 년간 증가하고 있다. 이러한 경향은 2005년경, 소도시의 상황을 구체적으로 다루는 서적이 급증하면서 분명해졌다. 거의 모든 책이 거대도시와 소도시의 상황을 비교했다. 개릿-페츠(Garrett-Petts 2005)는 《스몰 시티 북(Small Cities Book)》에서 문화(Culture, 대문자 C)가 대도시의 삶과 동일시된다고 주장했다. 그는 인구 10만 명 이하의 도시를 다룬 소도시 지역사회-대학연구연합(Small Cities Community-University Research Alliance, CURA)의 후속 연구에서 소도시는 그들 스스로 작은 규모의 거대도시 혹은 대도시 느낌이 나는 작은 도시로 여기는 경향이 있음을 발견했다. 벨과 제인(Bell and Jayne 2006), 오포리아모아(Ofori-Amoah 2006)의 연구 또한 소도시 및 '거대도시 그 이상'의 도시 경험에 특히 주목했다. 대니얼스 외(Daniels et al. 2007)는 《소도시 계획 편람(Small Town Planning Handbook)》(현재 제3판)의 초판을 출간했으며, 베이커(Baker 2007)는 소도시의 목적지 브랜딩(destination branding)을 위한 안내서를 발간했다. 제인 외(Jayne et al. 2010: 1408)에 일부 영향을 받아 등장하게 된 소도시 관련 연구 주제는 "소수의 '세계' 도시 수준에서 정의한 '도시' 연구가 지배적이던 도시 이론에 대한 불만"을 다룬 것이었다. 소도시 연구에 대한 이 새로운 관점은 지금까지 많은 연구를 이끌어 냈다. 코널리(Connolly 2012)는 곤경에 빠진 산업 소도시를 연구했으며, 노먼(Norman 2013)은 세계화와 이주 및 다른 변화가 미국 소도시에 미친 효과를 분석해 그 영향력이 대도시와 비교해 차이가 있음을 발견했다.

2012년 앤 로렌첸(Anne Lorentzen)과 바스 판 회르(Bas van Heur)는 소도시와 그들의 독특한 문화 전략이 대부분 관심을 받지 못했다고 주장하면서 《소도시 문화정치경제학(Cultural Political Economy of Small Cities)》을 편집했다. 앨런 스콧(Alan Scott)과 리처드 플로리다 같은 학자들의 '거대도시 편향'을 비판하며, 최근 수십 년간 이루어진 발전의 원동력으로 문화와 여가에 초점을 맞추었다. 워드나우(Wuthnow 2013) 또한 700회 이상의 심층 인터뷰를 통해 연구한 《미국 소도시(Small-Town America)》를 펴냈으며, '작은 규모'가 소도시의 사회적 네트워크와 행동, 시민으로서의 책무를 형성하고 강한 애착을 불러일으킨다고 보았다. 웜슬리와 캐딩(Walmsley and Kading 2017) 또한 1980년대 이후 신자유주의적 분위기 속에서 심각한 사회문제를 맞닥뜨리게 된 캐나다 소도시를 연구했다. 그들은 몇몇 도시가 외부 변화에 대한 포괄적인 대응을 이루어냈지만, 다른 도시들은 이에 실패했다는 판단을 내렸다. 이와 같이 소도시에 대한 일반적인 논의와 더불어 특정 소도시에 대한 분석 또한 이루어졌다. 리치먼(Richman 2010)은 뉴저지주 트렌턴(Trenton)을 후기 산업시대의 '잃어버린 도시'라 여겼으며, 다이크먼(Dikeman 2016)은 오하이오주 노스칼리지힐(North College Hill)의 시장 댄 브룩스(Dan Brooks)의 경력을 이야기하면서 그가 어떤 방식으로 이 작은 도시를 알리는 데 기여했는지 보여 주었다. 좀 더 국제적인 관점은 미국과 유럽의 데이터를 분석한 크레슬과 이에트리(Kresl and Ietri 2016)의《경쟁세계의 소도시(Smaller Cities in a World of Competitiveness)》에서 제시되었다. 연구자들에 따르면 현대의 도시화된 세계에서 관심을 끌기 위한 경쟁은 필수적이다.

　소도시가 많은 관심을 끌고 있음에도 불구하고, 일관성 있는 분석은 여전히 미흡하다. 특히 소도시 개발 과정에서 특정 소도시가 어떻게, 왜 성공을 거두는지는 알려진 바가 거의 없다. 이와 같은 문제를 다루기 위해서는 우선 도시 연구 전체와 그 안에서 소도시의 위상에 대해 살펴볼 필요가 있다.

세계의 도시권

2014년 유엔(United Nations)은 인구 천만 명이 넘는 메가시티가 28개라고 밝혔는데, 이는 세계 인구의 약 12%를 차지한다. 그러나 대도시보다 더 많은 숫자의 소도시가 존재한다. 세계 인구의 약 43%가 인구 30만 명 혹은 그 이하의 도시에 거주하고 있다. 유럽연합의 경우 대략 절반의 도시가 인구 5만 명에서 10만 명 정도이다. 2000년에는 미국 인구의 절반 이상이 인구 2만 5,000명 이하의 도시 혹은 시골에 거주했다(Kotkin 2012). 이렇게 2만 5,000명 이하의 주민이 거주하는 곳이 미국 내 '도시화 지역'의 대부분을 차지한다. 애틀랜틱 시티 랩(Atlantic City Lab 2012)이 설명한 것처럼 "미국 내 3,573개의 도시 지역(도시화된 지역과 도시 클러스터) 가운데 2,706개의 지역은 작은 도시다." 즉 소도시가 거의 80%를 차지한다.

호라시오 카펠(Horacio Capel 2009)이 언급한 것처럼 '작다는 것'의 의미는 맥락에 달려 있다. 유럽(Laborie 1979), 라틴아메리카, 북미의 연구는 각각 중소도시를 분류하기 위해 서로 다른 규모의 범주를 사용한다. 따라서 '작다는 것'의 의미는 마음먹기에 따라 달라진다. 벨과 제인(Bell and Jayne 2006)은 소도시가 제한된 도시성과 중심성을 가지고 있으며, 한정된 기대치와 '작은' 장소라는 자기 인식에 걸맞게 그 주변부 밖에서는 제한적인 정치·경제적 영향력을 지니고 있다고 설명했다. 언어 또한 도시란 무엇인지, 무엇이 '작은 것'을 구성하는지에 대한 우리의 생각에 영향을 미친다. 예를 들어 영어는 도시(city)와 소도시(town)를 구분하며, 이는 (항상 그런 것은 아니지만) 대개 규모나 기능과 관련되어 있다. 하지만 이와 같은 구분은 프랑스어의 '도시(ville)'나 스페인어의 '도시(ciudad)'를 지칭하는 단어에는 반영되지 않는다.

카펠(Capel 2009: 7)은 최근 수십 년간 소도시가 경쟁하는 상황이 변해 왔음에 주목했다.

> 현재의 보편적인 도시화 환경에서 중소 도시의 의미는 과거와 달리 변화하고 있다. 도시의 성장은 오랫동안 긍정적(규모가 더 클수록 더 나은)으로 여겨졌지만, 1960년대 이후 성장의 한계에 대한 논란이 제기되었을 때 이러한 관점은 변하기 시작했다.

최근에는 혁신, 지식과 문화에 대한 접근성, 역동적인 경제개발 공간과의 연계 그리고 무엇보다 살기 좋은 곳으로서 소도시가 장점을 가질 수 있는 균형 성장이 더 큰 관심을 끌고 있다(Capel 2009).

이러한 특성에 대한 관심은 최근까지도 소도시의 특징으로 여겨지던 인구 감소의 반전을 나타낸다. 소도시는 더 나은 삶의 질을 제공할 수 있고, 그 결과 더 빨리 성장하기도 한다. "급속도로 성장하는 도시 중 다수가 비교적 작은 도시들이다"(United Nations 2014). 유럽에서는 도시에서 시골로, 대도시에서 소도시로 인구가 이동하고 있다(Dijkstra et al. 2013: 347).

> 2000년대 이후, 대도시는 1990년대 세계화의 첫 10년간 그들이 수행하던 주도
> 적인 역할을 더는 할 수 없게 되었다. 유럽의 경제성장은 점차 도시뿐만 아니
> 라 중간(intermediate) 지역과 시골 지역이 주도하게 되었다.

크레슬과 이에트리(Kresl and Ietri 2016)에 따르면 소도시는 상대적 중요성에도 불구하고, 그에 대한 이론화나 비교연구는 많지 않다. 이는 우리가 대도시와 그 문제점에 대해서는 많은 것을 알고 있지만, 소도시와 소도시가 시도하는 도전, 맞닥뜨린 기회에 관해서는 그렇지 못함을 의미한다. 우리가 대도시에 관해 알고 있는 바를 단순히 소도시에 적용할 수 없음을 나타내는 몇 가지 증거가 있다. 도시의 성장은 거주자의 혼합, 주거환경, 교통을 비롯한 기반시설 그리고 서비스 공급에 이르기까지 질적인 변화를 초래하기에 도시 규모가 중요한 의미를 지닌다. 대도시는 소도시가 모방하기 힘든 수준의 서비스를 제공할 수 있는 밀도를 갖추고 있다. 메이어르스(Meijers 2008)는 네덜란드를 사례로 단지 소도시들을 합치는 것만으로는 대도시와 같은 수준의 1인당 어메니티(amenities)를 공급할 수 없다고 주장했다.

이처럼 소도시는 대도시와 질적으로 다르다. 이는 부분적으로 인구문제이자 영향력의 수준, 연결성 혹은 일자리와 투자를 유치하는 능력에 관한 것이다. 날이 갈수록 심화하는 자원 경쟁은 도시 규모를 중요한 것으로 만든다. 과거 소도시는 국가조직에 의해 경쟁으로부터 어느 정도 보호받았다면, 어느 때보다 전략적으로 계획을 세우고 자산을 동원해야 할 "현재 소도시는 유례 없는 수준의 어려움에 직면해 있다"(Kresl and Ietri 2016: 7). 기핑어 외(Giffinger et al. 2007)는 갈수록 치열해지는 경쟁적 맥락을 강조한다. "경제, 사회, 제도 차이의 변화는 도시들을 더욱 비슷하게 만들었고, 경쟁은 국가 수준에서 도시와 지역 수준으로 그 규모가 축소되었다." 따라서 소도시는 효과적으로 경쟁하기 위한 전략이 필요하다.

크레슬과 이에트리(Kresl and Ietri 2016)는 소도시가 이 경쟁적인 투쟁에서 중요한 장점과 함께 다음과 같은 단점이 있다고 주장했다.

- 부족한 인지도와 특수성
- 부족한 비전
- 위험 기피
- 부족한 전략적 계획
- 부족한 내생적 자원
- 부족한 밀도와 같은 공간적 불리함

소도시는 대개 이런 문제들을 다루기에 적합하지 않다. 렌(Renn 2013)은 자체적인 개혁에 힘겨워하던 다수의 소규모 '후기 산업도시'의 어려운 상황을 설명했다. 탈산업화는 많은 소도시에 깊은 상처를 남겼고, 그들은 투자금과 인재를 잃었으며 이를 회복하기 어렵다는 것을 깨달았다.

> 최고의 교육을 받은 야심만만한 사람들은 도시가 성장한다고 하더라도 여전히 헐(Hull, 영국 북동부 도시)과 같은 곳을 떠나려 할 것이다. 소도시의 규모나 위치, 인구구조는 중산층이 좋아하는 레스토랑이나 상점이 결코 그곳에 생길 일이 없음을 나타낸다(Renn 2013).

이는 소도시가 대도시만큼 전략적이거나 창의적이기 힘들다는 것을 의미한다. 왜냐하면 보통 대도시가 더 큰 어려움에 부딪히게 되고, 그 문제를 해결하기 위해 노력해야만 하기 때문이다. 소도시는 살거나 방문하기 편한 장소가 될 수 있지만, 한편으로는 의욕 부족으로 이어질 수 있다. 그렇다면 소도시는 왜 변화해야 하는가? 왜 큰 꿈을 키워야 하는가? 모든 도시에는 큰 꿈이 필요한가?

도시의 지위가 결국 쇠퇴로 이어질 것이라는 경쟁적인 주장은 차치하더라도 소도시는 변화하는 외부환경에 스스로 적응해야 한다. 국제통신 체계와 '네트워크 사회'(Castells 1996)는 소도시에 새로운 기회를 제공한다. 이제 원활한 네트워킹을 위해 런던이나 뉴욕 중심에 살아야 할 필요가 없어졌다. 점점 더 많은 사람이 어디서든 일할 수 있게 된 상황에서 높은 삶의 질을 누리면서 소도시에서 일할 수 없는 이유는 무엇인가? 이 책에서는 변화하는 도시 환경으로 인해 도시가 대응하는 방법 또한 변화하고 있음을 보여 주고자 한다. '위코노미(WE-economy)'(Hesseldahl 2017)에서 다른 도시와 연계하거나 협력할 가능성은 도시가 경제, 사회, 문화 프로세스의 플랫폼으로서 수행하는 역할에 대해 생각해 보게 한다. 즉 도시가 새로운 비즈니스 모델과 새로운 업무처리 방식을 개발하기 위해 경제, 사회, 문화의 전 과정에 결합이 가능한 광범위한 플랫폼이 될 수 있음을 의미한다. 이는 소도시가 경쟁에서 뒤처지는 것이 아닌, 급변하는 세계에서 새로운 기회를 잡을 수 있다는 것을 보여 준다.

작은 것의 장점

신경제에서는 네트워킹, 만남을 위한 공간, 문화 클러스터, '분위기(atmo-sphere)'(2장 참고)와 같은 '소프트 인프라스트럭처(soft infrastructure)'의 역할을 강조해 왔으며, 이는 소도시가 장점으로 개발할 수 있는 분야이다.

예상과 달리 도시의 인구 규모는 문화와 창조성의 성과를 결정짓지 않는다. 평균적으로 중소 도시는 대도시에 비해 특히 '문화적 활기(Cultural Vibrancy)'와 '우호적 환경(Enabling Environment)'에서 높은 점수를 받았다(Montalto et al. 2017: 23).

크레슬과 이에트리(Kresl and Ietri 2016)에 따르면 소도시는 대도시에 비해 다음과 같은 중요한 장점이 있다.

- 위치 – 소도시는 대체로 전통산업에 중요한 자원 가까이에 위치해 있다.
- 문화 자산
- 높은 삶의 질
- 높은 수준의 행복
- 높은 수준의 교육자원(대학은 흔히 소도시에 설립된다.)
- 높은 수준의 사회자본
- 스타트업과 혁신

소도시에 사는 장점을 보여 주는 증거는 점차 늘고 있다. 오쿨리치-코자린(Okulicz-Kozaryn 2017: 144)은 미국의 소도시가 행복감, 즉 주관적 웰빙 수준이 높은 것을 발견했다. 그는 "소도시들이 학자, 정책 입안자, 기업가에게 잊혀진 것처럼 보일지라도, 사람들은 작은 지역에서 가장 행복하다"고 판단했다. 이는 여러 유럽 국가에서도 분명히 나타난다. 마를럿(Marlet 2016)은 최근 네덜란드에서 고학력 인구와 매력적인 건축유산(built heritage)으로 특징지어지는 '기념비적 도시(monumental cities)'가 증가하고 있다고 말했다. 스헤르토헨보스처럼 많은 소도시가 이런 형태를 나타낸다. 이런 도시는 매력적인 도시 공간과 부유한 소비자가 있어 다른 소도시보다 풍부한 문화에 좋은 레스토랑이 있고, 빈 상점 수도 적다(Garretsen and Marlet 2017).

로렌첸과 앤더슨(Lorenzen and Anderson 2007: 5) 또한 창조계급은 인구 7만 명에서 120만 명 사이의 중규모 도시에서 더 일반적이라는 것을 알아냈다. 그들은 "창조계급은 도시의 혼잡 문제에 특히 부정적"이기에 대도시는 매력적이지 않다고 주장했다. 영국에서는 리와 로드리게스-포제(Lee and Rodrí-guez-Pose 2015)가 영국 소기업 설문조사(British Small Business Survey)의 데이터를 이용해 분석한 결과, 규모가 큰 '창조도시'가 다른 지역에 비해 더 혁신적이라는 증거는 찾을 수 없었다. 캐나다에서도 데니스-제이콥(Denis-Jacob 2012: 110)이 문화계 종사자의 존재가 도시의 규모와 명확하게 관련되어 있지 않음을 발견했다.

대부분의 문화계 종사자가 대도시권에 밀집해 있지만 몇몇 소도시도 그들을 성공적으로 유치했다. 스트랫퍼드(온타리오주), 캔모어(앨버타주), 포트호프(온타리오주), 나나이모(브리티시컬럼비아주)와 같은 소도시는 문화산업에 종사하는 인구 비율이 실제로 매우 높다.

올리버(Oliver 2000: 361)는 시민참여 측면에서 미국 소도시가 사회자본의 수준이 더 높게 나타나는 경향이 있음을 제시했다. "개인과 도시 수준의 특성을 통제했을 때 대도시 사람들은 공직자에게 연락하거나, 지역사회 모임에 참석하거나, 지방선거에 투표하는 경우가 훨씬 적다. [⋯] 대도시 사람들은 이웃들과 정치활동에 참여할 가능성이 작고 지역 문제에 무관심하다."

선호하는 주거와 생활방식의 변화는 많은 소도시의 성장을 돕는다. 규모로 인한 소도시의 단점은 현재 대도시가 가진 장점을 약화시킬 수 있는 생산, 교통, 통신기술의 변화로 극복할 수 있다(Okulicz-Kozaryn 2017). 중앙정부의 재정 이전 감소 역시 훗날 대도시의 이점을 줄이게 될 것이다. 오쿨리치-코자린(Okulicz-Kozaryn 2017)은 우리가 어디서든 일할 수 있는 능력이 증대되면서 소도시의 장점도 늘어날 것이라 주장했다. 즉 맥나이트(McKnight 2017)가 지적한 것처럼 작은 것이 새로운 큰 것일 수 있다.

소도시는 인기가 많다. 그들은 유행에 밝다. 투자도 끌어온다. 내가 미친 건가? 난 그렇게 생각지 않는다. 이유는 이렇다. 대도시 중심과 소도시는 생각보다 더 많은 공통점이 있다. 대도시는 같은 경제시장을 공유하는 작은 도시(이웃)의 모자이크다.

이러한 주장은 리처드 플로리다(Richard florida), 샤론 주킨(Sharon Zukin)이나 다른 도시학자들이 연구한 대도시 지역이 실제로 '도시마을(urban villages)'임을 강조한다. 이는 심지어 대도시 중심에서도 사람들이 소도시에 살 때 누리는 이점을 적어도 부분적이나마 향유할 수 있게 한다.

또한 맥나이트는 다른 요소들이 큰 것과 작은 것의 차이를 줄이고 있다는 견해를 제시했다. 기술은 직장이나 시장을 더 유동적이고 유연하게 만들었으며, 거주지 또는 기업 소재지에 대한 선택은 점점 개인의 선호와 지리적 시장 제약이 적다는 점을 바탕으로 인재를 유치하는 능력을 따르게 되었다. 특히 밀레니얼 세대는 낡은 산업 공간을 개조하거나 예술지구, 코워킹 스페이스(co-working spaces)를 만들어 소도시 중심으로 이동하고 있다. 그들은 흔히 대도시 중심에서 찾을 수 있는 편의 시설과 적은 비용으로 유지되는 작은 마을 공동체 느낌을 원한다(McKnight 2017).

소도시에 거주하는 많은 사람에게 중요한 문제는 이 장소들이 어떻게 대도시보다 더 나은 삶의 질을 제공할 수 있는지에 관한 것이다. 그 해답으로 만약 소도시가 충분한 경제적 기회를 창출할 수 있다면 소도시에 내재한 삶의 질과 관련한 장점이 드러날 수 있을 것이다. 소도시에 경제적 활력이 생긴다는 점 또한 더 분명해지고 있다.

《포브스(Forbes)》가 실시하는 최고의 고용도시(Best Cities For Jobs) 설문조사에 따르면 […] 가장 빠른 속도로 일자리가 늘고 있는 30개 도시 중 27개가 인구 100만 혹은 그 이하의 중소 규모 도시 지역인 것으로 나타났다(Kotkin 2012).

이러한 맥락에서 크레슬과 이에트리(Kresl and Ietri 2016: 25)는 "메가시티의 매력은 […] 감소하기 시작했다"고 주장했으며, 벨(Bell 2017)은 심지어 대도시가 소도시로부터 배워야 하는 것은 아닌지 의문을 제기했다. 그는 만약 소도시가 체계를 갖추고 있다면 더욱 재빠르고 유연하게 움직일 수 있다고 주장했다. 소도시는 더 우호적이고 사교적이며, 더 강한 지역 공동체 의식이 있다. 소도시는 스마트하고 지속 가능한 개발을 미래 계획에 통합하고 인재를 유치할 수 있다. 그리고 프로젝트와 프로그램을 통해 더 많은 사람에게 영향을 줄 수 있다.

휴먼스케일로 돌아가기

새로운 산업 중심지에 비해 소도시 혹은 오래된 도시의 성공은 휴먼스케일의 유지로 설명할 수 있다. 상대적으로 압축적인 도시 형태는 주민과 방문객이 상호작용할 수 있도록 많은 공간을 제공할 수 있다. 그 공간들은 사람들이 알아보기 쉽고, 걸어서 돌아다닐 수도 있다. 이것이 현재 많은 미국 도시가 재개발하거나 새로운 도심 지역을 개발하는 이유다(예: 유타주 웨스트조던, 콜로라도주 레이크우드, 인디애나주 카멜, 오리건주 벤드).

덴마크 도시계획가 얀 겔(Jan Gehl 2010)은 사람들이 환영받는 기분이 들고, 서로 소통할 수 있는 공공공간 디자인의 중요성을 강조했다. 가장 중요한 것은 안전, 지속가능성, 활력을 증진하면서 사람들이 공공공간에서 걷고, 자전거를 타고, 머무르게 하는 것이다. 이 아이디어는 전 세계 많은 도시에서 실행되고 있다. 공공공간 프로젝트(Project for Public Spaces, PPS)는 "뉴욕의 역사적 구조 양식을 파괴하기보다 보호함으로써 미래의 개발이 휴먼스케일의 미래를 지향하도록 돕는" 휴먼스케일도시 뉴욕연맹(New Yorkers for a Human Scale City, NYHSC) 등의 단체와 함께 도시 내 휴먼스케일의 필요성에 대한 관심이 커지고 있음을 파악했다. NYHSC는 84개의 인근 지역, 공공공간, 시민단체의 연합체로 구성된다. 몽고메리(Montgomery 2013)에 따르면 휴먼스케일의 개발을 증진하는 것은 기본적으로 두 가지 도시계획안, 즉 건물을 짓는 데 집중해 기업의 부와 함께 궁극적으로 국내총생산(GDP)을 증가시키는 것과 복합용도개발과 공동체의 웰빙을 장려하는 휴먼스케일의 공공공간에 집중하는 것 중 한 가지를 선택하는 것을 의미한다.

공공공간 프로젝트(PPS)에서 언급된 것처럼 휴먼스케일이란 어느 집단이든 그 공동체가 휴먼스케일로 인식하는 것이 기준이 된다. 얀 겔이 주장한 바와 같이, 휴먼스케일은 흔히 보행자가 자동차보다 우선하는 것을 의미할 때가 많다. 더 많은 보행자는 더 많은 상호작용을 의미하고, 이는 곧 건강과 웰빙에 긍정적인 영향을 준다. 그러나 딕스(Dix 1986: 274)는 작은 규모와 휴먼스케일의 장점은 그 이상이라고 설명한다.

작은 중소 도시가 지닌 장점은 정체성, 공동체 의식, 전체 주민을 아우르는 시각이 내부적으로 발전할 가능성에 있다. 이는 정부의 행정을 수월하게 만들 뿐만 아니라 시민주도 개발계획과 책임 의식을 장려한다.

그러나 최근 이러한 소도시의 장점은 더 큰 집적이익을 제공할 수 있는 대도시에 대한 요구와 대비되어 왔다. 예를 들어 리처드 플로리다(Richard Florida 2017)는 부를 창출한다는 점에서 '슈퍼스타 도시(superstar cities)'의 역할을 옹호하기도 했다. 우리에게 필요한 것은 더 작고 친밀한 도시인가 아니면 더 큰 슈퍼스타 도시인가? 좋은 삶의 질과 강력한 경제적 성과를 지탱해 줄 수 있는 최적의 도시 규모는 존재하는가?(Box 1.1 참고)

BOX 1.1

도시의 적정 규모는 존재하는가?

많은 학자가 도시 규모를 여전히 삶의 질을 결정짓는 중요한 요소로 여긴다. 도시의 규모, 행복, 사회자본, 창조계급의 존재에 관해 위에서 언급한 연구들은 그 규모가 크거나 작을 때 삶의 질이 감소하기 시작하는 '최적의' 도시 규모를 시사하는 것처럼 보인다. 1970년대 초반 몇몇 연구는 공공재의 비용이 최소화되는 최적의 도시 규모를 대략 인구 25만 명 정도로 제시했다. 이러한 '전통적인' 관점에서 대도시는 기업에 좋고 사람에게는 나쁜 것이라 할 수 있다(Albouy 2008).

입지의 '소프트'한 요인을 고려한 최근의 연구는 도시의 최적 규모에 대해 다른 추정치를 제시했다. 로렌첸과 앤더슨(Lorenzen and Anderson 2007)은 창조계급이 주민 가운데 7만 명에서 최다 120만 명인 경우라 제시했다. 오쿨리치-코자린(Okulicz-Kozaryn 2017)은 1만 명을 기준으로 그 이상이 되면, 도시 규모가 증가함에 따라 행복감이 감소한다고 제시했으며, 또한 행복감은 인구 20만 명에서 50만 명 사이일 때 최고 수준에 도달한다는 중국의 도시 연구 결과를 인용하였다.

따라서 경제나 웰빙의 관점에서 최적의 도시 규모에 대해서는 아직 합의가 이루어지지 않았다. 또한 무엇이 '소도시'를 구성하는지에 대해서도 제대로 된 합의가 이루어지지 않고 있다. 크레슬과 이에트리(Kresl and Ietri 2016)는 인구 25만 명에서 200만 명 사이의 '소도시'를 연구했으나, 미국 소도시 경제활성화지수(Small City Economic Dynamism Index)는 인구 1만 명에서 50만 명까지의 도시를 포함한다. 캐나다에서는 개릿-페츠(Garrett-Petts 2005)가 인구 10만 명 이하의 소도시를 분석했다.

소도시가 경쟁에서 이기는 법

한 가지 중요한 질문은 과연 소도시가 대도시와 효과적으로 경쟁할 수 있는지다. 게츠(Getz 2017)는 도시들의 경쟁이 서로 다른 리그에서 뛰는 것이라 보았다. "도시와 도시가 도달하려는 목적지는 자원, 장소, 전문성과 위험을 감수하는 의지를 나타내는 변수로 '리그'에서 경쟁한다. 만약 그들이 더 높은 수준의 리그에 진출하기를 원한다면 더 많은 투자를 해야 할 것이다." 그러나 에반스와 푸어드(Evans and Foord 2006: 151)는 만약 소도시가 대도시와 같은 방식으로 생각한다면 효과적으로 경쟁할 수 없을 것이라 주장했다. "소도시는 대도시처럼 생각함으로써 위험부담은 크고 성공할 가능성은 제한적인 문화 주도 도시 경쟁으로 이끌려왔다". 에반스와 푸어드에 따르면, 문제는 "물리적 재생과 방문자 경제의 시동을 걸기 위해 […] 대표적인 문화 건축물, 상징적인 문화제도, 문화행사 및 문화유산지구, 축제와 시장 등에 의존"하는 것이다 (Evans and Foord 2006: 152). 그 의존성은 도시를 소비 기반 경제로 나아가게 만들고 사회적 목표를 무시하게 만든다. 문제는 문화 프로젝트가 그 지역에서 유래한 것도 아니고 지역에 뿌리내리지 않았을 때 그리고 소도시가 모방 전략에 몰두했을 때 발생하게 된다.

비슷한 유형은 캐나다에서도 있는데 루이스와 도널드(Lewis and Donald 2009)는 창조자본이론이 창조성에 대한 좁은 시각을 내포하고 있으며, 소도시가 실패할 수밖에 없는 '창조성 경쟁' 담론을 제시한다고 주장했다. 도시의 창조성을 측정하기 위해 사용된 지표들은 기술과 혁신의 거점, 대기업, 이민자 등과 같이 대도시의 특성에 우호적인 경향이 있으며, "궁극적으로 작은 캐나다 도시들이 '성공 사례'가 되는 것을 방해한다"(Lewis and Donald 2009: 34).

기존의 연구는 소도시가 대도시와 효과적으로 경쟁할 수 있는 두 가지 기본 전략을 제안해 왔다. 첫 번째는 창조적 경험, 창조적 공간, 특히 틈새시장을 위한 혁신적인 제품 개발 같은 전문화 전략이다(van Heur 2012). 다른 하나는 규모가 큰 이웃 도시의 '규모를 차용하는 것(borrowing size)'이다. 주변 대도시와 함께함으로써 소도시는 "기대 이상의 성과를 낼 수 있다"(Kresl and Ietri 2016: 12). 그러나 본질적으로 두 전략 모두 규모에 따라 구성된다. 첫 번째는 틈새시장을 고수함으로써 대도시와 직접적 경쟁을 피하는 것이고, 두 번째는 경쟁을 위해 소도시를 크게 만드는 것이다.

그러나 소도시는 더 큰 도시가 될 필요가 없으며, 큰 물고기가 되기 위해 작은 연못을 찾을 필요도 없다. 이 책은 세계경제의 변화가 불러온 새로운 가능성을 고려한 대안적인 전략을 제시한다. 현대 네트워크 사회에서는 새로운 가능성을 제안하기 위해 많은 변화가 통합적으로 일어나고 있다.

- 무형 자원이 더 중요해졌다. 이는 (더 많은 물리적 자원을 가진 것과 같은) 규모의 이점이 감소하고 있음을 의미한다.
- 도시 경쟁력을 가늠할 때 다른 도시, 시민과의 협업이 더 중요하다. 협력하기 위해, 특히 현재의 규모로 접근하기 어려운 자원을 이용할 수 있다는 이유로 도시가 커질 필요는 없다. 목적을 달성하기 위해 공동 창작이나 협력적 경쟁(coopetition) 전략을 활용할 수 있다.
- 비교우위에서 경쟁우위로 가기 위한 변화는 보유하고 있거나 가용할 수 있는 자원을 어떻게 활용하는지를 더 강조한다.
- 네트워크 사회에서 권력은 콘텐츠뿐만 아니라 네트워크의 이용, 특히 지식과 다른 자원을 분배하는 허브와 플랫폼의 개발과 관련되어 있다.

네트워크 사회에서 변화하는 도시의 역할이 제시하는 새로운 복잡성은 도시, 주민, 자원 그리고 도시권에서 도시가 경쟁하는 방식 간 상호관계를 재고할 필요가 있음을 의미한다. 과거에는 대개 이 관계를 산업, 인재, 어메니티 측면에서 분석하였다. 이러한 요소들은 대도시에서 더 쉽게 누적되는 경향이 있지만, 소도시의 장점은 주로 관계적이고 창조적인 영역에서 발견된다.

소도시가 이웃의 대도시와 경쟁하기 위해 물리적으로 커질 필요는 없다. 소도시는 양보다 질적인 측면에서 성장이 필요하다. 잘할 수 있는 분야를 찾고 도전해야 하며, 물리적 성장보다는 규모에서 오는 이익을 얻어야 한다. 이를 실행하는 새로운 기회들은 이전에는 불가능했던 방식으로 사람, 조직, 장소를 연결하는 네트워크 형태로 나타나고 있다. 정보와 아이디어 순환이 증가함에 따라 소유와 통제 개념을 새로운 방식으로 구상할 수 있게 하는 협력 경제가 출현하게 되었다. 소도시는 네트워크 사회에서 주어진 가능성을 이용하기 위해 소도시 간의 관계가 내적·외적으로 어떻게 가치를 전할 수 있을지 그리고 소도시가 추구하는 야망을 실현하는 데 어떻게 도움이 될 것인지 생각해 보아야 한다.

큰 꿈을 만드는 소도시

카펠(Capel 2009)은 도시에 프로젝트가 필요함을 강조했다. 시민들이 두루 받아들일 만한 명확한 프로젝트가 없다면 도시는 발전할 수 없다. 소도시에는 미래를 위한 계획과 프로젝트가 필요하다. 성공에 대한 큰 그림이 있다면 소도시의 사회적·지적·문화적 관계를 통해 내적으로 발전할 많은 가능성이 존재한다. 내부에서 구성되는 내적 발전의 필요성은 경제적으로나 심리적으로 중요하며, 이는 곧 도시가 그들만의 아이디어와 꿈이 필요함을 일컫는다. 네덜란드의 축구 스타 요한 크루이프(Johan Cruyff)가 말했듯이, "다른 사람의 비전을 따르기보다 자신만의 비전으로 실패하는 것이 낫다." 만약 다른 사람의 꿈을 따른다면 그들을 비난하기는 쉬울 것이다. 자신만의 꿈을 추구한다면 자신만의 길을 만들 수 있고, 더 큰 동기부여가 될 수 있다.

작은 것의 단점을 극복한다는 것은 소도시가 추구하는 꿈을 이루기 위해 더 노력해야 함을 의미한다. 도시가 노력한다는 것은 목표를 만들고, 방향을 설정해 집중하며, 추진력을 유지함을 의미한다. 대도시에서 그 목표는 보통 긴급하게 사람들의 거주지를 마련하고, 일자리를 제공하거나, 효율적인 교통수단을 확보하고, 범죄를 줄이는 등의 분명한 것들이다. 소도시에서는 대개 그러한 큰 문제가 발생하지 않기 때문에 움직임을 만들기 위한 촉매, 즉 추구할 꿈이 필요하다.

큰 꿈이라 해도 규모가 클 필요는 없다. 적절한 범위와 형태 그리고 사람들의 마음을 움직일 분위기가 필요할 뿐이다. 비전과 계획은 총체적이어야 한다. 어느 한 집단이 아닌 모든 사람이 참여해야 한다. 아이디어가 도시 전체를 아우를 수 있다는 점은 소도시가 가진 또 다른 장점이다. 휴먼스케일의 도시에서 큰 꿈은 다른 꿈과 경쟁할 필요가 없으며, 성숙하고 성장할 여지가 있다.

장소만들기가 그것을 실현하기 위한 노력, 자원, 시간 투자와 함께 상향식 및 하향식 프로세스 간 시너지 효과와 관련되어 있다는 것이 이 책에서 주장하고자 하는 것 중 하나이기에 이는 중요한 의미를 지닌다(8장 참고). 도시 전체가 참여해야 하며, 그러지 않았을 때 그 꿈은 뿌리내리기 쉽지 않다.

마라노(Marano 2005)는 먼저 소도시가 비전을 개발해야 한다고 주장한다.

> 규모에 상관없이 가장 성공적인 도시는 그들이 실현하고자 하는 분명한 비전이 있는 도시다. 도시가 '미드웨스트의 골동품 중심지' 오하이오주 웨인즈빌(인구 2,500명) 같은 곳이든, '21세기 상업과 여가를 위해 복원된 19세기 마을' 코네티컷주 스프레이그(인구 3,000명) 같은 곳이든, '콜로라도의 정원' 콜로라도주 버트하우드(인구 4,839명) 같은 곳이든 성장 관리는 공동체의 비전으로 시작된다.

성공적인 공동체는 비전 수립의 일부로 대개 전략적인 계획안을 개발한다(이러한 비전의 요약은 3장에 제시되어 있다). 비전과 계획을 갖춘 도시는 성장을 관리할 수 있는 수단과 과정을 수립하고, 목표로 하는 장소가 될 수 있다. 이러한 과정을 어떻게 진행할 수 있을까?

성공적인 많은 소도시가 지닌 특성 중 하나는 영감을 주는 리더가 있다는 것이다. 번스타인과 매카시(Bernstein and McCarthy 2005: 15)가 언급한 것처럼 "몇몇 장소는 자연경관이나 특정 경제적 기능이 부족함에도 발전한다. 이것은 선견지명 있는 리더십과 효과적인 개발 협력 프로그램 덕분이다." 많은 대도시가 그렇게 해 왔으며, 원대한 꿈을 가진 몇몇 소도시도 마찬가지다.

랜드리(Landry 2015)는 외스테르순드, 탐페레, 오르후스, 우메오 등 스칸디나비아 주변부 지역의 소도시를 일컫는 '야망의 도시(cities of ambition)'를 연구했다. "그 도시들은 예상한 것 이상으로 잘 해 왔으며," 전략적인 사고방식을 지녔다. 이 도시들에는 다수의 창의적인 리더와 함께 다양한 리더십이 존재한다. 가장 중요한 것은 이 도시들이 성과를 낸 것이다. 프랫(Pratt)이 랜드리(Landry)의 연구에 대해 그의 "논문은 소비에 관한 것이 아니라 과정에 대한 것이다. 이는 예술과 문화가 장소만들기와 삶의 수단이자 실천이라 할 수 있는 포괄적이고 참여적인 도시에 관한 것이다"(Pratt 2008: 35)라고 말한 것처럼, 무언가를 하는 것이 중요하다.

도시에 대한 우리의 비전은 규모나 위치에 근거하지 않는다. 모든 도시는 어디에 있든, 규모가 어떻든 잠재력을 갖고 있다.

창조적인 장소만들기 방식

장소마케팅이 도시의 어떤 곳을 고객에게 판매하거나, 어떤 장소를 관광지로 바꾸기 위해 마케팅 수단이나 고객지향적 철학을 이용하려는 것이라면, 장소만들기는 이와 다르다(Eshuis et al. 2014). 장소만들기는 그 장소를 이용하는 모든 사람이 영위하는 삶의 질을 향상하기 위해 비(非)시장적 절차와 노력을 수반한다. 매력적인 외부 이미지는 장소만들기의 부산물이 되어야 하며, 그것이 목적이 되어서는 안 된다. 만약 어떤 장소가 기존에 살던 주민들이 더 살기 좋은 곳으로 바뀐다면, 외부 사람들에게도 역시 매력적이어야 한다.

이러한 이유로 이 책에서는 장소만들기를 사회적 실천으로 규정하거나 대상, 사고방식, 이해, 노하우, 감정 상태, 동기를 유발하는 지식 등 몇 가지 상호연결된 요소로 구성되는 행위의 한 형태로 보았다(Reckwitz 2002). 쇼브 외(Shove et al. 2012)는 사회적 실천(social practice)의 세 가지 기본 요소를 물질(사물, 기술, 자원), 의미(상징적 의미, 아이디어, 염원) 그리고 능력(실력, 노하우, 요령)으로 파악했다. 세 가지 요소 모두 사회적 실천에 필수적이다. 예를 들어 운전할 때는 물질적 대상인 자동차가 필요하고, 운전에 대한 지식이나 능력 그리고 운전으로 만들어진 의미(운송수단 혹은 신분의 상징을 나타내는 자동차)도 요구된다. 사회적 실천 연구에 필요한 중요한 요소는 관심 대상을 행위자 자체에서 그 실천이 어떤 방식을 취하는지 혹은 행위자에 의해 어떻게 '이루어지는지'로 전환하는 것이다. 예를 들어 운전을 한다는 것은 운전이 어떻게 많은 사람에 의해 삶에 필수적인 부분으로 여겨지게 되었는지, 어떻게 해서 자동차에 애착을 갖게 되었는지, 그리고 사람들의 생활방식과 정체성을 어떻게 뒷받침하는지 이해하는 것과 관련되어 있다. 전체적으로 운전의 사회적 실천은 점점 더 많은 자동차가 매일 도로를 막히게 하는 이유와 사람들이 좀 더 지속가능한 대안을 무시하는 이유를 설명해 준다.

쇼브 외(Shove et al. 2012: 15)가 지적한 것처럼 오직 세 가지 구성 요소만을 다루는 것은 '사회적 실천이 무엇인지 단순화하는' 것이라고 할 수 있다. 지나친 단순화로 문제가 좀 있기는 하지만, 서로 다른 사례에 관한 우리의 분석은 이 세 가지 요소를 다양한 장소만들기 사례에 결합하는 것이 중요하다는 사실을 보여 준다.

우리는 장소만들기와 관련된 물질, 의미, 능력을 고려함으로써 도시가 어떻게 만들어지는지 생각해 볼 수 있다. 도시는 무언가를 행하는 방식, 즉 실천 방식을 발전시키기도 한다. 장소만들기는 종종 대도시의 요구와 관행이 주도해 왔다. 이 책에서는 소도시의 요구에 걸맞은 장소만들기 실천 방식을 구성해 보고자 한다(모델이나 대형 프로젝트, 스타 건축가에 의한 것이 아닌 휴먼스케일과 적합한 방식을 지향한다).

장소만들기에 대한 우리의 접근 방식은 장소가 지닌 또 다른 측면을 고려하고, 어떻게 이것이 변화의 과정과 연계되는지를 살펴보는 것이다. 따라서 쇼브 외(Shove et al. 2012)가 제시한 사회적 실천 모델을 도시의 맥락에 더욱 적합한 형태로 조정하였다. 물질, 의미, 능력의 개념을 반영하면서 장소만들기와 관련된 세 가지 일반 요소를 파악하였다.

- 자원: 도시에서 이용할 수 있거나 얻을 수 있는 유무형의 자원. 샤츠키(Schatzki)가 제안한 '인간, 인공물, 유기체, 자연 사물'을 포함하는 물질적 조정(material arrangements)의 포괄적 개념을 따른다(Schatzki 2010: 129).
- 의미: 이해관계자들을 개입시키고, 그곳에서 살거나 그곳을 이용하는 사람들과 장소를 정서적으로 연결하며, 도시를 변화시키고 개선하는 데 필요한 과정을 시작하는 것
- 창조성: 시민들의 관심과 지지를 받을 수 있는 일관된 이야기와 유무형의 자원 및 의미를 연결하는 내러티브를 구성하거나 창조적이고 혁신적인 자원을 이용하는 것

우리는 장소만들기가 구체적인 결과를 만들고, 본질적으로 장소의 질적 수준을 높이기 위해 이러한 세 가지 요소를 결합하는 실천 방식이라 생각한다. 시스템이 효과적으로 작동하려면 세 가지 요소가 모두 필요하다. 장소의 자원은 사람들에게 의미가 있는 경우에만 창조적으로 이용될 것이다.

도시의 장소만들기 실천 방식을 구상하면서 도시가 물리적인 것 그 이상으로 구성되어 있다는 우리의 믿음을 바탕으로 쇼브 외(Shove et al)가 제안한 '물질'을 '자원'으로 바꾸었다. 그들 또한 무언가를 달성하기 위해 무형의 자원과 사람들을 활용하였다. '의미'는 쇼브 외(Shove et al. 2012)와 유사하지만, 도시에서 의미가 갖는 집단적 속성으로 인해 의미 만들기는 다양한 도시 이해관

계자 집단이 참여하는 과정으로 보았다. 마지막으로 '능력'을 '창조성'으로 대체하였다. 이것은 부분적으로 장소를 개발하기 위해 단순한 능력 그 이상이 필요하다고 느꼈기 때문이다. 창조적인 면은 항상 존재한다. 애머빌(Amabile 2012)이 제시했듯이 창조성은 기술과 능력뿐만 아니라 새로운 것을 만들고, 일상적이거나 평범함 그 이상으로 발전시키는 아이디어, 창조에 대한 동기부여와 관련되어 있다. 또한 도시의 경우 '능력'이라는 단어가 권력이나 시 당국의 권한과 너무나도 밀접하게 관련되어 있기에 피하고자 한다. 가장 중요한 것은 창조성이 장소만들기를, 변화를 위한 긍정적인 힘으로 바꿀 수 있는 행위라는 점이다.

따라서 우리는 장소만들기를 어떤 장소의 가용 자원이나 잠재적인 자원에 생명력과 의미를 부여하는 과정으로 여긴다. 이는 장소의 질적 개선을 목적으로 자원을 이용할 능력을 가진 많은 활동가를 위한 일이기도 하다. 평등은 중요하고 기본적인 원칙이고, 그것이 없다면 실패할 수밖에 없기에 다시 한 번 장소만들기의 비전이 도시 전체(도시를 이용하는 모든 집단)를 아울러야 함을 강조하고자 한다.

일단 장소만들기 과정이 시작되면 소도시는 내외부의 청중을 논의에 참여시켜야 한다. 도시가 필요한 자원을 확보할 수 있도록 지역이 이루고자 하는 꿈을 알려야 한다. 세계가 그들을 지켜보고, 하는 일에 관심을 표하기 때문에 외부의 관심도 지역 공동체가 더 관여하도록 하는 자극제가 된다. 이는 곧 그들의 꿈이 결국 이루어질 것이라는 확신과 용기를 준다.

장소만들기는 도시가 내외부의 문제에 더욱 효과적으로 대처할 수 있게 만드는 변화 과정이다.

장소만들기의 요소

장소만들기 실천 방식의 요소들을 더 상세히 살펴보도록 하자.

자원

장소에 속하거나 장소를 구성하는 기본적인 유무형의 자원, 혹은 물질(유형, 무형, 존재하거나 잠재적인)은 행위에 중요한 기반을 제공한다. 경제학자들은 오랫동안 생산의 물질 요소를 분석하는 데 집중해 왔으며, 이는 규모가 더 큰 장소가 더 많은 자원을 보유할 수밖에 없게 만들었다. 그러나 최근의 경제적 전환은 소도시가 자원이 충분하지 않은 데서 오는 불리함을 줄일 수 있는 무형 자원에 더 큰 관심이 쏠리고 있음을 나타낸다.

엄청난 양의 물질 자원은 흔히 대도시의 존재에 의미를 부여하고는 한다. 대도시는 한 나라의 수도이자 금융과 산업의 중심지이고, 활동의 중심지이자 사람들이 모이는 장소라 할 수 있다. 하지만 이는 또한 서로 다른 자원이 경쟁한다는 것이며(축제나 박물관은 서로 재정 지원과 관람객을 두고 경쟁한다), 각각 특별한 주목을 받기 어려움을 의미한다.

소도시에서는 무형의 자원이 특히 중요한데, 이는 도시가 보유한 문화, 창조성, 기술이 상대적으로 제한된 자원을 더 나은 방식으로 사용할 수 있게 하기 때문이다. 이는 가령 스헤르토헨보스시의 개발 전략이 도시 내 유무형의 자원을 증가시키는 한편 자원을 활용하는 사람들의 역량을 구축하는 문화와 교육의 결합을 기반으로 해 온 이유이다. 2장에서는 자원에 관한 문제를 더 자세히 다룰 것이다.

의미

르페브르(Lefebvre 1991)는 공간이란 물질 그 이상의 것이라 주장했으며, 공간이 어떻게 표현되는지, 그리고 어떻게 의미가 부여되는지에 관한 것이라고 말했다. 물론 장소는 그곳에 살고, 일하고, 방문하거나 투자하는 사람들에게 의미가 있다. 이런 의미 역시 변하거나 이의가 제기될 수 있다. 도시에 대한 핵심적인 문제들은 다음과 같다. 부정적이거나 중립적인 연관성을 어떻게 긍정적인 것으로 바꿀 수 있을까? 어떻게 그 장소에 방문한 적이 없는 사람들에게 의미 있는 곳이 되게 할 수 있을까? 어떻게 모든 주민에게 도시가 긍정적인 의미로 다가가게 할 수 있을까?

장소에 부여된 의미는 종종 소속, 소유, 정체성, 가정, 출신, 유산 같은 것과 관계가 있다. 과거에는 흔히 한 장소에서 얼마나 오래 살았는지, 얼마나 많은 사람을 알고 있는지와 같은 관계의 수준으로부터 지위를 얻을 수 있었다. 세계화가 이루어진 현재의 지위는 대개 기존의 관계를 끊거나 새로운 관계를 만듦으로써 얻게 된다. 이동과 이동성은 발전된 세계에서 새로운 계급장과 같다. 바로 이 이동성이 새롭고 흥미로운 문제를 만들어 낸다. 예를 들어 새로 이사 온 주민들이 새로운 도시의 집에서 어떤 기분을 느낄까? 도시는 새로운 주민들과 '일시적 시민'이라 할 수 있는 방문객들과 유대감을 형성해야 하며, 도시가 그들을 위한 장소인 것처럼 느끼게 만들어야 한다. 새로 오는 사람들 역시 변화의 지렛대가 될 수 있다. 그들은 확립된 아이디어에 반론을 제기할 수 있고, 소도시에 고착된 문제를 개선할 수 있다.

장소에 대한 재애착 과정은 변화하는 의미의 몇 가지 비밀을 담고 있다. 이는 도시가 존재하는 한 계속되는 과정이다. 그리고 마케팅과 브랜딩 캠페인 유행이 이어짐에 따라 속도를 높이고 있다. 소도시는 여기서 불리한 처지에 놓여 있다. 도시가 권리를 갖고 규모를 차용했음에도 알려지지 않는다면 명성을 차용하고자 할 수도 있다. 베니스가 될 수 없다면 북쪽의 베니스(스톡홀름)나 동쪽의 베니스(쑤저우, 우전) 혹은 원조 베니스의 수많은 복제품 중 하나가 될 수도 있을 것이다.

북쪽의 베니스에는 암스테르담, 브루게, 맨체스터, 스톡홀름이 있다. 서쪽의 베니스에는 베니스, 캘리포니아… 아일랜드의 섀넌이 있다. 동쪽에도 베니스가 되기 위한 후보가 다수 존재한다. 브루나이의 수도 반다르스리브가완, 중국 쑤저우, 일본 오사카, 인도의 우다이푸르 등 모든 도시가 이 찬사를 받은 타이틀에 대한 권리를 주장한다(Tourdust 2015).

우리의 주장은 만약 장소가 특별하고 성공적인 곳이 되고 싶다면, 다른 곳에서 빌린 것이 아닌 자신만의 DNA를 기반으로 한 이미지와 정체성을 만들어야 한다는 것이다. 도시의 DNA로부터 의미를 찾고 만드는 과정은 6장에서 더 자세히 다룬다.

창조성

장소의 DNA를 다양한 이해관계자에게 의미 있게 만드는 것은 쉽지 않은 일이기에 창조성을 필요로 한다. 창조성은 상상력을 북돋울 수 있고, 일을 진행하게 할 수 있게 하고, 관점을 바꾸며, 사람과 장소를 연결할 수 있다. 창조성은 도시에서 활용할 수 있는 자원으로부터 의미를 발전시키기 위해 필수적이다. 그리고 그 도시가 가진 풍부한 자원에 의미를 부여하는 데 핵심이 될 수 있다.

푹스와 바조(Fuchs and Baggio 2017: 6)가 강조한 것처럼 "혁신적인 장소와 매력적인 목적지는 열려 있고 자유로우며 서로 잘 연결되어 있는 지역으로 특징지어져야 하며, 특유의 역사와 독특한 아름다움은 고유의 입지 요소를 높은 상징적 가치와 의미를 지닌 자산으로 바꿀 수 있는 장소제작자(place-makers)의 창조성을 형성하고 발전시킨다."

도시의 장소제작자에게 필수적인 창조 기술 중 한 가지는 스토리텔링이다. 6장에서 살펴볼 수 있듯 스헤르토헨보스의 핵심 성공 요인 중 하나는 많은 사람에게 의미가 있는, 거부할 수 없는 이야기였다. 그러한 이야기는 장소와 시간에서 유래한 독특함을 기반으로 한다. 왜 여기서, 왜 지금인가? 또한 그 도시에 사는 사람뿐만 아니라 다른 지역의 사람들에게도 의미가 있어야 한다. 독특함이란 내부에서 생겨나기도 하지만 외부에서도 발견할 수 있다. 때때로 장소의 독특한 특징은 현대적이거나 유명하지 않고 잊혔기 때문에 지역 주민들이 외면한 것에서 만들어지기도 한다. 히에로니무스 보스가 늘 스헤르토헨보스의 영웅이었던 것은 아니다. 오히려 가끔은 지역과 무관하거나 골칫거리이거나 아니면 단순히 무시당하기도 했다.

이야기의 핵심 요소를 만드는 것은 보통 선택자, 큐레이터 또는 '스위처(switchers)'의 몫이다. 카스텔스(Castells 2009)는 스위처를 서로 다른 네트워크를 하나로 연결하는 사람 혹은 기관으로 파악하였다. 이들은 도시가 더 넓은 환경과 연계하는 데 도움을 주고 새로운 관계와 기회를 만든다. 과거에는 이러한 스위처들이 정치계급이나 기업가에 국한되어 있었던 반면, 오늘날에는 창조산업 종사자, 예술가, 스포츠계 유명 인사, 저널리스트, 언론인 혹은 블로거 등 다양하다. 덴 데커르와 타버르스(Den Dekker and Tabbers 2012)가 '창조적 군중'은 소도시에도 널리 퍼져 있음을 보여 주었음에도 많은 사람이 대도시에서 발견될 가능성이 더 크다고 주장한다. 비록 그 수는 적더라도 도시 내 특정 창조 중심지 주변에 모이는 창조적 군중의 성향은 포츠 외(Potts et al. 2008)가 창조산업의 본질적인 동력이라 여긴 아이디어의 교환을 뒷받침하기에 충분한 조건을 형성한다.

따라서 창조성은 새로운 아이디어와 변화의 원천이자, 다른 장소들을 연결하고 장소의 매력을 증가시키기 때문에 중요하다. 그러나 창조성은 수치화하거나 순위를 매길 수 있는 것이 아니다. 적절한 수단과 가용자원의 새로운 의미를 발전시키는 비전이 있다면 어떤 도시든 창조적일 수 있다.

프로그램의 필요성

장소만들기의 창조적 방식이란 자원, 의미 그리고 창조성 간의 역동적 관계를 나타낸다. 좋은 장소만들기는 버튼 한 번 누르는 것으로 되는 것이 아니라 시간이 걸린다(8장에서 설명하는 것처럼). 시간, 타이밍 그리고 속도를 선택하는 것이 중요하다. 필요한 것은 아이디어나 단일 프로젝트뿐만 아니라 전체 프로그램이다.

장소만들기는 지속적으로 다양한 이해관계자를 모을 수 있는 일관된 프로그램을 수반해야 한다. 프로그램은 다른 유형의 조치들, 예를 들어 물리적 기반시설, 이벤트, 프로젝트 등을 아우른다. 이러한 개별 요소들은 서로 지원하고 보강하는 방식으로 준비되어야 한다.

여기서 프로그램이란, 시민 정책의 효과와 더불어 그 도시를 이용하는 사람들의 삶의 질을 최대한 향상하기 위해 시간을 들여 개발된 일관성 있는 일련의 전략적 행위를 뜻한다. 일관성 있는 전략적 조치를 개발하는 데는 시간이 걸린다. 거점을 개발하고 지방에서 지역, 국가, 세계 수준으로 규모를 키우기 위해 시간이 걸린다. 소도시를 위해 포부로 가득한 계획(혹은 꿈)을 세우는 것은 다음 단계로 나아가기 위해 그 전략에 미래 성장을 위한 공간을 마련해야 한다는 것을 의미한다.

프로그램은 도시개발에 대한 전통적 사고방식에 견주어 다음과 같은 장점이 있다.

- **관심 끌기**. 프로그램의 기능은 도시에 중요하고 특별한 이슈를 강조하는 것이다. 잘 고안된 프로그램은 외부의 관심을 끌 뿐만 아니라 도시 구성원과 이해관계자에게도 관심의 초점이 될 수 있어야 한다.
- **신뢰 형성**. 프로그램은 오랜 시간 지속적으로 진행되는, 논리적으로 구성

된 행동을 나타낸다. 일회성 프로젝트와 달리 프로그램은 파트너와 신뢰를 형성하면서 진지한 의도를 바탕으로 장기간 노력을 기울여야 하는 것임을 시사한다.

- **매력 개발.** 프로그램은 투자를 원하는 주민, 방문객, 기업가 등에게 도시의 매력을 어필하기 위해 도시의 특별함을 강화하는 데 사용될 수 있다. 도시에 관한 이야기의 개발, 도시의 DNA와 사람들은 스토리텔링의 일부 요소가 될 수 있다.
- **촉매 효과.** 안건의 합을 맞추고, 이해관계자들이 공유하고 있는 꿈을 향해 더 빨리 움직일 수 있도록 자극하며 잘 고안된 프로그램은 도시를 활성화할 수 있다.

이 책에서 우리는 소도시가 꿈을 실현하고, 더 나은 장소로 발돋움하기 위해 자원, 의미 그리고 창조성을 어떻게 결합하는지 알아보고자 한다.

이 책의 개요

이 책은 25년 이상 축적된 장소만들기와 도시 마케팅 지식을 기반으로 한다. 한 도시에 관한 구체적 사례(스헤르토헨보스)로부터 국제적으로 통용될 수 있는 시사점을 도출하고자 한다. 풍부한 자원과 인재를 보유한 대도시가 아닌 소도시에 집중해 논의를 진행할 것이다. 지역 주민의 웰빙을 개선하는 방식에 따라 장소를 변화시키기 위해서 새로운 전략적 가능성을 제시하는 비전, 거버넌스, 과정을 이어주는 총체적인 도시개발 접근법을 발전시킴으로써 전통적인 장소만들기 모델에 이의를 제기한다. 장소만들기 논의의 초점을 소규모의 물질적 조정에서 유무형의 자원 활용이 기반이 된 야심만만한 프로그램으로 전환을 시도한다.

이 책은 장소만들기 실천 방식의 주요 요소들을 규정하고, 큰 과업을 성공적으로 수행해 낸 소도시의 사례를 제시하면서 소도시의 장소만들기와 장소 브랜딩 과정을 순차적으로 기술한다.

2장에서는 도시가 꿈을 이루기 위해 이용할 수 있는 유무형의 자원과 같이 장소의 필수적인 구성 요소들을 살펴본다. 만약 많은 것을 가지고 있지 않다면, 가지고 있는 것을 바탕으로 더 창조적으로 만들어 내야 한다. 많은 소도시가 개발과 변화를 촉진하기 위해 자원을 성공적으로 동원해 왔다. 과거에는 다수의 소도시가 이웃한 대도시의 '규모를 차용하려' 했지만, 우리는 '규모를 창조하는' 것이 더 나을 수 있다고 주장하고자 한다. 이는 자원과 사람을 동원하기 위해 도시 밖을 바라보고 꿈을 더 넓은 세상으로 내보내는 것을 말한다. 즉 소도시가 커다란 과업을 완수하는 이유가 된다.

협력적 장소만들기 과정이 3장에 설명되어 있다. 세계화의 흐름 속에서 더욱 복잡해지는 이해관계자 집단의 지지를 모으고 유지하기 위해서는 새로운 전략이 필요하다. 어떻게 하면 장소만들기 과정에 사람들이 에너지를 쓰도록 설득할 수 있을까? 10년, 20년, 30년이 넘는 기간에 일을 진전시키고, 관련된 이해관계자들이 떠나지 않게 하려면 도시는 어떤 전략을 쓸 수 있을까? 협업은 소도시가 배워야 할 필수적인 기술이자 경쟁 세계에서 성공으로 이끄는 완벽한 방법이 될 수 있다. 올바른 파트너를 찾고 그들을 계속 참여하게 만드는 것은 공통 관심사를 창출하는 데 필요한 기술이다. 즉 사람들이 "도시가 내게 해 줄 수 있는 게 무엇일까?"라는 질문뿐만 아니라 "내가 도시에 해 줄 수 있는 건 무엇일까?"라고 질문하도록 설득해야 한다. 이러한 논의는 연결의 중요성과 함께 창조성을 위한 네트워크 구축의 중요성을 강조한다.

일단 협업이 성사되면 그 과정을 제시하기 위한 체계를 준비해야 한다. 일을 완수하는 기술이 4장의 주제이다. 자원을 모으기 위한 관계와 네트워크 개발의 필요성과 더불어 이해관계자가 참여하도록 설득하는 방법을 다룰 것이다. 스헤르토헨보스와 다른 도시들이 발전시킨 네트워크는 그 도시들이 독자적으로 할 수 없었던 일을 하는 데 결정적이었음을 보여 준다. 이 장에서는 소도시에 적용된 '네트워크 가치'의 원칙을 고려하고, 도시가 세계 무대와 참여하고 있는 네트워크에서 그 위상을 높일 필요가 있음을 주장한다.

5장은 거버넌스를 다룬다. 정부로부터 거버넌스 및 촉진(facilitation)으로의 전환 그리고 도시가 영향을 미칠 수 있는 개발의 거버넌스를 어떻게 확인하는지에 초점을 맞추었다. 서로 다른 거버넌스 모델의 이용, 프로그램 개발을 위한 독립 단체의 결성에 대해 논의한다. 또한 세계 여러 지역의 사례를 바탕으로 거버넌스 모델이 다른 정치적·문화적 맥락에서는 어떻게 작동하는지 검토하였다.

브랜딩과 스토리텔링의 중요성이 6장의 주제로, 이해관계자의 관심을 끌고, 그들과 함께하기 위해 새로운 이야기와 상징을 만드는 데 도시의 DNA를 어떻게 이용하는지 분석한다. 그리고 이를 성공시키기 위해 소도시가 위험을 감수해야 함을 주장한다. 작은 '기회주의적 도시'는 무책임한 도시가 아닌, 만들 수 있는 기회를 활용하기 위해 계산된 위험을 감수하는 도시다.

만약 프로그램이 도시에 유익하지 않다면 타당하다고 할 수 없다. 7장에서는 프로그램으로부터 도시가 얻는 것은 무엇인지, 잘못되었을 경우의 잠재적 비용은 얼마인지 의문을 제기하면서 프로그램의 영향과 효과를 분석한다. 스헤르토헨보스의 사례에서 히에로니무스 보스 사후 500주년 기념행사(보스500 프로그램)*는 140만 명을 도시로 불러들였으며, 1억 5,000만 유로가 넘는 직접지출 효과와 대략 5,000만 유로의 국가 및 국제적 미디어 가치를 창출했다. 이로 인해 도시는 세계적으로 유명해졌고, 자신감을 갖게 되었으며 이해관계자의 목표 수준을 끌어올렸다. 하지만 증가한 사회적 결속력, 지역의

---

* 히에로니무스 보스(1450~1516)의 생애를 참조해, 보스500은 보스 사후 500주년을 기념하기 위해 기획된 일련의 행사이다.

자부심 같은 '소프트'한 이익이 어쩌면 더 중요할 것이다. 이와 같은 것들은 2016년 프로그램의 성과와 더불어 프로젝트에 대한 장기간의 지원을 보장하는 측면에서 중요한 정치적 고려 사항이다. 또한 소도시가 장소만들기 활동에서 투자해야 하는 것은 무엇인지, 주요 도시에서 흔히 발견되는 상징구축(icon-building) 같은 전략에 비해 그 효과가 얼마나 더 지속되고, 널리 퍼지며 공평한지를 다룬다.

〈사진 1.2〉 네덜란드 윈드 앙상블(Netherlands Wind Ensemble)의 히에로니무스 보스 헌정 신년음악회
(사진: Lian Duif)

8장은 투자 문제를 다룬다. 좋은 장소만들기는 시간과 인내 그리고 돈이 필요한 일이다. 도시는 어떻게 좋은 이야기에 필요한 자원을 모으고, 높은 수준의 꿈을 설정하며, 중요한 목표를 달성할 수 있을까? 히에로니무스 사후 500주년은 마케팅 전략, 브랜드, 새로운 미래 비전이 필요하던 오래된 도시 스헤르토헨보스시에 절호의 기회였다. 전력 질주 대신 마라톤을 하는 것처럼, 그 비전을 뒷받침하기 위한 연합체 구성에 10년이 걸렸다. 특히 단기간의 주목과 정치인, 주민, 미디어의 조바심을 달래면서 추진력을 유지하는 것은 어려운 일이었다.

마지막 장은 난관과 함께 주요 성공 요인을 파악하면서 스헤르토헨보스의 경험으로부터 시사점을 도출한다. 어떻게 장소만들기 모델이 작동하게 했는가? 성공에 가장 중요한 열쇠는 무엇인가? 스헤르토헨보스의 경우 정치적 의지, 오랜 시간을 아우르는 비전, 도시의 이야기를 만들고 뿌리내리기, 폭넓은 파트너 네트워크와의 협업 등이 핵심 요소였다. 스헤르토헨보스의 경험은 또한 제한된 시간이 주요 난관 중 하나가 될 수 있음을 보여 준다. 비록 그러한 행사가 긴장감과 촉매 효과를 준다고 하더라도 준비 단계는 어려움으로 가득한 것이 사실이다.

이 책의 차별성

최근 소도시에 관한 학술 연구가 활발한데 이는 소도시에 대한 관심이 증가하고 있음을 보여 준다. 기존 연구는 대부분 개별 도시의 경험적 데이터나 단편적인 정보 분석에 기반한 것이었다. 이 책은 그와 다르다고 할 수 있는데, 전 세계의 여러 소도시 사례와 연결되는 한 도시를 오랜 시간 관찰해 풍부한 사례를 바탕으로 하고 있기 때문이다.

우리는 소도시를 세계시장에서 눈에 띄게 만들기 위해 어떤 기술과 자원 그리고 지식이 요구되는지, 즉 장소만들기의 '방법'에 주목했다. 그리고 최종 결과보다 개인들의 경험과 주요 연구 자료를 기반으로 장기간에 걸친 장소만들기 과정을 추적했다. 도시는 자체적으로 보유한 것뿐만 아니라 앞으로 무엇이 될 수 있는지 보아야 한다. 이러한 과정 중심의 접근법으로 소도시의 소프트 인프라스트럭처, 더 많은 자원을 모으기 위해 이용할 수 있는 네트워크에 더 관심을 기울였으며, 투입된 것보다는 향상된 삶의 질, 평등과 같은 결과물을 검토하는 데 집중했다.

관계와 고용의 기회가 풍부한 대도시는 혼잡하거나 차갑고 쓸쓸한 장소가 될 수 있다. 휴먼스케일과 오픈스페이스(open spaces)에 대한 높은 접근성을 갖춘 소도시는 단조로울 수 있다. 각각의 장단점은 존중받아야 한다. 문제는 대도시와 소도시 중 어디가 나은지가 아니라 우리가 어떻게 그 장소들을 살기 좋게 만들 수 있는지에 관한 것이다. 대도시는 많은 관심을 받아왔다. 이 책에서는 소도시의 가능성을 설명해 보려 한다. 대도시가 소도시로부터 배울 수 있는 점 또한 주목할 것이다.

이를 통해 기존 분석의 약점도 다루고자 한다. 여기에는 인구 규모를 단순한 인구문제가 아닌 마음가짐의 문제로 다루는 것도 포함된다. 집적이익에 관한 연구나 어메니티 성장 패러다임은 흔히 도시의 성장과 쇠퇴를 설명할 때 경제, 사회, 산업구조의 역학에 대한 이론적 이해가 부족하다. 코네티컷의 하트퍼드 사례에서 첸과 베이컨(Chen and Bacon 2013)이 주목한 것처럼, 소도시는 도시 모델과 아이디어의 일반화에 문제를 제기하며 점차 "이론과 멀어져 가고" 있다.

도시 이론은 대개 소도시의 종말을 예상한다. 한데 왜 이 장소들은 지속되고, 더 중요한 것은 왜 성공하는가? 몇몇 소도시의 성공을 어떻게 설명할 수 있을까? 이 책은 성공하는 소도시에 대해 분석하고, 그들이 발전시킨 전략을 다룬다. 우리의 장소만들기 체계에서 알 수 있듯이 도시가 성공하려면 야망이 있어야 하고, 이를 좇을 수 있는 큰 꿈을 공유해야 하며, 도시가 자체적으로 마련하거나 파트너십과 네트워크를 통해 얻어낸 자원을 효율적으로 이용해야 한다. 이 전략은 지역 주민과 외부인을 위한 프로그램에 의미를 부여할 수 있는 도시의 DNA와 일치해야 한다.

• 참고문헌 •

Afdeling Onderzoek & Statistiek (2017). *Eindevaluatie manifestatie Jheronimus Bosch 500.* 's-Hertogenbosch: Gemeente 's-Hertogenbosch.

Ajuntament de Barcelona (2004). *B Communicates.* Barcelona: Ajuntament de Barcelona/ ACTAR.

Albouy, D., Behrens, K., Robert-Nicoud, F., and Seegert, M. (2015). *Efficient and Equilibrium Population Levels Across Cities: Are Cities Ever Too Small?* International Growth Center Cities Conference, 2 May 2015.

Alonso, W. (1973). Urban Zero Population Growth. *Daedalus* 102: 191-206.

Amabile, T. M. (2012). Componential Theory of Creativity. *Harvard Business School Working Paper* 12-096.

Atlantic City Lab (2012). U.S. Urban Population Is Up… But What Does "Urban" Really Mean? www.citylab.com/equity/2012/03/us-urban-population-what-does-urban-really-mean/1589.

Baker, B. (2007). *Destination Branding for Small Cities.* Portland, Ore.: Creative Leap Books.

Bell, D., and Jayne, M. (2006). *Small Cities: Urban Experience Beyond the Metropolis.* London: Routledge.

Bell, D., and Jayne, M. (2009). Small Cities? Towards a Research Agenda. *International Journal of Urban and Regional Research* 33(3): 683-99.

Bell, P. (2017). What Can Big Cities Learn from Small Cities? *Cities Digest,* 19 July: www.citiesdigest.com/2017/07/19/can-big-cities-learn-small-cities.

Bernstein, A., and McCarthy, J. (2005). Thinking Big in Small Town SA. *Busi-ness Day,* 5 Aug., 15.

Capel, H. (2009). Las pequeñas ciudades en la urbanización generalizada y ante la crisis global. *Investigaciones geográficas* 70: 7-32.

Castells, M. (1996). *The Network Society*. Oxford: Blackwell.

Castells, M. (2009). *Communication Power*. Oxford: Oxford University Press.

Chen, X., and Bacon, N. (2013). *Confronting Urban Legacy: Rediscovering Hartford and New England's Forgotten Cities*. Lanham, Md.: Lexington Books.

Connolly, J. J. (2012). *After the Factory: Reinventing America's Industrial Small Cities*. Lanham, Md.: Lexington Books.

Daniels, T., Keller, J., Lapping, M., Daniels, K., and Segedy, J. (2007). *The Small Town Planning Handbook*, 3rd edn. Chicago: APA Planners Press.

David, Q., Peeters, D., Van Hamme, G., and Vandermotten, C. (2013). Is Bigger Better? Economic Performance of European Cities, 1960-1990. *Cities* 35: 237-54.

Dekker, T. den, and Tabbers, M. (2012). From Creative Crowds to Creative Tourism: A Search for Creative Tourism in Small and Medium Sized Cities. *Journal of Tourism Consumption and Practice* 4(2): 129-32.

Denis-Jacob, J. (2012). Cultural Industries in Small-Sized Canadian Cities: Dream or Reality? *Urban Studies* 49(1): 97-114.

Dijkstra L., Garcilazo, E., and McCann, P. (2013). The Economic Performance of European Cities and City Regions: Myths and Realities. *European Planning Studies* 21: 334-54.

Dikeman, R. A. (2016). *Making Things Better: Dan Brooks' Thirty Years as a Small-City Mayor*. Cincinnati, O.: Public Library of Cincinnati and Hamilton County.

Dix, G. (1986). Small Cities in the World System. *Habitat International* 10(1-2): 273-82.

Eshuis, J., Klijn, E.-H., and Braun, E. (2014). Place Marketing and Citizen Participation: Branding as Strategy to Address the Emotional Dimension of Policy Making? *International Review of Administrative Sciences* 80(1): 151-71.

Evans, G., and Foord, J. (2006). Small Cities for a Small Country: Sustaining the Cultural Renaissance? In D. Bell and M. Jayne (eds), *Small Cities: Urban Experience Beyond the Metropolis*, 151-68. London: Routledge.

Florida, R. (2017). Why America's Richest Cities Keep Getting Richer. The Atlantic, 12 Apr. www.theatlantic.com/business/archive/2017/04/richard-florida-winner-take-all.

Franklin, A. (2014). *The Making of MONA*. Melbourne: Penguin Books.

Fuchs, M., and Baggio, R. (2017). Creativity and Tourism Networks: A Contribution to a Post-Mechanistic Economic Theory. Critical Tourism Studies Conference, Palma de Mallorca, Spain, 25-9 June.

Garretsen, H., and Marlet, G. (2017). Amenities and the Attraction of Dutch Cities. *Regional Studies* 51(5): 724-36.

Garrett-Petts, W. F. (2005). *The Small Cities Book: On the Cultural Future of Small Cities*.

Vancouver: New Star Books.

Gehl, J. (2010). *Cities for People*. Washington, DC: Island Press.

Getz, D. (2017). Developing a Framework for Sustainable Event Cities. *Event Management* 21: 575–91.

Giffinger, R., Fertner, C., Kramar, H., and Meijers, E. (2007). City-Ranking of European Medium-Sized Cities. Centre of Regional Science, Vienna University of Technology. www.smart-cities.eu/download/city_ranking_final.pdf.

Giffinger, R., Kramar, H., and Haindl, G. (2008). The Role of Rankings in Growing City Competition. In *Proceedings of the 11th European Urban Research Association* (EURA) Conference, Milan, Italy, 9-11 Oct. http://publik.tuwien.ac.at/files/PubDat_167218. pdf.

Harvey, D. (2006). Spaces of Global Capitalism: Towards a Theory of Uneven Geographical Development. London: Verso.

Hesseldahl, P. (2017). WE-Economy: Beyond the Industrial Logic. http://weeconomy.net/ what-is-the-we-economy/the-book.

Jayne, M., Gibson, C., Waitt, G., and Bell, D. (2010). The Cultural Economy of Small Cities. *Geography Compass* 4(9): 1408-17.

Kotkin, J. (2012). Small Cities Are Becoming New Engine of Economic Growth. www. forbes.com/sites/joelkotkin/2012/05/08/small-cities-are-becoming-the-main-engine-of-economic-growth/#ac5c9cd5fb5f.

Kourtit, K., Nijkamp, P., and Geyer, H. S. (2015). Managing the Urban Century. *International Planning Studies* 20(1-2): 1-3.

Kresl, P. K., and Ietri, D. (2016). *Smaller Cities in a World of Competitiveness*. London: Routledge.

Laborie, J. P. (1979). *Les Petites Villes*. Paris: Éditions CNRS.

Landry, C. (2015). Cities of Ambition. http://charleslandry.com/blog/cities-of-ambition.

Lee, N., and Rodríguez-Pose, A. (2015). Innovation in Creative Cities: Challenging the Established Views. http://voxeu.org/article/innovation-and-creative-cities-new-evidence.

Lefebvre, H. (1991). *The Production of Space*. Oxford: Blackwell.

Lewis, N. M. and Donald, B. (2009). A New Rubric for "Creative City" Potential in Canada's Smaller Cities. *Urban Studies* 47(1): 29-54.

Lorentzen, A., and van Heur, B. (eds) (2012). *Cultural Political Economy of Small Cities*. London: Routledge.

Lorenzen, M., and Andersen, K. V. (2007). *The Geography of the European Creative Class: A Rank-Size Analysis*. DRUID Working Paper No. 07-17. www3.druid.dk/wp/20070017.

pdf (accessed 9 Feb. 2017).

Marano, T. E. (2005). Staying Small by Thinking Big: Growth Management Strategies for Small Towns. *Economic Development Journal* 4(3), 1-9. www.cedas.org/Customer-Content/ WWW/News/PDFs/stayingsmall_marano.pdf.

Marlet, G. (2016). De opkomst van de oude stad. *TPEdigitaal* 10(2): 75-88.

Material Times (2013). The Future of Cities: Think Small Because Small Is the New Big. www.materialtimes.com/en/what-matters/the-future-of-citiesbrthink-small-because-small-is-the-new-big.html.

McKnight, S. (2017). Think Big, Plan Small, Team Up. www.evolveea.com/work/think-big-plan-small-team-up.

Meijers, E. (2008). Summing Small Cities Does Not Make a Large City: Polycentric Urban Regions and the Provision of Cultural, Leisure and Sports Amenities. *Urban Studies* 45(11): 2323-42.

Montalto, V., Moura, C., Langedijk, S., and Saisana M. (2017). *The Cultural and Creative Cities Monitor: 2017 Edition*. Brussels: European Commission.

Montgomery, C. (2013). *Happy City: Transforming Our Lives Through Urban Design*. New York: Farrar, Straus & Giroux.

Norman, J. R. (2013). *Small Cities USA: Growth, Diversity, and Inequality*. New Brunswick, NJ: Rutgers University Press.

Ofori-Amoah, B. (2006). *Beyond the Metropolis: Urban Geography as if Small Cities Mattered*. Lanham, Md.: University Press of America.

Okulicz-Kozaryn, A. (2017). Unhappy Metropolis (When American City Is Too Big). *Cities* 61: 144-55.

Oliver, J. E. (2000). City Size and Civic Involvement in Metropolitan America. *American Political Science Review* 94(2): 361-73.

Planetizen (2016). Top 20 Urban Planning Books (Of All Time). www.planetizen.com/books/20.

Potts, J., Cunningham, S., Hartley, J., and Ormerod, P. (2008). Social Network Markets: A New Definition of the Creative Industries. *Journal of Cultural Economics* 32(3): 167-85.

Power, A. (2016). *Cities for a Small Continent: International Handbook of City Recovery*. Bristol: Policy Press.

Pratt, A. C. (2008). Creative Cities? *Urban Design Journal* 105. http://openaccess. city.ac.uk/6697/1/Pratt_2008_CreativeCities_UrbanDesignJ.pdf.

Reckwitz, A. (2002). Toward a Theory of Social Practices: A Development in Culturalist Theorizing. *European Journal of Social Theory* 5(2): 243-63.

Renn, A. M. (2013). The Tough Realities Facing Smaller Post-Industrial Cities. www.urbanophile.com/2013/11/03/the-tough-realities-facing-smaller-post-industrial-cities.

Richman, S. M. (2010). *Reconsidering Trenton: The Small City in the Post-Industrial Age*. Jefferson, NC: McFarland.

Schatzki, T. (2010). Materiality and Social Life. *Nature and Culture* 5(2): 12-149.

Shove, E., Pantzar, M., and Watson, M. (2012). *The Dynamics of Social Practice: Everyday Life and How It Changes*. London: Sage.

Spaargaren, G., Weenink, D., and Lamers, M. (eds) (2016). *Practice Theory and Research: Exploring the Dynamics of Social Life*. London: Routledge.

Taylor, P. J. (2013). *Extraordinary Cities: Millennia of Moral Syndromes, World-Systems and City/State Relations*. Cheltenham: Edward Elgar.

Tourdust (2015). Paris of the East, Venice of the North: Cities That Don't Know Their Place. www.tourdust.com/blog/posts/paris-of-the-east-venice-of-the-north-where-will-it-end.

United Nations, Department of Economic and Social Affairs, Population Division (2014). *World Urbanization Prospects: The 2014 Revision* (CD-ROM edn).

van Heur, B. (2012). Small Cities and the Sociospatial Specificity of Economic Development: A Heuristic Approach. In A. Lorentzen and B. van Heur (eds), *Cultural Political Economy of Small Cities*, 17-30. London: Routledge. *Small Cities, Big Challenges* 29.

Véron, R. (2010). Small Cities, Neoliberal Governance and Sustainable Development in the Global South: A Conceptual Framework and Research Agenda. *Sustainability* 2(9): 2833-48.

Waitt, G., and Gibson, C. (2009). Creative Small Cities: Rethinking the Creative Economy in Place. *Urban Studies* 46(5-6): 1223-46.

Walmsley, C., and Kading, T. (2017). *Small Cities, Big Issues: Reconceiving Community in Neoliberal Era*. Washington, DC: University of Washington Press.

Wuthnow, R. (2013). *Small-Town America: Finding Community, Shaping the Future*. Princeton, NJ: Princeton University Press.

2장

한정된 자원으로 기회 만들기

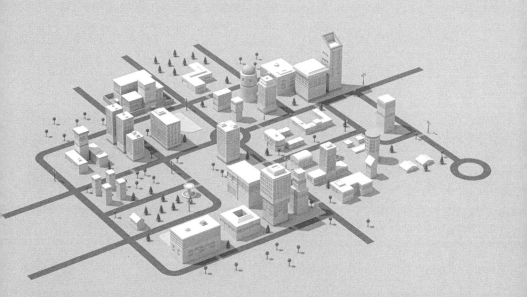

서론

장소만들기에 자원은 필수적이다. 도시에는 기본적으로 유형과 무형, 유한 자원과 재개발 자원, 시공간, 이동형 혹은 고정형 자원 등이 집중되어 있다. 당연히 큰 도시일수록 이러한 자원은 풍부하다. 로렌첸과 판 회르(Lorentzen and van Heur 2012: 4)는 사업, 노동력, 관광 부문 경쟁에서 자원 기반이 빈약한 "소도시는 질 수밖에 없다"고 불평하듯 언급하기도 했다. 그러다 보니 소도시 대다수가 이러한 경쟁에 아예 뛰어들지 않는 것도 이해가 간다. 하지만 소도시에도 전략적 기회는 많다. 대개 소도시만의 매력으로 휴먼스케일, 친화성, 소통, 일상의 '활기'와 창의성 같은 것을 꼽는다. 1장에서 언급한 바와 같이 소도시들은 이러한 자산을 더 창의적이고 현명하게 잘 이용해야 한다. 이는 단지 도시의 자산에 국한된 것이 아니라 도시에서 얻고, 빌리고, 만들어 낼 수 있는 모든 것을 아우른다. 이 장에서 우리는 가치를 가지거나 가치를 창출하는 데에 쓰일 수 있는, 도시의 자원 혹은 자산에 대해 고찰해 볼 것이다.

여기서 가치란 경제적·사회적·문화적·지적·창의적인 것 등 다양한 형태를 취할 수 있다. 도시가 궁극적으로 추구하는 것이 시민의 삶의 질 향상이라면 다양한 가치와 그 원천을 고려해야 한다.

도시경제학에서 도시 자원에 대한 분석은 산업, 사람, 어메니티에 초점을 맞추는 경향이 있다. 그러나 사코와 크로시아타(Sacco and Crociata 2013)는 이러한 요소만으로는 도시의 성공을 설명할 수 없다고 주장했다. 이 장에서는 성공 잠재력을 분석하기 위해 어메니티, 인적자본, 역량 구축을 통합한 모형을 구성해 본다. 이처럼 상이한 자원을 소도시라는 맥락에서 고찰하며, 유형 자원에서 무형 자원으로 이동하는 과정을 집중 조명한다. 이후의 장에서는 이러한 자원이 어떻게 조직되고 이용되는지를 이해관계자들 간의 협업(3장), 네트워크 발달과 네트워크 가치의 창출(4장), 거버넌스 구조의 발전(5장)을 통해 고찰한다.

도시 자원 분석을 위한 틀

전통적으로 도시 연구 문헌에서 도시의 자원은 일자리나 소비 어메니티의 집적 같은 밀도의 문제와 연관되었다. 사람들이 일자리를 중시하는지(군집) 아니면 일자리가 사람을 따라 생기는지(유인)는 늘 논쟁의 대상이었다. 이러한 연구는 대부분 일자리가 많고 사람도 많은 대도시에서 수행되었다. 그러나 소도시에서는 낮은 밀도 때문에 조금 다른 관계와 특성이 나타날 수도 있다. 이에 문화, 창의성, 여가의 역할에 대해 많은 관심이 쏟아졌으며, 판 회르(van Heur 2012)는 이것이 소도시 발전 잠재력의 핵심이라고 주장한다.

이는 최근 유럽연합에서 발표한 '문화적이고 창의적인 도시 보고(Cultural and Creative Cities Monitor)'에서 강조한 이슈 중 하나다(Montalto et al. 2017). 이 연구는 도시의 문화, 사회, 경제의 활력이라는 세 가지 주요 분야를 반영하는 지표 29개를 개발했다.

- 문화적 반향: 문화 기반시설 및 문화 참여와 관련된 도시의 문화 '맥박' 측정
- 창조적 경제: 고용, 일자리 창출, 혁신과 관련된 도시 경제에 문화 및 창조 부문이 기여하는 정도 포착
- 실현 가능(enabling) 환경: 창의적 인재를 도시로 끌어들이고 문화 교류를 촉진하는 데 도움이 되는 유·무형의 자산을 규명

이 보고서는 스헤르토헨보스와 같은 소도시가 문화 및 창의적 생동성에서 장점을 가질 수 있음을 보여 준다. 이 도시는 현재 유럽 소도시 중 3위를 차지하고 있다.

스헤르토헨보스는 중세도시로, 네덜란드에서 가장 오래된 도시 중 하나이며, 아늑하고 친근한 분위기를 가지고 있다. 이곳에는 아름다우며 역사성을 지닌 중심부와 수많은 술집 및 식당이 있는, 활기찬 도심이 존재한다. 이곳은 세계적으로 유명한 화가 히에로니무스 보스(Hieronymus Bosch)의 출생지로도 알려져 있다. 2016년은 그의 사후 500주년이 되는 해였는데, 이때가 도시의 문화유산과 현대적 창조성 및 관광을 연결하는 중요한 기회가 되었다. 이후에 마드리드로 옮겨 간 주요 전시회를 비롯해 '보스 유산 체험(Bosch Heritage Experience, 애니메이션 회사와의 협업을 통한 전시회로 보완)'부터 '보스 예술 경연(Bosch Art Game)'까지 다양한 행사가 시작되었다(Montalto et al, 2017: 64).

스헤르토헨보스와 같은 도시가 문화와 창의성 분야에서 어떻게 그들이 가진 무게감 이상의 힘을 효과적으로 보여 줄 수 있었을까? 우리는 이를 자원

<사진 2.1> 보스500 프로그램 개막식, 스헤르토헨보스 시청 (사진: Ben Nienhuis)

이용에 대한 문제로 본다. 이에 대한 답은 보통 도시에 필요한 것이 무엇인지에 대한 명확한 비전을 통해 알 수 있다. 스헤르토헨보스의 경우 톤 롬바우츠(Ton Rombouts) 시장은 늘 주민들의 교류(engagement)와 역량 증진을 위한 수단으로 교육과 문화에 대한 투자가 필요함을 피력했다. 이러한 비전은 피에르 루이지 사코(Pier Luigi Sacco)와 그의 협력자들이 수행하는 지역 발전 연구에 반영되었다(Sacco and Blessi 2007; Sacco and Crociata 2013). 이들은 소도시에 기회를 제공하려면 일자리나 카페 같은 것을 끌어들이는 것 이상이 필요하다고 주장한다. 소도시의 자원은 제한적이기 때문에 단순히 일거리를 제공하는 것뿐만 아니라 역량 구축이 좀 더 강조되어야 한다. 이 모형은 경제적인 군집*과 매력 증대**, 그리고 역량 구축(Sen 1999)이 조합되는 것이 중요함을 보여 준다. 사코와 블레시는 이 세 가지 측면을 합쳐서 문화 발전에서 중요한 차원은 다음 12개의 요인과 관련된 것으로 보았다(<표 2.1> 참고).

---

* 포터(Porter 1980)가 윤곽을 제시한 기본 성장 요소
** 플로리다(Florida 2002)의 창조계급에 대한 접근

12개의 요인은 다음 다섯 가지 주요 분야로 구분할 수 있다.

- 양질성(문화 공급의 양질성, 지역 거버넌스의 양질성, 지식 생산의 양질성)
- 장소의 정신(Genius Loci)(지역 기업가 정신의 개발, 지역의 인재talent 개발)
- 매력(외부 기업 및 투자 유인, 외부 인재 유인)
- 사회성(사회적 위기 관리, 지역사회의 역량 구축과 교육, 지역사회 투자)

〈표 2.1〉 문화 발전에서 중요한 관점(Sacco and Blessi 2007을 수정·보완)

문화 공급의 양질성	지역의 창의성 기반을 대표하고 조직하는 조직 및 제도를 포괄하는 문화 환경, 문화 표준에 대한 도전, 더 광범위한 세계의 관중 취향에 맞춘 지역 문화 공급 구축
지역 거버넌스의 양질성	지식 개발 기반과 사회적으로 공평한 비전을 공유한 지역 활동가(actors) 간의 조정 및 협력을 강화시킬 수 있는 확실한 지역 행정력
지식 생산의 양질성	교육제도, 뛰어난 몇 가지 분야의 연구 및 지식 교환 제도의 단단한 기반
지역 기업가 정신의 개발	지식 관련 부문에서 지역 주민들이 새로운 기업 프로젝트를 개발할 수 있도록 하는(수익 기반) 기회와 시설에 대한 이용 가능성
지역 인재 개발	재능 있는 젊은 인재들을 격려하는 사회 및 문화적 환경의 촉진과 태동, 보상, 그들의 작품을 보여 줄 기회 제공
외부 기업 및 투자 유인	지식 관련 기업의 재입지와 외부 자본 유입을 위한 법·재정·물류·환경 및 사회문화적 조건 창출
외부 인재 유인	개인의 전문적 커리어와 관계 개발의 일환으로 재능 있는 이들이 지역 환경에 뿌리내릴 수 있는 사회문화적 조건 창출
사회적 위기 관리	사회적 위기 상황의 중재와 회복을 위한 도구로, 문화의 활용과 지식 관련 활동 및 실행
지역사회의 역량 구축과 교육	무형자산의 체계적이고 광범위한 축적 장려에 목적을 둔 지역 공동체 전반의 이니셔티브, 지식 집약적 경험에 대한 접근성 강조
지역사회 투자	모든 국지적인 지역 공동체의 지식 관련 이니셔티브와 실행에 대한 참여 독려
내부 네트워킹	전략적 이해관계를 가진 지역 관계자들 간의 강력한 네트워킹, 정기적인 협력과 밀접한 활동 및 조정 장려
외부 네트워킹	시스템 측면에서 지식 집약적인 문화·사회·경제적 연계를 개발하기 위해 유사한 도전에 직면해 있는 다른 장소들과 밀도 있고 안정적인 관계망 형성

• 연결망 만들기(내부 네트워킹, 외부 네트워킹)

이러한 분석은 어메니티를 공급하거나 기업 및 인재를 끌어들이는 것 이상의 많은 사안들이 지역개발과 관련되어 있음을 나타낸다. 이는 또한 지식 창출과 순환에 의존하기도 하는데, 사회 구조(social fabric) 강화, 주요 사회 이슈의 언급, 네트워크 구축도 포함된다. 게다가 도시는 시설의 질적 수준, 지역 역량 개발, 사회구조에 대해 노력을 기울여야 한다. 프랫(Pratt 2014: 5)은 다음과 같이 제시하였다.

도시는 예기치 못한 재개발의 단계를 거쳐 왔으며 세계를 변화시켰다. 틀림없이 가장 소란스러웠을 최근 50년 동안 이는 특히 문화에 대한 것이었다. […] 도시의 구조 형성은 문화적 변화의 무대이자 주체이다. […] 이러한 변화는 물질적 기반시설뿐만 아니라 도시의 거버넌스(governance)와 타 도시 및 타 지역과의 관계를 국가적으로 또 세계적으로 신경 쓰도록 한다.

그러므로 필요 자원을 모으는 데에 우리는 다음과 같이 세 가지 주요 분야를 고려해야 한다.

1. 사람, 인재, 사회성
2. 사람과 자원을 연계하는 네트워크
3. 자원 축적과 이용 과정: 지배구조, 투자, 역량 구축, 유인

이 장은 사람과 인재의 역할, 사람들이 만나서 상호작용할 수 있는 장소와 공간 개발의 필요성에 집중한다. 3장에서는 한계 자원과 지원을 한자리에 모을 필요가 있는 이해관계자들을 다루며, 4장에서는 네트워크의 역할을 검토

하고, 5장에서는 지배구조에 대한 이슈를 다룬다.

희소자원에 대한 경쟁: 규모는 중요한가?

대도시가 갖는 규모의 이점은 잘 정리되어 있다. 메이여르스 외(Meijers et al. 2016)는 대도시가 최소 규모 인구를 부양하는 데에 필요한 범위의 자원을 제공할 수 있다고 주장하였다. 예를 들면 어메니티, 공급자, 거대 노동력과 같은 것 말이다. 또한 대도시는 효율적인 정보 탐색과 많은 면대면 접촉 기회를 지원한다. 이는 지식 전파와 축적을 촉진한다. 기핑어 외(Giffinger et al. 2008: 1)는 유럽의 중간 규모 도시에 대한 분석을 통해 작은 도시는 "대응 이슈에 대해서 더 큰 대도시와의 경쟁에 대처해야 하는데, 임계 규모, 자원, 조직 역량이 덜 갖춰진 것으로 보인다"고 지적하였다.

　소도시의 자원을 발견하고 이를 효과적으로 이용하는 것은 성공의 중요 열쇠이다. 물론 소도시는 규모 때문에 거의 모든 자원이 상대적으로 부족하다. 그러나 기핑어 외(Giffinger et al. 2008: 4)는 다음과 같이 부연하였다.

> 규모 하나만으로는 도시 경쟁력에 대해 설명할 수 없다. 실제 세계에서는 규모가 반드시 도시의 기능을 결정하는 것은 아니다. 실제로 더 큰 도시에서나 발견되는 독특한 전문화된 기능을 물려받은 작은 도시들이 존재한다.

메이여르스 외(Meijers et al. 2016)는 역시 대도시가 여러 기능을 할 수 있는 데에는 도시 규모와 국가(국제) 네트워크에서의 연결성 둘 다 도움이 됨을 보여 주었다. 그러므로 도시는 국가(국제) 네트워크에 성공적으로 뿌리를 내림으로써 '규모를 차용'할 수 있다. 이동성 있는 소비자의 흐름에 연계된 관광 목적지가 되는 것도 대도시의 기능을 유지하는 데 도움이 된다. 이는 거주 인구를 증가시키기 때문이다. 이와 유사하게 수명은 짧지만 무대 행사(staging events)도 효과가 있다. 메이여르스 외(Meijers et al. 2016)에 따르면, '규모 차용'은 대도시와 정상적으로 연계될 수 있는 기능, 어메니티, 성과 수준을 가진 소도시에서만 발생한다. 도시 네트워크는 소도시가 어느 정도 집적의 이익을 달성할 수 있도록 돕는다. 이러한 규모 차용 효과는 넓고 광범위한 지역 스케일보다는 국지적 수준에서 발견된다. 이들은 차용된 규모를 네트워크 현상으로 결론지었다. 결국 네트워크 경제는 집적경제의 전통적인 개념을 보완하는 초석인 것이다.

이는 전통적인 도시 이론에 대한 도전으로 볼 수 있다. 전통적인 도시 이론에서 집적경제를 달성하는 길은 딱 한 가지로, 더욱 큰 도시가 되는 것이라고 주장했기 때문이다. 이 논리는 왜 도시가 사업, 사람, 투자를 유인하기 위해 서로 경쟁하는지 설명해 준다. 도시는 규모의 경제를 달성해 더욱 효율적이고 강력해지고자(이러한 것에 의한 이익은 분명하지 않을 때가 있다.)(Bönisch et al. 2011) 이웃하는 행정권을 가져오기 위해 경쟁하기도 한다. 그러나 네트워크 경제는 좀 더 복잡하며 새로운 전략을 요구한다.

소도시는 그들의 강점을 다른 장소에 비해서 두드러지게 하는 방식으로 네트워크에서 지위를 차지해야 한다. 소도시는 다음과 같은 수단을 활용할 수 있다.

1. 자원 차별화. 소도시는 도시가 가치를 두는 독특한 유산의 자원, 산업, 행사 등 상이한 양질성을 갖는다. 시몬스(Simons 2017: 604)는 네덜란드 틸뷔르흐(Tilburg)의 학제 간 예술 축제 인큐베이트 페스티벌(Incubate Festival)의 사례를 제시하였다. 사람들이 이 행사가 독특하다고 생각하는 것은 "외견, 표현 등에서 제일의 것이 아니기 때문이다. 그래서 나는 암스테르담 사람들이 틸뷔르흐를 방문하게 하는 무언가가 있다고 본다. 그리고

그 사람들은 전시회 [⋯]나 전통적인 음악 축제 [⋯] 때문에 오는 것은 아니라고 본다. 그런 행사들은 이미 그 사람들의 도시에도 존재하기 때문이다." 더 큰 도시는 유사한 어메니티와 행사로 점철된 '복제 마을'이 되기 쉽기에, 소도시 자체의 독특한 자산을 어떻게 이용할지 재고해 볼 여지가 있는 것이다.

2. 위치 차별화. 소도시는 그들의 네트워크상에서 어떤 지위를 차지할 수 있다. 장소가 가진 자산이 유사해도, 네트워크의 중심이나 허브에 위치한 도시는 더 많은 힘과 영향력을 모을 수 있다. 콜롬보와 리처즈(Colombo and Richards 2017)는 바르셀로나의 사례를 들어 이를 설명했다. 세계의 많은 도시에서 동일한 축제들을 개최했음에도 바르셀로나는 세계적인 전자음악 네트워크의 중심으로 자리 잡았다. '원조' 행사가 바르셀로나에서 열렸기 때문에 모든 네트워크가 이곳으로 와야 하는 기준점이 된 것이다 (4장 참고).

3. 유연성 수준 차별화. 소도시는 자체적으로 가지고 있는 이점을 활용해야 한다. 특히 소통 과정 및 개인적 신뢰와 관련해서 대도시보다 유연해야 한다.

4. 협업 전략의 차별화. 누구와 어떤 기반에서 협업할 것인지에 대한 선택을 통해 소도시는 다른 장소에서 접할 수 없는 독특한 자산 특성을 구축할 수 있다.

즉 다른 장소와 경합할 때 중요한 것은 자원의 용적량이 아니라 활용이다. 이제 우리는 도시의 비교우위뿐만 아니라 경쟁우위에 대해 논의해야 한다 (OECD 2009). 비교우위는 자원(시장, 공급자, 원자재) 축적을 통해 얻을 수 있는 반면, 경쟁우위는 이러한 자원을 활용하는 방법에서 생긴다. "정말로 중요한 것은 도시가 어떤 방식을 통해서 커졌는지에 대한 것이지 큰 도시가 어떻게 성장했느냐가 아니다. 디자인도 중요하다. 사람들은 도시가 너무 커지면 양에서 질에 대한 것으로 논점을 바꾸게 된다"(Planetizen 2016).

그래서 이 책의 목표는 양에서 질로, 집적에서 네트워크로, 큰 것에서 스마트한 것으로 초점을 옮기는 것이다. 이러한 패러다임의 변화는 종종 사람들에게 새로운 방식에 대해 생각해 보게 하는 촉매를 찾는 것을 의미한다. 자원의 특성과 활용에 대해서도 말이다.

도시화에서 도시성으로의 이동?

기존에는 도시 성장과 규모로 연결되는 도시화(urbanization) 과정이 소도시에 대한 담론의 중심이었지만 이제는 도시가 도시로 느껴지도록 하는 것이 무엇이냐는 도시성(urbanity)에 대한 질문으로 초점을 옮겨야 한다. 몽고메리 (Montgomery 1998)는 '좋은 도시 장소'를 도시성 혹은 '도시의 질(urban quality)'과 연결한다. 그는 "성공적인 도시 장소는 물리적 공간, 감각적 경험, 활동성이라는 세 가지 질적 요소를 조합해야" 한다고 주장했다(1998: 96). 지더벨트(Zijderveld 1998: 20)는 보다 문화적인 접근법을 취해 도시성과 도시 문화를 동일시하였다. "도시의 상징적 기반시설은 그 도시의 도시 문화이자 도시성이다." 도시성은 사람들에게 집단적인 동질감과 분명한 연대감을 주는 고유한 도시 경제 및 시민 문화이다. 문화현상으로 보면 도시성은 도시 규모와 그다지 밀접한 관계가 없을 것이다. 실제로 티틀과 그래스믹(Tittle and Grasmick 2001)은 도시 규모가 익명성이나 관용 같은 요소에 영향을 주지 않음을 발견했다. 그들의 분석은 도시주의(urbanism)와 도시성 간의 직접적인 관계를 가정하는 데 대한 의문을 불러일으키며, 이러한 관계에 사회 및 문화 요소가 개입함을 보여 준다.

도시성의 문화적 특징은 특히 '새로운 도시성'에 대한 담론을 강조하며 도시 정체성에서 도시성의 역할을 중시한다. 실버(Silver 2017: 412)는 '도시경관'의 역할을 특히 강조했는데, 이는 '밀집된 접촉, 활동의 집중과 성장'에 기반해 번영한다. 그러나 앞서 언급한 몽고메리(Montgomery)의 공식과 반대로 그는 경관을 도시성에 의해 생산되면서도 도시성을 만드는, 도시주의의 종속변수이자 독립변수로 보았다. 그러한 경관은 아주 작은 장소에서도 틀림없이 번창할 수 있을 것이다. 패트릭 브루더(Patrick Brouder 2012)는 이를 그의 분석에서 주변 지역의 '창조적 전초기지(outposts)'라 언급했다.

결국 궁극적인 질문은 대도시에서 접근 가능한 것과 대도시와 유사한 질적 수준, 즉 삶의 질을 소도시가 제공할 수 있느냐 하는 것이다. 이 주제에 대해서는 두 가지의 기본 학파가 있는데, 국지화 경제에 기반을 둔 지역개발 이론과 플로리다(Florida) 등의 학자가 제시한 '어메니티 성장' 패러다임이다(van Heur 2012). 플로리다는 관용적이고 유연한 분위기 조성을 통해 사람들을 유인하는 것을 지지한다. 플로리다의 견해를 따르는 많은 연구에서 대도시는 창조계급을 유인하는 데 최적화되어 있다고 주장하는데, 대도시에는 거대하고 다양한 인구가 있기 때문이다. 그러나 국지화 경제를 다룬 스토퍼와 스콧(Storper and Scott 2009)은 지역이 산업을 만든다기보다는 산업이 지역을 만든다고 보고, 지역 기본 구조의 변화에는 오랜 시간이 걸린다고 주장한다. 새로운 어메니티의 공급은 제한적인 변화만을 만들어 낼 수 있을 뿐이다. 그래서 대도시도 마찬가지지만 소도시가 성공하기 위해서는 도시가 가진 것을 효과적으로 이용해야 한다. 소도시는 자원 확보 수단이 부족하기 때문에 자체의 자원을 대도시보다 훨씬 잘 사용해야 한다.

2015 유로 바로미터 여론조사 중 79개 유럽 도시의 삶의 질에 대한 자료 분석은 이러한 논쟁에 흥미로운 관점을 제공한다(European Commission 2016). 일반적으로 사람들이 살고 있는 도시의 인구 규모와 편의시설 만족도 및 삶의 질에 영향을 주는 기타 요소 간의 관계는 음의 상관관계를 가진다($r^2 =$

−0.266). 대부분의 경우 소도시에 사는 사람들이 삶의 질에 점수를 높게 준다. 유일한 예외는 구직의 용이성으로 대도시에서 점수가 더 높았다. 학교 및 운동시설에 대한 만족도는 특히 도시 규모와 상관관계를 가져서, 소도시가 대도시보다 더 높은 점수를 얻었다. 유사하게 소도시는 소음 문제가 덜하고 소도시 사람들은 그곳에서 영위하는 삶에 더 만족하는 경향이 있다.

상위 10개 도시와 하위 10개 도시의 삶의 질을 비교해 보면(〈표 2.2〉 참고) 가장 높은 삶의 질을 갖춘 도시는 하위 10개 도시 평균보다 거의 5배 더 높은 수

〈표 2.2〉 유럽 도시 삶의 질 순위

도시	국가	인구
상위 10개 도시(평균 인구 57만 7,000명)		
올보르(Aalborg)	덴마크	203,448
취리히(Zürich)	스위스	384,786
뮌헨(München)	독일	1,450,381
흐로닝언(Groningen)	네덜란드	195,418
카디프(Cardiff)	영국	35,716
그라츠(Graz)	오스트리아	265,778
벨파스트(Belfast)	영국	338,907
룩셈부르크(Luxemburg)	룩셈부르크	89,836
빈(Wien)	오스트리아	1,863,881
오슬로(Oslo)	노르웨이	618,683
하위 10개 도시(평균 인구 270만 명)		
마르세유(Marseille)	프랑스	852,516
리스본(Lisbon)	포르투갈	547,631
부쿠레슈티(Bucureşti)	루마니아	2,106,144
이라클리온(Iraklion)	그리스	14,073
소피아(Sofia)	불가리아	1,260,120
이스탄불(Istanbul)	터키	14,025,646
아테네 광역권(Athens Metropolitan region)	그리스	3,900,000
나폴리(Napoli)	이탈리아	972,638
로마(Roma)	이탈리아	2,865,945
팔레르모(Palermo)	이탈리아	673,073

출처: 유로 바로미터(European Commission 2016)

준을 보인다. 당연히 여기에는 문화 요인도 있는데, 상위 10개 도시는 대부분 유럽 북서부 도시이고, 하위 10개 도시는 유럽 남부 및 동부 도시이다.

'문화적이고 창의적인 도시 보고(Cultural and Creative Cities Monitor)'가 보여 주듯(Montalto et al. 2017: 24), 규모와 상관없이 모든 도시는 성공적으로 활력 (vibrancy)을 만들고 높은 삶의 질을 제공할 수 있다.

> '문화적 반향의 다중심적인 양상은 다양한 규모의 도시가 교육 수준이 높고 창의적인 개인들을 유인하고 유지하는 데 성공할 수 있음을 보여 주므로 소도시 혹은 주변 지역 개발을 선호한다. 탈산업화 경제에 대한 최근 연구에 따르면 동일한 일자리와 급여가 주어졌을 때 근로자들은 문화 및 오락 기회가 많고, 어메니티가 풍부한 입지를 선호하는 것으로 보인다.

소도시의 매력은 관광 흐름과 관련된 사람들의 일시적 이동성에서도 나타난다. 거대도시에 절대적인 숫자의 관광객이 방문하기는 하지만, 최근 수십 년 동안 소도시로 이동이 잦아져, 특히 저비용항공의 성장으로 연결성이 좋아지면서 이러한 움직임이 나타났다. 유럽에서 관광객이 가장 빠르게 늘어난 도시 상위 10곳의 평균 인구 규모는 1998~2004년의 160만 명에서 2012~2015년에는 100만 명 이하로 줄어들었다(〈표 2.3〉 참고).

이 분석이 가리키는 바는 소도시가 양적인 부분은 부족할 수 있으나, 사람들이 매우 가치를 두는 질적 수준이 높은 부분을 제공할 수 있다는 것이다. 이는 소도시가 그들 자원의 질적 수준에 대해 새로운 시각을 가져야 한다는 것을 뜻한다.

소도시는 예술 및 문화 기관, 역사를 지닌 도심, 자연의 아름다움, 야외 오락 등과 같은 여러 자원과 자산을 끌어 올 수 있다(EPA 2015). 소도시는 대도시만큼의 다양한 물리적 자원을 갖추고 있지는 못하나, 대다수의 사람들에게

1998~2004		2004~2012		2012~2015	
도시	관광 성장률 (연평균)	도시	관광 성장률 (연평균)	도시	관광 성장률 (연평균)
탈린	21	리옹	14	포르투	20
베를린	11	함부르크	10	류블랴나	13
로마	11	베를린	10	리스본	11
류블랴나	10	류블랴나	9	하이델베르크	10
바르셀로나	9	포르투	8	세비야	10
코르도바	8	탈린	8	밀라노	8
밀라노	7	뮌헨	8	코펜하겐	8
마드리드	6	코펜하겐	7	암스테르담	7
부다페스트	5	바르셀로나	6	베를린	7
함부르크	5	오슬로	6	부다페스트	7
평균 인구 규모	1,662,186	평균 인구 규모	1,080,179	평균 인구 규모	970,748

출처: TourMIS의 도시 관광 자료 분석

충분한 범위의 시설은 보통 제공할 수 있다. 도시가 제공하는 자원 혹은 어메니티의 유형은 매우 다양하며, 사람(소비자, 생산자, 봉사자, 기업가)과 같은 유형적 존재들과 물리적인 도시경관(물리적 기반시설과 도시의 시각적 외관), 도시성, 창의성, 생활양식, 행사 등과 같은 무형적 존재가 포함된다. 우리는 도시와 시민들이 스스로 창조할 수 있는 자원 하나를 분석해 보기로 했다. 바로 공공공간이다.

공공공간과 도시 어메니티

공공공간은 도시의 수명에 매우 중요하다. 공공공간은 도시가 생명을 얻는 곳이고, 도시의 이용자들이 만나서 상호작용하고 대면하는 곳이다. 그래서 장소만들기 활동은 공공공간과 장소의 질적 수준 개선과 밀접하게 연결된다.

소도시에서조차 공공공간의 범위는 넓다. 아민(Amin 2008: 9)은 이에 대해 다음과 같이 주장했다.

공공공간은 다양한 형태로 나타난다. 공원, 시장, 길거리, 광장 같은 다양한 형태의 개방 공간, 쇼핑몰, 도서관, 시청, 수영장, 클럽, 선술집 같은 밀폐된 공간, 거주민 모임, 체스 동호회, 운동 동호회, 낚시 동호회, 스케이트보드 동호회 등 특정 집단으로 제한된 클럽과 연합 같은 중간적 공간. 결국 모든 공공공간은 이용과 규칙에 각각의 리듬이 있으며, 매일 혹은 계절마다 바뀐다. 광장은 밤에는 텅 비지만 점심시간에는 사람들로 가득하다. 거리는 일상적으로는 느릿하게 걷고 통과하는 곳이지만 대중 저항의 중심이 될 수도 있다. 학교 방문으로 생기는 소음은 공공도서관에서는 제지받지만 선술집은 모여서 대화하는 공간으로 시끄러운 소음과 몸싸움이 일어나는 곳이 된다. 공공공간은 원형이라는 것이 없으며, 집적의 시공간에 따라 다채롭게 변주된다.

음식점, 박물관, 도서관, 극장 같은 공간은 특정한 기능과 일정을 가지고 있는 반면 도시의 개방형 공공공간은 한층 접근성이 높고 기능이 중첩되며 유연하다. 개방형 공공공간은 특히 함께함(togetherness)을 경험할 수 있는 곳이며, 우발적인 '함께 겪음(throwntogetherness)'의 감정까지 경험할 수 있다. 공공공간에 필수적인 특질은 모두가 접근할 수 있게 하는 것, 도시의 이용자들 간에 공평함을 느낄 수 있게 해야 한다는 것이다. 공공공간은 사람들이 만나고 공적 영역을 창출하는 장소이며, 활동가들의 공통 기반이자 지역공동체를 묶는 의례이다(Madanipour 1999). 그리고 공공공간의 이용은 시민 영향력을 투사하는 중요한 상징적 역할을 하여 저항과 이의 제기도 가능하게 한다.

공공공간의 다양한 형태는 이용 양상과 사회적 상호작용도 다양한 형태로 나타나게 한다. 세계의 공공 공원은 개방성의 공유, 여흥, 휴식, 전시를 위한 장이다. 중국 남부에서 공원은 광둥식 경극의 비공식 공연장이 되었다(Lin and Dong 2017). 시타 로(Setha Low 2000)의 광장에 대한 인류학 연구는 라틴아메리카에서 상이한 집단들이 공식적인 광장을 이용해 공공공간을 정하고 협상하며 창출하는 방식을 보여 주었다. 마냐니(Magnani 2006)는 브라질 상파울루 청년들의 공공공간 활용에 대해 기술하면서, 지하철역과 거리의 모퉁이가 구역화(routes, patches and 'turfs')되는 방식을 보여 주었다. 리우데자네이루의 빈민가에서는 다양한 집단이 그들의 영역과 정체성을 공간상에 표지로 남기기 위해 자신들이 창작한 음악으로 실력을 겨룬다. 가스펠 음악, 펑크, 브라질식 포크(forró) 삼바 추종자들 간 '소리 우월성(sonic supremacy)'을 차지하기 위한 일련의 경쟁이 일어나는 것이다(Oosterbaan 2009). 특정 집단이 공공공간을 독차지하는 것은 종종 사용 가능한 공간이 부족한 데 따른 반응이기도 하다. 남아프리카의 예를 들면 매코나키와 섀클턴(McConnachie and Shackleton 2010)은 소도시에서 상대적으로 가난한 교외(기본적으로 흑인 마을)는 부유한 도시보다 1인당 공공 녹지공간이 14배나 적음을 보여 주었다.

만남을 위한 공간과 기회는 도시 기능에 중요한 요소가 되었다. 예를 들면 창조산업이 효과적으로 네트워크를 구성한다는 주장을 들 수 있다(Potts et al. 2008). 이러한 네트워크에는 새로운 '창조 클러스터'(Marques and Richards 2014)와 같이 어느 정도 범위가 있는 만남의 공간이 필요하다. 도시의 창조적 경관은 종종 공식적인 '오버그라운드(upperground)'로 구성된다. 극장과 갤러리, 지식집약적 산업, 공식적 이사회와 파트너십 등으로 구성되는 것들 말이다. 그리고 좀 더 비공식적인 '언더그라운드(underground)'도 이를 구성한다. 여기에는 온라인 블로그, 공유 창고에서 활동하는 공동체, 대중적 만남의 장소인 선술집과 카페 등이 포함된다(Cohendet et al. 2010).

아민(Amin 2008: 7)은 이렇게 언급하였다. "도시 공공공간을 활동성 있고 포용적이도록 유지하는 것이 중요한지에 대한 의문은 용감하거나 무모한 이들만이 던질 것이다." 그러나 공공공간의 보유와 유지는 민영화, 상업화, 감시 강화를 직면하며 점차 어려워지고 있다. 공공지출 삭감 압력에 도시는 공원 및 기타 공공공간이 좀 더 상업적으로 이용되는 것을 옹호하고 있다. 이러한 공간을 상업적으로 활용하는 것을 선호해 행사, 이권, 허가로부터 이익을 창출하는데, 이는 가끔 공간의 공공 이용을 제한한다(Smith 2015). 아민(Amin 2008: 9)은 다음과 같이 설명했다.

> 가장 창의적으로 관리되는 시민 공간은 매우 양질의 상호작용을 위한 공간이 된다. – 역사를 지닌 자동차 없는 광장, 노점과 보행자들의 소리가 울리는 거리 또는 시장, 모두에게 즐겁고 안전한 휴식처를 제공하는 잘 관리된 공원.

1장에서 언급했듯이 도시의 '휴먼스케일'이란 종종 공공공간의 상호작용 및 친목성과 관련된다. 맬컴 마일스(Malcolm Miles 1997)는 '친목적인 도시'는 '새로운 도시 담론'을 요구하며, 이는 근대성(modernism)이 다양성과 무질서(disorder)에 의해 약화되었기 때문이라고 주장하였다. 제인 제이콥스(Jane Jacobs)의 철학을 바탕으로 그는 복합적 사용, 개인 공간, 표현, 공동 관심사에 대한 발전을 옹호하였다. 복합적 사용은 대도시 내의 지역별 발전 속도 차이에 따른 자연스러운 결과인 경우가 많다. 그러나 소도시가 계속 복합적으로 사용되기 위해서는 더 노력을 기울여야 한다.

현재 계속 복합적으로 사용하는 데 걸림돌이 되는 것은 발전 모형을 따라 하려는 데서 찾을 수 있다. 타라 브라바존(Tara Brabazon 2014)이 최근 저널 《패스트 캐피털리즘(Fast Capitalism)》에서 인지 분석을 하며 지적한 것처럼 말이다. 세계적으로 도시 발전 모형을 일반화하는 것은 대단히 문제가 많다. 이러한 모형은 보통 국제적인 자문가, 건축가, 개발 회사 등에 의해 개발되고 판매되는데, 이들은 고안한 해결책을 적용할 장소에 대한 지식이나 고려가 부족하다(Ponzinim et al. 2016). 도시에 대한 시각적 소비가 증가하면서, 상징적인 건축물은 장소 마케팅의 무기가 되었다. 이는 비용이 많이 드는 편인 데다 상징적 가치도 다른 도시가 더 흥미로운 아이콘을 만들기 전까지만 지속된다(Richards 2017). 그 결과는 잘 해 봐야 똑같은 기본 기반시설에 단조롭기만 한 세계화 느낌과 분위기를 보여 주는 '아주 유사한' 도시가 될 뿐이다. 최악의 경우에는 거주민의 삶의 질을 개선하는 데 적합하지 않은 역기능의 장소를 만들어 낼 위험마저 있다. 그러나 소도시에는 흥미로운 대안이 있다. 태즈메이니아 호바트(Hobart)의 MONA 미술관이 그 예이다(Box 2.1 참고).

악, 황소 시체와 500ℓ의 피로 물의를 일으킨 헤르만 니치(Hermann Nitsch)의 작품, 비학술 예술가와 민간 예술 제작자들을 위한 이동식 미술관인 '모든 것의 미술관 (Museum of Everything)' 개관식 행사가 있었다. 더윈트(Derwent)강에서 동지 새벽에 열리는, 이제는 전통이 되어버린 알몸 수영에 1,000명 이상이 참가하기도 하였다. 다크모포는 미술관의 재정 확보에 필요한 관광 기금을 모금하기 위해 겨울에도 관광객이 찾아오게끔 정교하게 조직되었다.

태즈메이니아 관광청(Tourism Tasmania)이 MONA가 운영하는 축제에 한 투자는 축제 방문자들의 높은 호텔 투숙률로 상쇄된다. MONA는 이제 HoMO라는 이름의 5성급 호텔을 세울 계획도 가지고 있다.

그러나 MONA는 문화가 우선이라고 주장한다.

> 우리의 관객 동원 성공 비밀은 우리가 우리 관람객에게 과하게 신경 쓰지 않는다는 점입니다. 물론 신경을 쓰죠. 우리는 사람들이 MONA에서 좋은 시간을 보내고 좀 더 의미 있는 것을 가지고 돌아가길 원합니다. 그러나 이것이 운영 전반에서 결의한 의도는 아닙니다. […] 우리는 앞서 언급한 것처럼 우리다운 것에 우선 집중합니다(Pearce 2015).

'MONA 효과'는 놀랍다. 미술관 소유주인 데이비드 월시가 미술관에서 체험하는 예술을 변화시키기를 원했기 때문에 이 미술관은 뉴스가 될 수 있었다. 그는 MONA를 반(反)미술관이라고 하는데, 사람의 몸을 이용하고 성과 죽음 등 매우 포괄적인 주제를 다루기 때문이다. MONA 효과는 구겐하임 효과와도 다른데, MONA의 경우 건물보다는 무형의 문화 및 창의성에 더 기반을 두고 있기 때문이다.

차별성의 유지: 문화, 여가, 행사의 역할

최근 많은 연구가 사람들을 끌어들이고 유지하는 데, 또는 사코와 블레시 (Sacco and Blessi 2007)가 제시한 '공급의 질적 수준'을 유지하는 특정 시설의 역할에 초점을 두고 있다. 예를 들어 브라바존(Brabazon 2015)은 소도시(혹은

'세 번째 계층의 도시')의 '독특한 도시성'이라 명명한 것에 주목한다. 그녀는 이 주장의 근거를 'GLAMs'로 들고 있는데, 이는 갤러리(Galleries), 도서관(Libraries), 서고(Archives), 미술관(Museums)의 약자이다. 이러한 자원의 이용은 종 종 지역정부 구조가 이들을 활용하기에는 적절하지 못하다는 점 때문에 복잡 해진다. 예술, 문화, 지역사회 발전과 '예술'에 대한 보수적 개념화, 그리고 문 화정책을 지배하는 고급문화로부터 '계획'과 '건설'이 분리되어 버렸기 때문 이다. 즉 소도시에도 삶의 질 개선을 촉진하는 데 이용할 수 있는 유형의 자산 이 있다. 도시경관도 그 자체로 하나의 자원으로 볼 수 있다.

이러한 관점에서 대도시는 종종 우위에 있다. 세계관광기구(UNWTO)의 《도시 관광과 문화(City Tourism and Culture 2005)》 보고서에서는 대도시가 관 광객을 유인할 수 있는 많은 자산과 광범위한 문화적 자원을 가지고 있다고 보았다. '실질 문화 자본'을 축적하는 것은 시간이 흐를수록 큰 도시에 유리 하다(Richards 2001). 따라서 소도시들은 건축 프로젝트에 더욱 전략적으로 접 근해야 한다. 부치 외(Bucci et al. 2014)는 내생적 문화—주도 성장론을 주장하 였다. 경제가 충분히 '문화집약적'이라면 문화에 대한 투자는 경제성장과 소 득수준에 긍정적인 영향력을 미친다. 그래서 로렌첸과 판 회르(Lorentzen and van Heur 2012)는 소도시의 문화 및 여가 자원의 중요성을 강조하였다.

브라바존(Brabazon 2015)과 크레슬과 이에트리(Kresl and Ietri 2016)의 소도 시 분석에 따르면 물리적 자원 기반이 필수라는 점은 흥미롭다. 소도시에는 사양 혹은 첨단 산업, 지식 제도, 여가 혹은 입지 자산이 있다. 크레슬과 이에 트리(Kresl and Ietri 2016)의 연구에 따르면 대학과 보건 시설의 조합이 특히 중 요한 것으로 보인다. 이러한 '교육과 의료' 조합은 파릴료와 데 소시오(Parrillo and de Socio 2014)도 분석한 바 있다. 이들은 이를 '수출산업'이라고 특징지었 는데, 연구 자금을 유치하고 기술적 혁신을 촉진하며, 멀리 떨어져 있는 학생 들과 부모를 끌어 오기 때문이다.

여기서 우리는 다시 소도시에서 교육의 역할이 얼마나 중요한지 알 수 있다. 이는 스헤르토헨보스의 시장 톤 롬바우츠가 신봉한 발전 철학의 초석이다. 부치 외(Bucci et al. 2014)는 이를 더 넓혀 교육과 문화적 자산 사이의 상보성을 포함하는 것으로 보았다. 이들은 숙련도를 획득하는 것도 중요하지만 그러한 숙련을 창의적으로 이용할 수 있도록 하는 것 또한 중요하다고 주장한다.

그러므로 교육제도는 소도시의 발전에 중요한 역할을 한다. 소도시에서 성장을 촉진하는 대학의 기능은 특히 많은 미국 사례연구를 통해 강조되었다. 예를 들어 미시시피주의 워터밸리(Water Valley, 인구 3,380명)는 미시시피 주립대학교와 가까웠는데, 다른 작은 마을들이 그렇듯 건축물을 보수해야 할 때가 되었다. 이에 상대적으로 낮은 진입 비용으로 이익을 얻고자 많은 작은 사업체가 개업하였다(Sanphillippo 2017). 흥미로운 것은 이 마을은 1930년대 이후로는 거의 개발되지 않았는데 그러다 보니 상대적으로 훼손되지 않은 옛 시기의 도시 풍경이 남아 있었다. 그러나 성장을 촉진하는 주요 요소는 대학의 존재인 것으로 보인다. 플로리다(Florida 2009) 또한 대학 마을들의 낮은 실업 수준을 보여 주는 미국 노동통계국(US Bureau of Labor Statistics) 자료를 지적하였다.

'소프트 인프라스트럭처' 역시 장소 차별성에 중요한 요인이 되었다. 예를 들어 튜록(Turok 2009)은 도시의 차별성을 만드는 데 도움이 되는 요소들에 대한 모형을 개발하였다. 그는 도시의 차별성을 드러나게 하는 요소들을 도시의 생산 혹은 소비와 관련된 것들로 묶었다. 생산과 관련해서는 유형의 산업 구조, 무형의 숙련 기술, 지식, 산업 생산에 관련된 직업 등이 있다. 차별성을 만드는 소비 요소로는 구축된 환경과 어메니티(유형의 것)부터 이미지와 정체성(무형의 것)까지 포함한다. 이러한 소비 관련 요소 중 이미지와 정체성이라는 무형의 측면은 생산 관련 요소보다 변화에 유연하다. 튜록에 따르면 이것이 왜 도시의 유형적 측면을 더 바꾸려고 하기보다 시간이 더 걸리는데도 캠페인을 상표화해 차별성을 가지려고 하는 경향을 보이는지 설명해 준다고 한다. 상표화의 역할은 6장에서 좀 더 자세히 다룬다.

소도시의 또 다른 중요한 자산은 행사다.

> 행사는 지역적·국가적·세계적 중요성을 가진다. 행사란 개인, 지역사회, 국가, 세계화의 정체성에 대한 중요한 신호이다. 행사는 축하와 연민, 기쁨과 저항을 표현하는 기회이다. 행사는 정치적이고 정치화되며, 의례적인 것이자 재생성을 가진다. […] 행사는 어떤 방식으로든 모두에게 영향을 준다. 다만 그 영향력과 결과에 대한 이해는 충분히 발전되지 않았다(Foley et al. 2012: 1).

행사는 도시의 정책을 지탱하는 데 활용할 수 있는 중요한 수단이 되었다. 행사는 경제성장, 문화 발전, 사회통합, 이미지메이킹에 대한 자극이 될 수 있다. 행사는 도시가 지도상에 드러나도록 하는 수단이 되었다. 큰 도시에서 대형 행사 개최는 필수적인 것으로까지 여겨진다. 예를 들어 로스앤젤레스는 하계 올림픽을 유치하기 위해 열 번이나 도전(그중 두 번 성공)하였다. 소도시에서도 행사는 하드 인프라스트럭처의 부재에도 이목을 집중시킬 수 있는 수단으로 중요하다.

행사는 대중에게 공개되는 단 며칠의 기간보다 훨씬 중요한 일이다. 행사는 에너지와 이목을 끌기 위해 이용할 수 있는 수단으로, 변화를 일으킴으로써 프로젝트와 프로그램이 앞으로 나아갈 수 있게 만든다. 브라바존(Brabazon 2014)은 큰 도시가 사람들의 이목을 끄는 이미지나 자원을 충분히 가지고 있는 것에 반해, 소도시는 조금이라도 주목을 끌기 위해 매우 노력해야 한다고 주장하였다. 브라바존은 도시 규모 순서에 따라 첫 번째, 두 번째, 세 번째 층위 도시로 구분했으며 이를 '빠른 도시, 느린 도시, 정체 도시'로 지칭하였다.

빠른 도시, 즉 세계도시는 더는 주목이 필요 없을 정도로 그 규모 때문에 충분히 주목받고 있으며, 대규모 무대 행사를 감당할 수 있고 꾸준한 주목을 보장할 대형 상징물을 만들 수 있다. 조금 작은 두 번째 및 세 번째 도시는 어느 정도의 시간이라도 이목을 끌 수 있도록 자원을 집중시키는 행사를 활용하는 요령이 필요하다(Box 2.2 참고).

행사는 주목을 끌기 위한 과정에서 중요하며 이를 '문화적이고 창의적인 도시 보고'에서도 지적하고 있다(Montalto et al. 2017). 이들은 168개 도시를 다음

BOX 2.2

행사 장소: 팝업형 변혁(revolution)

대도시의 중요한 질적 요소 중 하나는 높은 인구밀도로, 이는 작은 지역 내에서 다양한 서비스를 제공할 수 있도록 해 준다. 소도시에서는 서비스나 어메니티를 지탱하는 항구적인 인구밀도를 유지하기 어려울 수도 있기에 일시적인 공급이 잠재적인 해답이 될 수 있다. 현재의 팝업형 변혁은 전 세계 도시에서 생겨난 새로운 행사와 공간을 통해 목격되고 있다. 팝업의 철학은 상향식(bottom-up)이기 때문에 다양한 이유로 정부가 할 수 없거나 할 의지가 없는 상황에서 활용될 수 있다. 핀란드에서는 일부 기업이 당국에서 요식업 허가를 거절당하자 헬싱키에서 팝업 식당의 날을 운영하기 시작하였다. 하루만 여는 팝업 식당에는 규제가 적용되지 않음을 발견했기 때문이다. 결과적으로 식당의 날(Restaurant Day) 행사는 엄청난 성공을 거두었으며, 이제는 헬싱키에서 한 해 네 번 열리고 있다. "자발적 참여와 자체 이니셔티브에 기반하여, 누구나 하루 동안 팝업 식당을 열 수 있다. 인기 있는 장소로는 공원, 거리 모퉁이, 마당뿐만 아니라 민간 아파트 및 동계 기간의 사무실이 있다. 독특한 식당 콘셉트와 메뉴를 제한하는 것은 당신의 상상력뿐이다. 이 행사의 영감은 식당 경험을 나누고 즐겁게 지역사회를 즐기는 것이다"(Helsinki This Week 2017).

이 행사의 영향력은 이제 세계적이다. 2012년 25개국에서 800여 개의 식당이 참가했으며 이후에도 계속 성장하고 있다. "식당의 날은 세계에서 가장 큰 음식 축제이다. 분기별 세계 음식 축제의 초기 5년간 10만 개의 식당이 총 2만 7,000개의 팝업 식당을 열었으며 75개국에서 300만 명 이상의 손님을 유치하였다"(Restaurant

---

Day 2017). 이 행사의 창시자 중 한 명인 티모 산탈라(Timo Santala)는 "식당의 날은 음식 축제로, 누구나 자신만의 식당, 카페, 술집을 하루 동안 어디에라도 원하는 곳에 열 수 있다. 이는 한 해 네 번 열리는, 음식 문화와 독특한 식당 콘셉트 그리고 함께함(togetherness)을 위한 연회"라 말한다.

핀란드 자본은 2014년 헬싱키 스트리트푸드 페스티벌(Streat Helsinki) 행사를 주최해 길거리 음식을 선보였다. 2만 명이 넘는 사람들이 이 행사를 관람했으며, 정치인 500명이 모인 콘퍼런스와 함께 37개의 길거리 음식점이 열렸다. 2015년에는 헬싱키 스트리트푸드 페스티벌(Streat Helsinki)이 11일 일정의 축제로 확대되어 3만 명의 사람들이 참여하였다. 이 행사를 개최한 결과 "한 주 동안 대단한 길거리 음식을 헬싱키에서 매일 접할 수 있었다. 길거리 음식 사업자들은 도시에 연중 내내 자리를 잡을 수 있게 되었고 헬싱키 스트리트푸드 페스티벌은 여러 개의 독립적인 길거리 음식 행사와 함께하게 되었다"(Streat Helsinki 보도자료 2016). 이러한 팝업형 행사는 도시에 진보적인 음식 정책을 지지하고 포용하는 데 도움을 주었다.

팝업형 도시성은 보통 임대료가 높은 대도시에서 지배적으로 나타난다. 그러나 일시적으로 높은 밀도를 만들어 내는 일시적 차원을 통해 작은 장소에서도 나타날 수 있다. 뉴질랜드의 크라이스트처치(Christchurch)가 그 예로, 이것이 소도시에 얼마나 중요한지 보여 줌과 동시에 사회문제를 언급하는 방식이기도 함을 시사한다. 큰 규모로 진행된 풀뿌리(grass-roots) 프로젝트는 도시의 공터를 채우고 생기를 주는 데 도움이 되었다. 지역사회 조직은 이 행사가 첫 번째로 열린 이후에 설립되었으며 이들은 작은 규모의 행사를 만들고 이를 통해 훼손된 도시 구조(urban fabric)를 재조정하는 데 개입하였다. 크라이스트처치의 창조적 장소만들기의 다른 사례는 도시가 참여하는 파킹데이(PARKing Day)로, 이는 '예술가, 디자이너, 시민'들이 미터제 주차 지정 구역을 일시적인 공공 공원으로 변화시키는 세계적인 연례행사이다. 파킹데이는 휴먼스케일 도시와 도보 친화적인 근린환경의 필요성을 일깨우는 데 도움이 된다. 팝업의 원칙은 다양한 방향으로 확장될 수 있다. 린츠 픽셀 호텔(Linz Pixel Hotel)이 2009년 유럽문화수도(European Capital of Culture, ECOC)에서 제공한 숙박이나, 미국이 현재 갈등을 빚고 있는 국가들의 요리를 제공한 피츠버그의 콘플릭트 키친(Conflict Kitchen)같이 음식일 수도 있는 것이다.

과 같은 세 가지 기준을 기반으로 분석하였다.

1. 2019년까지의 유럽문화수도(ECOC)에 포함되었거나 포함될 도시, 또는 2021년까지 ECOC에 최종 선발된 도시: 93개 도시
2. UNESCO 창조도시: ECOC와 중복되는 도시 제외, 22개 도시 추가
3. 최소 2015년까지 진행된 적 있는 정기적인 세계 문화 축제를 두 건 이상 주최하는 도시: 53개 도시 추가

즉 여기서 고려된 도시들은 가장 문화적으로 반향이 있고 창조적이라고 볼 수 있으며, 많은 행사를 진행하거나 '다채로운(eventful)' 도시가 되고자 한다 (Richards and Palmer 2010).

소도시로 이목을 집중시킨다는 측면 외에도, 행사는 효과가 큰 일시적 자원이다. 게다가 오툴(O'Toole 2011: 8)이 말한 것처럼 "다른 물리적 자산과는 달리 행사는 시간이 지날수록 가치가 증가하는 몇 안 되는 자산 중 하나이다." 시간이 갈수록 활동, 네트워크, 명성을 만드는 경향이 있는 행사는 도시가 행사를 '일시적 매듭'으로 발전시킬 기회를 제공한다. 이는 행사 자체의 시간적인 틀을 넘어서는 중요한 효과이다. 현재 많은 행사는 '현장(field configuring) 행사'로 주어진 부문 혹은 현장에서 국가적으로 혹은 세계적으로 사람들과 미디어의 관심을 끌어들인다. 이러한 행사들이 대도시에서 자주 열리기는 하지만, 소도시에서도 꽤 많은 행사가 열린다. 예를 들어 칸은 프랑스 해변에 위치한 인구 7만 명 이하의 작은 마을이지만 연례 영화제 기간에 영화 관계자와 언론인 3만 7,000여 명이 방문한다(〈표 2.4〉 참고).

대부분의 경우 정기적인 현장 행사가 열리는 도시는 그 활동을 주최한다. 이는 도시가 특정 분야 혹은 부문에서 '있어야 할 곳'으로 명성을 얻게 해 준다. 그래서 반복적으로 열리는 행사는 행사와 도시의 관계를 구축하는 데 중

	2003	2015
전문가 방문	18,926	32,465
언론	3,747	4,660

출처: Cannes Festival Reports

요한 측면이 된다. 일회성 행사는 그 효과가 기대치에 미치지 못하는 경우가 많은데 이렇게 되는 중요한 이유는 도시와 행사 간의 적합성에 대한, 혹은 유산이 이후 어떻게 발전될지에 대해 충분히 숙고하지 않은 채로 도시에 행사가 낙하산식으로 떨어져 열리는 데 있다. 이것이 우리가 일회성 행사보다 전체를 아우르는 프로그램 개발을 옹호하는 이유이다. 프로그램은 도시의 이해관계자들을 연계시키는 합리적인 장치이고, 더 나아가 함께 유익한 효과를 고안하는 일련의 행동으로 이어진다. 여러 도시에서 더 많은 사람이 공명함으로써 행사를 더욱 완전한 프로그램으로 발전시킬 수 있었다. 맨체스터의 예를 들면 2002년 영연방 경기대회(Commonwealth Games) 개최 이후 맨체스터 국제 페스티벌(Manchester International Festival, MIF)을 발전시켜 '고유한, 새로운 작품, 특별 이벤트에 대한 세계 최초의 축제'로 2007년에 발족하였다. 베이필드(Bayfield 2015: 112)는 맨체스터 국제 페스티벌을 다음과 같이 평가하였다.

> 맨체스터 국제 페스티벌은 영연방 경기대회와의 연결고리가 있음을 표방하면서 공식적으로 다음과 같이 주장하고 있다. "축제는 영연방 경기대회의 성공에 기반하는 있는 것으로 인식된다. 대회는 큰 성공을 거둔 것으로 평가받고 있으며 맨체스터에 대한 긍정적 인상과 경제 안녕에 유의미하게 공헌했고, 거주민들에게 국가적으로나 국제적으로나 도시에 대한 인식과 긍정적인 태도를 고취시켰다."

행사는 사람들을 모으기 때문에 면대면 접촉을 촉진하며, 지식을 구축하고 순환시키는 수단으로도 많이 활용된다. 지식 허브로서 행사의 역할은 포데스타와 리처즈(Podestà and Richards 2017)가 만토바(Mantova, 이탈리아) 사례에서 검증한 바 있다. 이들은 축제에서 얻게 된 지식의 효과가 두 배에 달한다는 점을 발견하였다. 행사는 문학 분야 활동가 사이의 중재자로서 이들을 활동하게 하는 연결자의 역할을 해 행사의 지식 전파 기능을 확대하였다. 국지적인 네트워크의 뿌리내림과 더 넓은 네트워크로의 지식 확산이라는 조합은 도시의 인상과 지식 허브로서의 지위를 상승시키는 데에 일조한다. 코무니안(Comunian 2016)은 행사의 지식 창출 효과와 예술가들에게 커리어 형성 기회를 주고 지역 경제발전을 촉진하는 일시적 클러스터의 역할을 강조한 바 있다.

무대 행사는 장소에 의미를 부여한다. 플뢰거(Pløger 2010: 864)에 따르면 행사는 특정 시간에 특수한 장소에 있고 싶은 소망을 만들어 내며, 시각화 형태와 정교화 방식을 통해 의미를 만들어 낸다. 이는 특히 소도시에 중요하다. 크라프트(Kraft 2006: 43)는 노르웨이 트롬쇠(Tromsø)에서 열린 넬슨 만델라(Nelson Mandela) 콘서트를 분석해 이를 보여 주었다. 이 행사는 도시가 '의례를 위한 장소'로 중요한 기능을 담당하게 했으며, 대서양의 이 작은 도시가 지도상에 드러나게 하는 데 도움을 주었다. 그녀는 "행사는 세계적 담론에 의해 형성되며, 이는 장소와 국지성의 독특함을 강조"한다고 주장하였다. 대형 행사의 무대 상연을 통해 사람들은 그들 자신과 그들의 지역성에 대해 생각해 볼 기회를 얻는다.

공공공간처럼 행사 또한 도시에서 다양한 형태를 띨 수 있다. 행사 자원이 조직되는 방식이 독특한 형태를 만들고 도시와 관계되는 방식을 변화시키기 때문이다. 윈(Wynn 2015)이 미국 음악 축제 사례를 통해 보여 주었듯이 행사의 물리적 형태에 따라 도시와의 관계가 다양하게 나타난다. 그는 코첼라(Coachella)와 같은 '성채형(citadel)' 축제는 유료 공간 안으로 축제를 제한하고,

내슈빌(Nashville)의 컨트리음악 대전 축제(CMA Fest) 같은 '핵심(core)' 축제는 유료와 무료 행사를 모두 포함해 다양한 현장이 펼쳐지며, 오스틴(Austin)의 사우스 바이 사우스웨스트(SXSW) 같은 '꽃가루형(confetti)' 축제는 도시 구조 (urban fabric) 전체에 통합되어 있다고 하였다. 이처럼 다양한 형태는 다양한 효과를 가져온다. 꽃가루형 패턴은 높은 접근성을 지니며 동시적 상호작용을 가능하게 하지만, 매우 시각적이고 상대적으로 접근성이 떨어지는 성채형 축제가 갖는 언론의 영향력은 지니지 못한다.

사람과 인재

행사의 부흥은 도시의 포지셔닝이 소매상업 시설보다는 무형적 요소에 의해 규정됨을 보여 준다. 상징경제(symbolic economy)의 발흥, 시각문화의 중요성 증대(Campos 2017), '지식노동자'나 '창조계급'의 유인 및 유지 필요성은 도시의 매력을 어필하는 데 꽃가루형(confetti) 패턴이 중요함을 일깨워 주었다. 이러한 도시 자원에 대한 '사람 기반 관점'은 인적 자본을 개발, 유인, 유지할 필요성을 강조한다. 이에 대한 지지자들은 산업과 직업이 아니라 창조성과 분위기(Florida 2002) 혹은 편의성(Clark 2003)이 사람들을 유인할 수 있다고 주장한다. 창조계급이 마음에 들어 하는 시설 유형과 그를 지원하는 매력적인 분위기는 광범위한 '소프트 인프라스트럭처' 요소를 포함한다. 이는 면대면 접촉을 포함하는데, 면대면 접촉은 도시화, 지식 네트워크 혹은 가상공간(Caragliu et al. 2011), 창조적 네트워크(Németh 2016), 문화 및 여가 어메니티(Gospondini 2001), 장소의 특정 이미지 혹은 정체성 또는 전통의 존재(Comunian et al. 2010)에 의해 편리해진다. 결국 소프트 인프라스트럭처는 도시의 매력도를 결정하며, 반대로 하드 인프라스트럭처가 도시 기능의 근간을 뒷받침한다. 하드 인프라스트럭처가 사람들이 도시에서 살 수 있게 만드는 것이라면, 소프트 인프라스트럭처는 사람들이 도시를 꿈꾸게 만든다.

문제는 소프트 인프라스트럭처의 무형적 요소들을 규정하기도 어렵고 관리하기도 어렵다는 것이다. 여기에는 장소의 '분위기', 창조성 및 사적 만남의 편의성이 포함된다. 이러한 소프트 인프라스트럭처의 요소 중 가장 중요한 연결자는 사람이다. 사람들은 어메니티를 구축하고 이용하며 도시에 다양성, 창조성, 아이디어, 유연성을 제공한다.

사람들이 도시의 핵을 형성한다. 도시는 모든 시민을 위해 고안될 필요가 있다. 상류층만을 위하면 안 되며 관광객과 모든 방문자도 고려 대상이 되어야 한다. 사람은 인구학적 혹은 사회적 문제가 아니라 도시의 핵심 자산이다(European Commission, Directorate General for Regional Policy 2011: 34).

스헤르토헨보스의 전 시장 톤 롬바우츠는 사람이 도시를 만든다는 것을 강조하였다. 도시의 성공은 좋은 사람들을 찾고 그들과 좋은 아이디어를 활성

〈사진 2.2〉 보스500(Bosch500) 자원봉사자, 스헤르토헨보스 중앙역 (사진: Ben Nienhuis)

BOX 2.3

스헤르토헨보스의 사람들

보스 예술 작품 중 남은 것이 아주 많지는 않지만, 그 모두를 보고 싶다면 세계 16개 도시를 방문하면 된다. 그러나 그의 작품을 보유한 도시는 작가, 그의 작품, 그의 세계에 대한 맥락을 제공하지 못한다. 보스를 이해하기 위해서는 그의 작품만 볼 것이 아니라 그 작품들이 만들어진 장소에 대해서도 알아야 한다. 보스의 도시는 인상적인 중세 건축물의 집합 이상의 것이다. 이는 도시에 사는 사람들과 그들의 문화 그리고 창조성에 대한 것이다. 이 도시 사람들이 갖는 자긍심과 그들의 환대는 스헤르토헨보스의 분위기 조성에 중요하다. 그래서 2016년 보스500 프로그램에서 중요한 목표 중 하나는 히에로니무스 보스를 도시와 묶는 것으로, 이는 작품 전시 기간뿐만 아니라 그 이후에 대한 것도 포함되었다. 이는 2010년 시작되어 2016년 이후까지 격년으로 지속되는 프로그램 개발의 이유가 되었다.

스헤르토헨보스의 보스사람들(the Bosschenaren)은 프로그램 시작부터 중요한 역할을 수행하고자 하였다. 도시 거주민들이 행사의 VIP가 되도록 하는 것을 목표로 주민들의 참여를 독려하기 위해 도시는 상당한 자금을 할당하였다.

주민들이 보스를 어떻게 받아들이는지에 대한 연구가 2006년 시작되었다. 거주민들에게 보스 사후 500주년 기념행사 조직에 대한 아이디어를 어떻게 생각하는지 설문하였다. 결과는 놀라울 정도로 긍정적이었다. 주민 대다수(93%)가 500여 년 전에 사망한 화가가 도시의 포지셔닝과 이미지 향상에 중요한 역할을 할 것이라는 데 동의하였다. 2015년 절반 이상의 응답자가 그 그림들을 보고 싶다고 답하였다.

2016년 프로그램은 '3부작' 형태로, 보스가 그린 제단화를 차용하였다. 세 가지 주요 원소는 다음과 같다.

- 도시의 비전: 스헤르토헨보스의 시민들을 연관시키기 위해 고안. 강력한 사회문화적 요소.
- 환상성에 대한 비전: 알려지거나 알려지지 않은 아름다움에 대한 창작자와 관객의 호기심을 자극하기 위한 영감.
- 마음가짐에 대한 비전: 사색가와 과학자를 위한 영감. 오래된 지혜와 통찰력을 미래에 대한 새로운 관점으로 바꿈.

3부작의 세 번째 '패널'인 마음가짐에 대한 비전은 준비하는 데 가장 오랜 시간이 걸렸다. 보스의 많은 그림을 연구하고 복원해 전시하기까지 6년의 시간이 소요되었다. 프로그램을 구성하는 주요한 문화적 요소로 새로운 생산과 국제적인 공동생산 및 협업이 필요했다. 프로그램이 시작되는 첫해에 이러한 야심만만한 프로그램 요소에 많은 관심이 쏟아졌으며, 이는 소도시의 큰 꿈이 실현되는 데 중요한 것으로 보였다.

그러나 이 시기는 경제위기와도 겹쳐서 스헤르토헨보스의 시민들과 가장 관련이 깊은 요소인 도시의 비전에 대한 주목도가 낮아지기 시작했다. 그림을 연구하는 것은 지역 관람객에게 초기부터 그다지 흥미를 끌지 못했고 그들의 참여 열기 역시 약화되어 주민과 지역 조직에서 불만이 나오기 시작했다. 문화 보조금이 줄어들자 보스500 프로젝트가 공공 및 민간 기금을 끌어들일 수 있는 역량은 밑바닥까지 떨어졌다.

2013년에는 많은 문제가 대두되었다. 여러 지역 문화기관의 수장들이 프로그램과 운영 조직에 대해 지역 신문에 공개적으로 비판하였다. 신문에서 일련의 부정적인 기사들이 연속해서 보도되었으며 행사를 위해서 기치로 내걸었던 지역의 지원이 갑자기 가장 큰 위험 요인이 되었다.

2013년에 보스500 재단은 부정적 기류를 뒤집기 위해 과감한 수단을 택했다. 보스500 패널을 만든 것이다. 사회 모든 계층의 구성원들과 함께하면서도 도시의 상황에 대한 더 많은 지식을 공유하고자 했다. 여기에 비평가들도 초청되었다. 이는 한결 긍정적인 기류를 형성하는 데 도움이 되었으며, 이들 패널은 보스 추첨(Lottery)이라는 아이디어를 내기에 이른다. 이는 덴보스(Den Bosch, 스헤르토헨보스의 다른 이름)의 주민 500명에게 전시 개시 전 특별 선관람 무료 입장권을 제공하는 것으로 대성공을 거두었다.

주민과의 접촉을 유지하기 위해 보스500 카페 행사가 정식으로 자리를 잡았다. 이 행사는 흥미를 가진 개인과 조직에 프로그램 개발에 대한 비공식 정보를 제공하였다. 지역의 아이디어를 수집하고 이를 일관성 있게 모으기 위한 코디네이터가 선정되었으며, 이는 10여 곳의 지역이 주도해 이어졌다. 지역 문화 조직은 자체 정규 프로그램 내에서 특별한 보스 활동을 제안하도록 초대되었다.

정보는 월간 프로그램을 담은 미디어, 신문, 소식지, 소셜미디어, 지역신문의 정식

보스500 지면, 브로슈어 등을 통해 제공되었다. 이 캠페인이 열리는 동안 지역 사업체에 특별한 관심이 쏠렸다. 이들도 보스 체험 루트(Bosch Experience route)에 합류할 수 있었는데 바로 그림 〈쾌락의 정원(Garden of Earthly Delights)〉의 형상을 표현하는 것이었다. 상점들은 스티커 등의 재료를 이용해 쇼윈도를 '쾌락의 정원'으로 꾸밀 수 있었다. 식당과 카페도 보스 특별 메뉴와 같이 캠페인을 지원할 수 있는 특별 마케팅 활동을 하도록 장려되었다.

최후의 순간까지 보스의 해(Bosch Year)에 대해 회의적인 지역 사업 공동체가 있었으나, 2016년이 되자 식당은 꽉 차서 함께 앉아야 할 지경이었다. 상점들도 판매량이 늘었다. 이는 점차 대중 의견을 변화시켜서, 국가적으로나 세계적으로 언론에서 찬사를 보내기 시작했다. 보스사람들(the Bosschenaren), 상점주, 사업체, 학교, 지역 조직 모두가 도시에 대한 자부심을 갖게 되었다.

1,600명 이상의 자원봉사자가 프로그램에 투입되어 도시와 미술관을 안내하였다. 이들은 자질과 역량이 뛰어난 사람들로, 주최 측은 이들을 보스의 해에 맞춰 훈련시켰다. 독특한 푸른 외투를 입은 봉사자 350명이 도시 방문객들을 맞이하였으며, 이들은 다양한 언어를 구사하였다. 이들은 곧 '푸른 천사'로 불리며 친절한 도시 스헤르토헨보스의 현신이 되었다. 이들은 방문객에게 긍정적인 경험을 더해 주었으며, 그 결과 방문객들은 도시에 10점 만점에 평균 8점 이상의 점수를 주었다.

준비 기간에 불거진 프로그램에 대한 비판은 2016년 행사의 성공으로 완전히 기조가 바뀌었다. 전시회뿐만 아니라 도시의 비전 프로그램 또한 이러한 태도 변화에 큰 영향을 주었다. '도시의 비전'에서 덴보스의 주민들이 낸 많은 아이디어가 시행되었기 때문이다. 사람들을 프로그램에 참여하게 만든 노력이 상당한 보상으로 돌아온 것이다.

화해서 아이디어를 실현하는 데 필요한 자원을 제공하는 데 달려 있다. 그의 기본 공식은 좋은 사람 × 충분한 예산이다. "모든 프로젝트에는 하나의 영혼과 20명의 조력자가 필요하다." '영혼'은 몽상가이자 동기부여자이며 공상가로, 이는 우리가 성공적인 도시에서 종종 보는 것이다. 4장에서 비전이 프로그램을 어떻게 움직이는지 볼 것이다. 다만 사람들에 관해서라면 리더가 그를 도울 적합한 사람들을 선택할 수 있어야 성공할 수 있다(Box 2.3 참고).

사람을 움직이게 하는 행사들

스헤르토헨보스의 경험은 행사가 사람들을 움직이도록 하는 데 중요한 역할
을 할 수 있고, 지역 사람들이 자원봉사자로서 행사에서 핵심 역할을 수행할
수 있음을 보여 주었다. 특히 문화 및 운동 행사 중에는 자원봉사자 없이는 진
행할 수 없는 큰 행사가 많다. 최근의 예를 들어보자면 유럽문화수도 행사는
2013년 마르세유(Marseille)에서 자원봉사자 87명을 모집했는데, 2015년 몽스
(Mons)에서는 7,500명으로 급증하였다.

〈표 2.5〉는 자원봉사자가 어떻게 활약하느냐에 따라 도시의 효과가 매우
다르게 나타남을 보여 준다. 일반적으로 작은 도시가 큰 도시보다 프로그램
에 대한 자원봉사 수준이 높은 경향을 보인다. 예를 들어 이탈리아의 만토바
(Mantova, 인구 4만 9,154명)는 페스티발레테라투라(Festivaletteratura)라는 큰 문
학 축제를 개최하는데, 2016년에 약 20회를 맞으며 13만 5,000여 명을 끌어

〈표 2.5〉 유럽문화수도(European Capital of Culture) 프로그램 자원봉사자(2010~2015)

	인구	자원봉사자 수	인구 천 명당 자원봉사자 수
몽스 2015	94,981	7,500	79.0
페치 2010	145,347	780	5.4
탈린 2011	440,950	1,610	3.7
플젠 2015	169,000	515	3.0
우메오 2014	121,032	300	2.5
투르쿠 2011	186,030	422	2.3
기마랑이스 2012	158,124	300	1.9
이스탄불 2010	14,800,000	6,159	0.4
코시체 2013	240,688	60	0.2
마르세유 2013	855,393	87	0.1

출처: 시 보고서(city reports)

들였다. 포데스타와 리처즈(Podestà and Richards 2017)가 강조하듯, 마글리테 블루(Magliette blu, 푸른 티셔츠라는 뜻으로 1997년 150명에서 2013년 700명이 활동)로 불리는 자원봉사자들이 행사에서 핵심적인 측면을 차지한다. 그들은 정보 제공, 접객, 운전, 웹사이트 관리, 초청 인사 소개, 촬영과 같은 업무를 수행할 뿐만 아니라 행사에 대한 지식 확산의 중요한 원천으로도 활동한다. 자원봉사자들은 자신의 지식을 행사에서 발휘하고, 이후 그들은 도시의 홍보대사로 활동하며 행사에 대한 향상된 지식과 정보를 더 넓은 세계로 확산시키는 데 기여한다.

이러한 홍보대사들의 지식 창출과 확산은 만토바에 다른 방식으로도 영향을 주어 이곳은 2016년에 이탈리아 문화수도(Italian Capital of Culture)가 되었다. 이 행사는 문화 관광의 부흥으로 이어져, 곤차가 궁전(Gonzaga Palace)은 2015년 16만 9,585명에 비해 42.9% 증가한 24만 2,346명의 방문객을 유치하였다. 이는 또한 도시의 주요 문화사적지를 보전 및 복원하기 위한 디딤돌이 되었다.

맨체스터 국제 페스티벌(MIF)에 대한 연구 역시 자원봉사자가 핵심 자원임을 보여 준다. 700명 이상이 MIF 자원봉사에 지원했으며 이 중 95%가 맨체스터 대도시권(Greater Manchester) 지역 사람이었다. 만토바의 경우 자원봉사자들은 필수적인 업무를 수행했을 뿐만 아니라 '대안적인 네트워크'를 구축해 행사와 도시에 대한 다양한 관점을 제공하였다. 자원봉사자들은 축제를 떠들썩하게 만들고 입소문을 내는 데 중요한 역할을 했다. "내가 홍보를 한다면 축제의 의미보다는 역동성과 다양성, 그리고 그 3주간 실제로 펼쳐질 전체를 보여 주고 싶다. 왜냐하면 이것은 사람마다 다른 의미를 갖게 될 것이기 때문이다"(Bayfield 2015: 166).

베이필드(Bayfield)가 MIF에서 언급한 한 이슈는 '우리'와 '그들'의 문화로(전문가, 정규직을 비롯한), 축제 조직위원들과(임시, 무보수) 자원봉사자들 간에 생

〈사진 2.3〉 스헤르토헨보스 시내에서 열린 보스500 프로그램 개막식 참여자 (사진: Ben Nienhuis)

기는 간극이다. 이러한 장벽은 문제가 될 수 있지만 이런 점 또한 많은 프로그램 조직에 내재한 것으로 보인다. 크레스피-발보나와 리처즈(Crespi-Vallbona and Richards 2007)가 카탈루냐 축제 사례를 통해 관찰한 바와 같이 여기에는 내부 집단과 외부 집단이 존재하며, 행사의 중심부에 가까운 이들에게서 느끼는 배타성은 종종 동기부여 요소로 작용한다. 많은 사례에서 자원봉사자들은 언젠가는 축제의 '핵심부'에 가까워질 것이라는 기대에 동기를 부여받았다.

많은 도시와 조직이 여러 핵심 업무를 수행하기 위해 자원봉사자의 노동력에 의존해 왔다. "예산 압박은 일을 처리하는 새롭고 창의적인 방식을 찾도록 하였고 도시 공무원들이 자원봉사자를 포함한 그들의 지역공동체에 봉사하도록 하는 몇 가지 전략을 탐구하도록 하였다"(League of Minnesota Cities 2013). 미네소타 연구는 소방서, 공원 및 레크리에이션, 고령자 서비스(senior services), 도서관에서 자원봉사자들이 가장 많이 활동했음을 보여 주었다. 도시 중 70% 이상이 자원봉사자로 도시 직원을 보충하였고, 소도시는 대도시보다 자원봉사자를 더 많이 활용하는 것으로 보고되었다. 자원봉사 프로그램을 시행하고 자원봉사자들을 이용하는 과정에서 도시가 직면한 일부 위기는 자원봉사자들에 대한 적절한 활용을 보장하는 지침(guideline)과 정책으로 안정화되었다. 이러한 지침 등에는 자원봉사자의 긍정적이고 가치 있는 경험을 확보하고 함께 일할 직원이 이를 수용할 것, 보조할 자원봉사자의 훈련이 포함되어 있다.

도시는 그들의 목표를 달성하기 위해 자원봉사자의 능력을 적극적으로 이용하기 시작했다. 네스타(Nesta 2016: n. 7)가 지적하기를, "공공서비스의 업무 모형에서 벗어나려는 움직임"은 도시가 "주민의 시간, 에너지, 기술을 최대한 활용"하도록 한다. 네스타는 서비스 도시 모형(Cities of Service Model)의 활용을 지지한다. 이는 다음과 같은 내용을 바탕으로 미국에서 개발된 것이다.

- 도시/지역 당국이 가진 강력한 리더십
- 도시/지역 당국의 우선순위와 연계된 뚜렷한 일련의 목표
- 규명된 우선순위에 맞춘, 자원봉사자들이 실질적으로 수행할 수 있는 적당한 일련의 활동
- 자원봉사자 숫자가 아니라 목표에 관계된 영향력

(Nesta 2016: 6)

이 개념은 도시가 시민들에게 단순히 서비스를 전달만 하는 것이 아니라 시민과 함께해야 함을 뜻한다. 이는 새로운 거버넌스 모형의 출현과 '플랫폼 도시'(5장 참고)의 개념과도 일치한다. 우리의 관점에서 프로그램은 사람, 아이디어, 자원을 이동시키는 기반을 제공한다. 보스500 프로그램에 대한 연구는 도시의 목표를 달성하기 위해 시민, 단체, 정치인들을 움직이는 프로그램의 힘을 보여 주었다. 예를 들어 아흐테베르(Agterberg 2015)는 보스 행진이라는 예술 행사가 자원봉사자, 운동 및 문화 조직이 스헤르토헨보스에서 함께 네트

워크로 작동해, 관심을 모으고 자신감과 자존감을 높이게 됨을 보여 주었다. 이는 결국 도시에서 자원봉사 활동을 더 많이 이끌어 내는 것으로 이어졌다.

도시 자원에 대한 새로운 사고방식

로렌첸과 판 회르(Lorentzen and van Heur 2012)가 관찰한 것처럼 대도시는 본래부터 장점이 있고, 자원도 양적으로는 무엇이든지 더 많이 가지고 있다. 이는 대도시에 비교우위를 주지만, 소도시들은 그들이 가지고 있고 통제하거나 영향력을 행사할 수 있는 자신들의 자산을 활용해 경쟁우위를 얻는 방식을 고민해야 한다. 이 장에서의 분석은 도시 자원에는 단순히 물질적인 것만이 아니라 무형에 사회적이며 종종 네트워크에 기반한 것도 포함된다는 것이다. '연성(soft)' 형태의 자원을 제대로 활용하기 위해서 도시는 이런 자원에 대해 새로운 사고방식을 가지고 이를 다루는 법을 찾아야 한다.

하드 및 소프트 인프라스트럭처의 주요 위협은 둘 다 변화에 저항성을 갖는다는 것이다. 로멀스(Hommells 2005: 329)는 도시의 저항 혹은 '완고함'을 세 유형으로 구분하였다. 고정관념과 관련된 저항감, 뿌리내린 혹은 겹겹이 고착된 완고함, 타성에 젖거나 오랜 문화 전통이 갖는 완고함이다. 사실 고착(lock-in) 문제는 도시 연구 문헌에서 주장한 것보다 더 만연해 있을지도 모른다. 왜냐하면 고착은 사용 가능한 자원뿐만 아니라 도시 사람들의 사고와 행동에도 적용되기 때문이다. 쇼브(Shove 2014)가 기술했듯 기반시설의 경우, 자재 및 배치가 사람들이 장소에 대해 생각하는 방식을 결정할 수 있다. 많은 기반시설과 아이디어는 그것들이 속해 있던 실행 복합체보다 오래 지속된다. 미래는 우리가 가진 자원만으로 형성되지 않으며 우리가 자원을 이용하고 생각하는 방식에 따라 결정된다.

변화를 위한 잠재력을 최대한 이끌어 내기 위해서 우리는 물리적 자원 형태

〈사진 2.4〉 보스500 추첨권 전시회 '천재의 비전' 입장권 지역 당첨자 (사진: Ben Nienhuis)

(주로 장소만들기에서 나타남)뿐만 아니라 그러한 자원에 닻을 내린 관행에 대한 것도 생각해야 한다. 관행은 그 자원에 대한 완고함을 심화시킨다. 도시에 실질적 변화를 가져오기 위해서 우리는 기존 관행의 루틴, 즉 무언가를 하는 방식을 변화시켜야 한다. 이는 저항을 불러일으킬지도 모른다. 그러나 도시가 정말로 변해야 하는 순간에 나타나는 불화는 일시적인 합의보다 더 좋은 결과로 이어질 것이다. 시월(Sewell 1996)이 관찰하기로, 변화의 순간에 중요한 사건은 사람들이 기대와 현실 사이의 간극을 인식할 때에야 일어난다고 하였다.

도시가 인식하고 있는 질서와 다른 새로운 현실을 맞닥뜨릴 때 변화로 인한 자극이 밀려온다. 과거에는 이것이 경제체제에 주요 충격으로 나타나, 탈산업화와 경제구조 재편으로 이어졌다. 많은 도시 체계가 작동하는 방식에 대변혁이 있다는 점이 현시점에서는 기회이다. 아날로그에서 디지털로, 하향식에서 상향식으로, 행정에서 거버넌스로, 공급 사슬에서 네트워크로, 경쟁에서 협업으로 변화하는 것 말이다. 이러한 모든 외부 주도의 변화는 도시가 외부 세계와 그 시민들을 다루고 결합하는 방식에 대해 다시 생각할 기회를 준다(Box 2.4 참고).

　장소만들기의 실재에서 상호연결성은 자원, 의미, 창의성을 포함하며, 이 것은 도시 변화라는 도전을 다차원의 문제로 생각해야 한다는 것을 의미한 다. 도시는 도시에 새로운 의미를 줄 수 있는 새로운 창의적 방식으로 자원을 함께 묶을 필요가 있다. 오래된 건축물들의 창의적인 재사용 같은 뚜렷한 형 태도 있지만 공공공간, 행사, 전통 등 다른 유형의 자원에도 적용될 수 있다. 예를 들어 네덜란드 틸뷔르흐(Tilburg)에서 열리는 문디알 페스티벌(Mundial Festival)은 세계적인 음악 행사로 수년째 성공을 거두고 있는데 이는 도시 외 곽의 공원에서 열린다. 2013년에는 자원이 빠듯해지자 축제 주최 측은 도시 중심부에 있는 역 근처의 새로운 공공공간을 개발하고자 하는 지자체 정책을 지지하기로 결정하였다. 새로운 곳에 친숙한 분위기를 만드는 것에 더해, 이 러한 장소 변경으로 공원에서 공연하는 데 필요하던 텐트와 다른 일시적 기 반시설 비용을 들이지 않아도 되어 축제 주최 측의 예산 문제도 해결되었다. 입지 변경으로 인해 도시의 새로운 자원을 사용할 수 있었으며, 이는 사회 상 호작용을 더 자극하는 새롭고 작은 공간의 탄생을 의미했다. 이는 또한 도시

BOX 2.4

스웨덴 우메오(Umeå)의 공동 창작 프로그램

우메오(Umeå)는 스웨덴 라플란드(Lapland)의 도시로, 12만 명이 거주하며 스톡홀 름에서 북쪽으로 700km 떨어진 곳에 있다. 2014년 ECOC가 열린 우메오는 그간 의 유럽문화도시 중 최북단에 위치한다. 우메오는 전통적으로 무역·공학·임업의 중 심지였으나, 최근에는 일부 IT와 연구 기업이 유입되었다. 이는 우메오 대학교의 존 재 덕분이다. 이 도시는 살기 좋은 곳으로 우메오의 매력을 높이기 위한 방안으로 1970년대부터 문화 부문에 집중적으로 투자하였다. 도시 발전 전략은 인구 및 공공 공간의 상당한 성장을 예상했으나, 정치적 의지 및 재정 자원의 부족으로 실질적으 로는 성공하지 못했다가 ECOC 칭호를 수여받으며 전환점을 맞이하였다.

멀리 떨어진 작은 도시다 보니 우메오는 그들이 가진 것을 매우 효과적으로 사용할 필요가 있다는 것을 깨달았다. 이를 지자체 당국, 지역 사람들, 문화 부문, 대학, 지역 사업체의 퀸터플 헬릭스적 접근법(quintuple helix approach)을 기반으로(4장 참고) 공동 창작 프로그램 모형을 개발해 이를 수행하였다. 아이디어를 모으기 위해 개방형 회의가 열렸고, 작은 조직이 계획을 실현할 수 있게 하는 초기 모금 프로그램(seed funding)이 만들어졌다. 오픈소스 개발, 크라우드펀딩(crowd-funding), 크라우드소싱(crowd-sourcing)은 우메오 시민들을 프로젝트에 참여하도록 하였다(Näsholm and Blomquist 2015).

ECOC 팀은 상향식으로 프로젝트 아이디어가 모일 수 있는 플랫폼을 개발하였다. 플랫폼은 프로젝트 웹사이트, 공청회, 중앙 광장에 있는 온실회의(glass-house meeting) 공간으로 실현되었다. 플랫폼은 프로젝트, 투자자, 자원봉사자, 단체, 아이디어 보유자를 포함한 다양한 이해관계자 사이의 회의와 협업을 가능하게 하였다. ECOC 팀은 각 프로젝트가 프로그램 지침을 준수하도록 하는 문지기였으며, 더 나아가 프로그램의 목표를 소규모 프로젝트에 적합한 기준과 도구로 전환하는 것을 돕는 기능을 수행하였다.

프로그램의 상향식 특징은 전통적인 프로그램 감독이 부재한 덕분에 가능했다. 예술 감독은 새로운 아이디어가 출현할 수 있도록 프로그램 가치에 기반한 분석틀(framework)을 구성하였다. 2010년 도시 중앙 광장에 건설된 온실은 투명성을 상징하였다. 집단들은 그들의 활동을 조직하고 촉진하는 데에 필요한 공간을 무료로 사용할 수 있었다. 마케팅 도구로 의도된 바가 없진 않지만 이는 매우 유명해져서 후에 그라뇌베카신(Granö Beckasin)으로 활동 지역을 옮겨갔으며, 여전히 회의실로 사용되고 있다.

이러한 공동 창작 접근법의 장점으로는 새로운 아이디어 유도, 문화 개념의 확대, 광범위한 지원, 네트워크 확장 가능성이 포함된다. 그러나 이는 프로그램 거버넌스에 대한 위험을 높이기도 한다(5장 참고). 프로그램의 인기는 우메오 거주자의 71%가 ECOC 행사에 참여했다는 사실로 드러났으며, 도심 외부에서도 행사가 열려 문화에 대한 접근을 확대하는 데 도움이 되었다. 호텔 숙박객의 숫자는 2014년 21%가 늘어났는데, 이는 ECOC의 장기 평균을 훨씬 상회하는 것이었다(Fox and Rampton 2015).

의 새로운 창조 분야와의 접촉을 가져와, 새로운 집단이 새로운 장소가 들어선 독특한 도심 분위기에 이끌리기도 하였다.

결론

자원은 장소만들기 과정에서 중요한 역할을 한다. 과거에는 도시를 상점들이 유발한 변화 속에서 존재하는 물리적 실체로 이해했고, 사람들은 그렇게 도시의 새로운 형태에 적응하였다. 그러나 신경제로 인해 도시가 고려해야 할 자원의 범위가 급격히 확대됨에 따라, 자원에 대한 새로운 사고방식이 요구된다. 하드 인프라스트럭처에서 소프트 인프라스트럭처로, 영구적인 구조에서 일시적인 구조로, 경제에서 역량(교육)으로, 하향식에서 상향식 개발로 이동하는 양상이 이를 잘 반영해 준다. 이를 통해 도시 내부의 지역 이해관계자들 간에 네트워크를 형성하거나, 도시 외부에서 기회를 잡기 위해 새로운 네트워크를 구축할 수 있다(4장 참고). 이러한 변화는 도시가 한결 효과적으로 경쟁하고 협업할 수 있도록 해 준다. 그러나 이는 또한 5장에서 다룰 거버넌스의 변화도 암시한다.

· 참고문헌 ·

Adema, P. (2010). *Garlic Capital of the World: Gilroy, Garlic, and the Making of a Festive Foodscape*. Jackson: University Press of Mississippi.

Agterberg, N. (2015). *The Social Network of the Bosch Parade*. Dissertation in International Leisure Management, NHTV Breda.

Amin, A. (2008). Collective Culture and Urban Public Space. *City* 12(1): 5-24.

Bayfield, H. (2015). Mobilising Manchester through the Manchester International Festival: Whose City, Whose Culture? An Exploration of the Representation of Cities through Cultural Events. PhD thesis, University of Sheffield.

Bellini, N., and Pasquinelli, C. (2017). *Tourism in the City: Towards an Integrative Agenda on Urban Tourism*. Cham, Switzerland: Springer International Press.

Bönisch, P., Haug, P., Illy, A., and Schreier, L. (2011). Municipality Size and Efficiency of Local Public Services: Does Size Matter? IWH Discussion Paper no. 18/2011. http://nbn-resolving.de/urn:nbn:de:101:1-201112215432.

Brabazon, T. (2014). Go to Darwin and Starve, Ya Bastard: Theorizing the Decline of Third Tier Cities. www.uta.edu/huma/agger/fastcapitalism/11_1/home.html.

Brabazon, T. (2015). *Unique Urbanity? Rethinking Third Tier Cities, Degeneration, Regeneration and Mobility*. Singapore: Springer.

Brouder, P. (2012). Creative Outposts: Tourism's Place in Rural Innovation. *Tourism Planning & Development* 9(4): 383-96.

Bucci, A., Sacco, P. L., and Segre, G. (2014). Smart Endogenous Growth: Cultural Capital and the Creative Use of Skills. *International Journal of Manpower* 35(1/2): 33-55.

Campos, R. (2017). On Urban (In)Visibilities. In J. Hannigan and G. Richards (eds), *The SAGE Handbook of New Urban Studies*, 232-49. London: SAGE.

Caragliu, A., Del Bo, C., and Nijkamp, P. (2011). Smart Cities in Europe. *Journal of Urban Technology* 18(2): 65-82.

Clark, T. N. (2003). Urban Amenities—Lakes, Opera, and Juice Bars: Do They Drive Development? In Terry Nichols Clark (ed.), *The City as an Entertainment Machine*, 103-40. Bingley, UK: Emerald.

Cohendet, P., Grandadam, D., and Simon, L. (2010). The Anatomy of the Creative City. *Industry & Innovation* 17: 91-111.

Colombo, A., and Richards, G. (2017). Eventful Cities as Global Innovation Catalysts: The Sónar Festival Network. *Event Management* 21(5): 621-34.

Comunian, R. (2016). Temporary Clusters and Communities of Practice in the Creative Economy: Festivals as Temporary Knowledge Networks. *Space and Culture* 20: 329-43.

Comunian, R., Chapain, C., and Clifton, N. (2010). Location, Location, Location: Exploring the Complex Relationship between Creative Industries and Place. *Creative Industries Journal* 3(1): 5-10.

Crespi-Vallbona, M., and Richards, G. (2007). The Meaning of Cultural Festivals: Stakeholder Perspectives. *International Journal of Cultural Policy* 27: 103-22.

Della Lucia, M., Trunfio, M., and Go, F. M. (2017). Heritage and Urban Regeneration: Towards Creative Tourism. In N. Bellini and C. Pasquinelli (eds), *Tourism in the City: Towards an Integrative Agenda on Urban Tourism*, 179-92. Cham, Switzerland: Springer

International.

EPA (U.S. Environmental Protection Agency) (2015). *How Small Towns and Cities Can Use Local Assets to Rebuild Their Economies: Lessons from Successful Places*. Washington, DC: EPA.

European Commission, Directorate General for Regional Policy (2011). *Cities of Tomorrow: Challenges, Visions, Ways Forward*. Luxembourg: European Union.

European Commission (2016). Quality of Life in European Cities 2015. *FLASH EUROBAROMETER 419*. Brussels: European Commission Directorate-General for Regional and Urban Policy.

Ferilli, G., Sacco, P. L., and Noda, K. (2015). Culture Driven Policies and Revaluation of Local Cultural Assets: A Tale of Two Cities, Otaru and Yūbari. *City, Culture and Society* 6(4): 135-43.

Florida, R. (2002). *The Rise of the Creative Class: And How It's Transforming Work, Leisure, Community, and Everyday Life*. New York: Basic Books.

Florida, R. (2009), Town, Gown, and Unemployment. www.creativeclass. com/_v3/creative_class/tag/bureau-of-labor-statistics.

Foley, M., McGillivray, D., and McPherson, G. (2012). *Event Policy: From Theory to Strategy*. London: Routledge.

Fox, T., and Rampton, J. (2015). *Ex-post Evaluation of the European Capitals of Culture 2014*. Luxembourg: Publications Office of the European Union.

Franklin, A. (2014). *The Making of MONA*. Melbourne: Penguin.

Franklin, A., and Papastergiadis, N. (2017). Engaging with the Anti-museum? Visitors to the Museum of Old and New Art. *Journal of Sociology*: https://doi.org/10.1177/144078331 7712866.

Gibson, C. R. (2010). Place Making: Mapping Culture, Creating Places: Collisions of Science and Art. *Local-Global: Identity, Security, Community* 7: 66-83.

Giffinger, R., Fertner, C., Kramar, H., and Meijers, E. (2008). City-Ranking of European Medium-Sized Cities. Centre of Regional Science, Vienna University of Technology. www.srf.tuwien.ac.at/kramar/publikationen/IFHP2007.pdf.

Gospodini, A. (2001). Urban Waterfront Redevelopment in Greek Cities: A Framework for Redesigning Space. *Cities* 18(5): 285-95.

Helsinki This Week (2017). Restaurant Day. https://helsinkithisweek.com/events/restaurant-day-2015.

Hommells, A. (2005). Studying Obduracy in the City: Toward a Productive Fusion between Technology Studies and Urban Studies. *Science, Technology & Human Values* 30: 323-

51.

Kraft, S. E. (2006). Place Making, Mega Events and Ritual Effervescence: A Case Study of the Nelson Mandela Concert in Tromsø, 11th June 2005. *Temenos* 42(2): 43-64.

Kresl, P. K., and Ietri, D. (2016). *Smaller Cities in a World of Competitiveness*. London: Routledge.

League of Minnesota Cities (2013). Cities Using Volunteers: Analysis and Case Studies. www.lmc.org/media/document/1/sotc13_volunteers.pdf?inline=true.

Leary-Owhin, M. E. (2016). Exploring the Production of Urban Space: Differential Space in Three Post-Industrial Cities. Bristol: Policy Press.

Lin, M., and Dong, E. (2017). Place Construction and Public Space: Cantonese Opera as Leisure in the Urban Parks of Guangzhou, China. *Leisure Studies*, DOI:10.1080/02614 367.2017.1341544.

Lorentzen, A., and van Heur, B. (2012). *Cultural Political Economy of Small Cities*. London: Routledge.

Low, S. M. (2000). *On the Plaza: The Politics of Public Space and Culture*. Austin: University of Texas Press.

Low, S. M., and Smith, N. (2006). *The Politics of Public Space*. London: Routledge.

Madanipour, A. (1999). Why Are the Design and Development of Public Spaces Significant for Cities? *Environment and Planning B: Planning and Design* 26(6): 879-91.

Magnani, J. G. C. (2006). Urban Youth Circuits in São Paulo. *Tempo Social* 17(2): 173-205.

Manchester International Festival (2017). About Us. http://mif.co.uk/about-us.

Marques, L., and Richards, G. (2014). Creative Districts Around The World. http://creative-districts.imem.nl.

McConnachie, M. M., and Shackleton, C. M. (2010). Public Green Space Inequality in Small Towns in South Africa. *Habitat International* 34(2): 244-8.

Meijers, E. J., Burger, M. J., and Hoogerbrugge, M. M. (2016). Borrowing Size in Networks of Cities: City Size, Network Connectivity and Metropolitan Functions in Europe. *Regional Science* 95(1): 181-98.

Miles, M. (1997). *Art, Space and the City*. London: Routledge.

Montalto, V., Moura, C., Langedijk, S., and Saisana M. (2017). *The Cultural and Creative Cities Monitor: 2017 Edition*. Brussels: European Commission.

Montgomery, J. (1998). Making a City: Urbanity, Vitality and Urban Design, *Journal of Urban Design* 3(1): 93-116.

Näsholm, M. H., and Blomquist, T. (2015). Urban Strategies for Culture-Driven Growth: Co-Creating a European Capital of Culture. *International Journal of Managing Projects in Business,* 8(1), 58-73.

Németh, Á. (2016). European Capitals of Culture: Digging Deeper into the Governance of the Mega-event. *Territory, Politics, Governance* 4(1): 52-74.

Nesta (2016). *Cities of Service UK: Capturing the Skills and Energy of Volunteers to Address City Challenges.* London: Nesta.

OECD (Organisation for Economic Co-operation and Development) (2009). *The Impact of Culture on Tourism.* Paris: OECD.

OECD (2013). *Innovation-Driven Growth in Regions: The Role of Smart Specialisation.* Paris: OECD.

Oosterbaan, M. (2009). Sonic Supremacy: Sound, Space and Charisma in a Favela in Rio de Janeiro. *Critique of Anthropology* 29(1): 81-104.

O'Toole, W. (2011). *Events Feasibility and Development: From Strategy to Operations.* Oxford: Elsevier.

Parrillo, A. J., and de Socio, M. (2014). Universities and Hospitals as Agents of Economic Stability and Growth in Small Cities: A Comparative Analysis. *Industrial Geographer* 11: 1-28.

Pearce, E. (2015). Our Secret. Paper presented at MONA EFFECT 4: Regenerating City and Region through Art Tourism? 18 Sept. 2015, Hobart.

Planetizen (2016). www.planetizen.com/node/78437/how-cities-grow-big-not-how-big-cities-grow.

Plöger, J. (2007). Bilbao City Report. Centre for Analysis of Social Exclusion, report 43. http://eprints.lse.ac.uk/3624/1/Bilbao_city_report_(final).pdf.

Pløger, J. (2010). 'Presence-Experiences: The Eventalisation of Urban Space. *Environment and Planning D: Society and Space* 28(5): 848-66.

Podestà, M., and Richards, G. (2017). Creating Knowledge Spillovers through Knowledge Based Festivals: The Case of Mantua. *Journal of Policy Research in Tourism, Leisure and Events.* http://dx.doi.org/10.1080/19407963.2017. 1344244.

Ponzini, D., Fotev, S., and Mavaracchio, F. (2016). Place-Making or Place-Faking? The Paradoxical Effects of Transnational Circulation of Architectural and Urban Development Projects. In A. P. Russo and G. Richards (eds), *Reinventing the Local in Tourism: Producing, Consuming and Negotiating Place,* 153-70. Bristol: Channel View.

Porter, M. E. (1980). *Competitive Strategy: Techniques for Analyzing Industries and Competitors.* New York: Free Press.

Potts, J., Cunningham, S., Hartley, J., and Ormerod, P. (2008). Social Network Markets: A New Definition of the Creative Industries. *Journal of Cultural Economics* 32(3): 167-85.

Pratt, A. (2014). *Cities: The Cultural Dimension*. "Future of Cities" working paper. London: Government Office for Science.

Restaurant Day (2017). More about Restaurant Day. www.restaurantday.org/en/info/about.

Richards, G. (2001). *Cultural Attractions and European Tourism*. Wallingford, Oxon.: CABI (Centre for Agriculture and Biosciences International).

Richards, G. (2017). Eventful Cities: Strategies for Event-Based Urban Development. In J. Hannigan and G. Richards (eds), *SAGE Handbook of New Urban Studies*, 43-60. London: SAGE.

Richards, G. and Palmer, R. (2010). *Eventful Cities: Cultural Management and Urban Regeneration*. London: Routledge.

Sacco, P. L., and Blessi, G. T. (2007). European Culture Capitals and Local Development Strategies: Comparing the Genoa and Lille 2004 Cases. *Homo Oeconomicus* 24(1): 111-41.

Sacco, P. L., and Crociata, A. (2013). A Conceptual Regulatory Framework for the Design and Evaluation of Complex, Participative Cultural Planning Strategies. *International Journal of Urban and Regional Research* 37(5): 1688-1706.

Sanphillippo, J. (2017). Re-inhabitation of Small Town America. www.newgeography.com/content/005533-re-inhabitation-small-town-america.

Sen, A. (1999). *Development as Freedom*. Oxford: Oxford University Press.

Sewell, W. H. (1996). Historical Events as Transformations of Structures: Inventing Revolution at the Bastille. *Theory and Society* 25: 841-81.

Shove, E. (2009). Everyday Practice and the Production and Consumption of Time. In E. Shove, F. Trentmann and R. Wilk (eds), *Time, Consumption and Everyday Life: Practice, Materiality and Culture*, 17-34. Oxford: Berg.

Shove, E. (2014). Working Paper 10. Presented at the workshop "Demanding Ideas: Where Theories of Practice Might Go Next", 18-20 June, Windermere, UK.

Silver, D. (2017). Some Scenes of Urban Life. In J. Hannigan and G. Richards (eds), *SAGE Handbook of New Urban Studies*, 408-29. London: SAGE.

Simons, I. (2017). The Practices of the Eventful City: The Case of Incubate Festival. *Event Management* 21(5): 593-608.

Sleutjes, B. (2013). The Hard and Soft Side of European Knowledge Regions. Amsterdam: Help UVA-VU report 1.

Smith, A. (2015). *Events in the City: Using Public Spaces as Event Venues*. London: Routledge.

Storper, M., and Scott, A. J. (2009). Rethinking Human Capital, Creativity and Urban Growth. Journal of *Economic Geography* 9(2): 147-67.

Tittle, C. R., and Grasmick, H. G. (2001). Urbanity: Influences of Urbanness, Structure, and Culture. *Social Science Research* 30(2): 313-35.

Turok, I. (2009). The Distinctive City: Pitfalls in the Pursuit of Differential Advantage. *Environment and Planning A* 41(1): 13-30.

UNWTO (United Nations World Tourism Organization) (2005). *City Tourism and Culture*. Madrid: UNWTO.

van Heur, B. (2012). Small Cities and the Sociospatial Specificity of Economic Development. In A. Lorentzen and B. van Heur (eds), *Cultural Political Economy of Small Cities*, 17-30. London: Routledge.

Wynn, J. R. (2015). *Music/City: American Festivals and Placemaking in Austin, Nashville, and Newport*. Chicago: University of Chicago Press.

Zijderveld, A. C. (1998). *A Theory of Urbanity: The Economic and Civic Culture of Cities*. London: Transaction.

3장

장소만들기의 분주한 과정

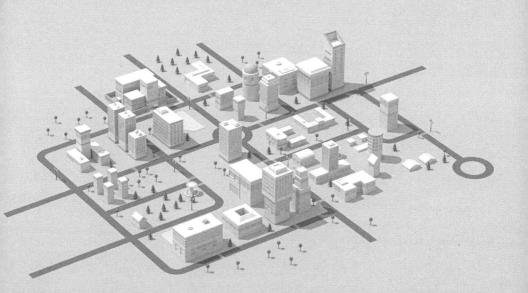

세계화 과정과 소도시

과거의 도시는 주변 배후지역에 서비스를 제공하는, 비교적 자족적인 장소로 행정과 경제의 중심지였다. 따라서 각 도시는 국가의 도시 위계 내에서 차지하는 위상과 함께 그 안에서 이루어지는 아이디어, 자원, 권력의 수직적 흐름을 자각하고 있었다. 하지만 세계화가 진행되면서 이와 같이 또렷하게 구축되어 있던 도시 체계가 변화하기 시작하였다. 즉 초국적 투자, 무역, 정부 정책으로 인해 국내경제의 탈집중화가 진행되면서 새로운 도시 성장 패턴이 나타나게 된 것이다(Markusen et al. 1999).

도시 간 경쟁이라는 새로운 국면이 낳은 결과는 확실하지 않다. 많은 연구자가 도시 네트워크에서 도시의 규모가 중요하다고 주장하고 있다. 과거에는 큰 도시가 작은 도시를 희생시켜 가며 훨씬 더 빠르게 성장하는 경향을 보였다. 오늘날에는 큰 도시가 세계화 과정에서 로컬이 아닌 글로벌 기능을 담당하는 '도시국가(city-states)'가 됨으로써 그 도시가 속한 나라보다 더 중요해지고 있다. 어떤 도시들은 국가로부터 누리던 보호막을 잃고 쇠퇴하기 시작해 이제는 별 볼일 없게 되기도 한다. 노동인구가 풍부하고 커뮤니케이션이 용이한 대도시에 투자와 일자리가 집중됨으로써 소도시는 세계화의 압력에 굴복하고 있다. 서구의 오래된 도시들은 최근 아시아와 라틴아메리카, 아프리카에서 생겨난 도시들에 밀려나고 있다.

하지만 도시가 크다고 해서 반드시 번영을 구가한다고 볼 수는 없다. 규모의 약점에도 불구하고 소도시가 대도시와 자원과 인재를 두고 경쟁하는 데 성공한 사례를 최근에 많이 볼 수 있다. 이 책의 주된 사례인 네덜란드의 스헤르토헨보스('s-Hertogenbosch, 인구 15만 명), 호주의 호바트(Hobart, 인구 20만 명), 스웨덴의 우메오(Umeå, 인구 12만 명), 포르투갈의 오비두스(Óbidos, 인구 1만 2,000명)가 이에 해당한다. 우리는 소도시 역시 경쟁력이 있다고 본다. 소도시가 효율적으로 경쟁할 수 있는 방법만 알아내면 되는 것이다.

앞 장에 소개한 가장 핵심적 아이디어이자 소도시가 반드시 염두에 두어야 하는 것은 커다란 목표하에 잘 짜인 일련의 프로젝트와 이를 실행하는 프로그램이다. 꿈을 현실로, 아이디어를 구체적인 프로그램으로 만드는 것은 결코 쉬운 일이 아니다. 이를 제대로 진행하기 위해서는 기존 연구 과정에서 간과되었던 실질적인 도시계획(urban process)의 여러 단계를 거쳐야 한다는 것이다. 이 장에서는 시민의 삶의 질을 개선하고자 하는 여러 프로그램 안에서 도시가 세운 비전을 어떻게 실행할 수 있는지 검토하고자 한다.

25년 후, 우리가 가야 할 곳

도시는 프로그램을 개발하고 실행하기 위해 도시가 나아가야 할 방향을 제시하는 전략을 수립해야 한다. 그리고 그러한 전략이 다루는 시간의 범위는 25~30년 정도여야 한다(Richards and Palmer 2010). 소도시는 익숙한 장소를 벗어나 움직여야만 한다. 위험을 감수하고 중요한 목표를 달성하려는 열망(de-sire)이 없으면 아무것도 이룰 수 없다는 점에서 열망이 전략의 중요한 측면이다. 또한 그러한 전략은 한 소도시가 다른 소도시와 협력할 동기를 제공해야한다. 왜냐하면 소도시 독자적으로 할 수 있는 일은 아무것도 없기 때문이다.

세계 무대에서 두각을 나타내기 위해 도시는 자신의 위치에 대해 고민해 보아야 한다. 도시 대부분은 차별화를 꾀하는 브랜드 전략을 시도하는데(Kavaratzis and Ashworth 2005), 여기에는 보통 도시의 경쟁우위를 보여 주는 위치 선정이 포함된다. 경쟁우위는 단순히 부존자원의 양이 아니라 자원을 어떻게 사용하느냐에 따라 달라진다. 도시 조직을 어떻게 꾸리느냐에 따라 도시는 더 나은 성과를 낼 수 있다. 이때의 경쟁력은 제로섬게임이 아니다. 한 도시의 경쟁력이 다른 도시의 경쟁력을 약화시키지는 않는다. 이러한 사실은 입수 가능한 여러 도시 순위(표)를 통해 알 수 있다.

래클리프(Ratcliffe)는 경쟁력 있는 도시에서 공통적으로 발견되는 다섯 가지 핵심 요소를 다음과 같이 제시했다.

- 비전(vision)
- 기업가 정신(entrepreneurship)
- 전문화(specialization)
- 사회적 결속(social cohesion)
- 거버넌스(governance)

다시 말하면, 도시는 어디로 가고 싶은지(비전), 어떻게 하면 거기에 도달할 수 있는지(기업가 정신, 전문화), 비전을 달성하기 위해 어떻게 자원을 동원할 것인지(사회적 결속, 거버넌스)에 대해 고민해야 한다는 것이다. 래클리프는 "모든 지방정부는 최고가 될 수 있는 원칙이 무엇일지를 고민해야 한다"라고 했다. 로렌첸과 판 회르(Lorentzen and van Heur 2012: 6) 역시 이러한 주장에 동의하면서, 소도시가 각자의 자리에서 최고라는 점에서 다음과 같은 단서를 달았다.

새로운 미래는 [⋯] 특정 글로벌 시장과 관련된 새로운 기회를 포착하는 새로운 행위자들에 의해 만들어질 것이며, 소도시의 경우 세계 무대에서 스스로 주체적으로 활약할 수 있는 틈새 전략을 수립함으로써 가능할 것이다.

이들은 또한 그러한 전략이 미래지향적이면서 여러 대안적인 미래 가운데 긍정적 선택을 할 수 있게 만들어야 한다는 크레슬(Kresl 1995)의 주장에도 동의했다. 도시는 우선순위와 주력 분야를 정해 미래지향적으로 움직여야 한다. 소도시는 전략적 위치를 선택함으로써 생각보다 많은 옵션을 가질 수 있게 된다. 욕스 얀센(Joks Janssen)이 인터뷰에서 밝혔듯이, 위치 선정이란 무엇을(what), 누가(who), 언제(when), 어떻게(how)라는 질문에 대한 선택의 문제이다. 도시는 일반적으로 '무엇을(what)'에 초점을 맞추고 있지만, 다음과 같은 사항도 고려해야 한다.

- 누가(who) – 사용할 수 있는 아이콘
- 언제(when) – 적절한 시점의 선택
- 어떻게(how) – 네트워크, 지식, 기술의 활용

스헤르토헨보스의 사례에서 누가(who)와 언제(when)는 비교적 명백해 보인다. 2016년 스헤르토헨보스에서는 지역 출신 화가인 히에로니무스 보스(Hieronymus Bosch)의 사후 500주년을 기념하기로 했지만 사실 불과 몇 년 전만 해도 이는 불분명했다. 2006년 보스를 기념하자는 아이디어가 구체화되고 있었을 때 많은 이들이 이에 의구심을 품었다. 보스가 역사적 인물이기는 하지만 그의 작품에 대해 알려진 것이 극히 적어 오랫동안 무시되어 왔으며 고루하고 부적절한 인물이라는 것이었다. 하지만 보스를 시의 아이콘으로 최종 결정한 것은 수백 년에 걸쳐 전 세계적으로 반향을 일으킨 화가를 내세워 도시의 위상을 높이자는 비전이 갖는 힘을 믿었기 때문이다. 욕스 얀센은 스헤르토헨보스가 이러한 선택을 통해 단순한 틈새 행위자(niche player)가 아니라 '독보적인 존재(niche star)'가 되었다고 평가했다.

소도시의 위치 선정 문제란 우리가 어디서(국내/국제), 언제(늘/특정 시점), 누구를 상대로 경쟁하고자 하는 것인지에 관한 것이다. 하지만 오늘날과 같은 네트워크 사회에서는 단순히 상대방과 경쟁하기보다는 경쟁 상대와 어떻게 협력해 파트너십을 구축할 수 있을지가 더 중요해지고 있다.

소도시의 이해관계자들

세계화의 흐름 속에서 도시 네트워크가 더 중요해짐에 따라 도시는 새로운 파트너를 찾아야 할 과제를 떠안게 되었다. 그 결과 도시 네트워크상에서 새로운 연계를 효과적으로 맺기 위해 도시는 내부의 협력을 이끌어 내야만 했다. 베르비넨(Verwijnen 1999: 14-15)에 따르면, 외부 압력으로 도시가 내부에서 변화하게 되었다는 것이다.

> 유럽 도시 간의 극심한 경쟁으로 역설적인 상황이 펼쳐졌다. 외부와의 경쟁이 심해질수록 도시는 내부적으로 일을 매끄럽게 진행해야 한다. 도시는 더는 멋대로 할 수 없고, 내부 자원을 잘 활용해야 한다. 도시정책은 하나의 수단이 되었을 뿐만 아니라 이러한 노력을 공개적으로 보여 주는 역할을 한다. 역동적인 도시정책은 도시의 이미지이자 상징경제(symbolic economy)의 촉매제가 된다.

경쟁 상황에서 도시는 도시 내외부의 파트너들 혹은 이해관계자들과 더욱 효율적으로 일해야 한다. 이해관계자(stakeholder, 주주)란 일반적으로 '회사가 달성한 목표에 영향을 주거나 받는 개인이나 집단'을 의미하지만(Freeman 1984: 25), 도시의 경우에는 훨씬 더 광범위한, 해당 도시에 직·간접적인 이해관계를 갖고 있는 도시 내외부의 조직과 개인들을 포함한다.

> 그러므로 이해관계자 논리에는 운영상의 이해관계자 전부를 고려하는 관리자가 필요하다. 조직과 개인, 이해관계자 네트워크 간에 윤리적이고 공평하며 성공적인 관계를 맺기 위해 이러한 행위자들이 포함되어야 한다(Todd et al. 2017: 496).

소도시에서조차 개발 과정에 포함되는 잠재적인 이해관계자의 범위는 방대하다. 베이커(Baker 2007)는 소도시 브랜드를 만드는 과정에 참여하는 관계자들의 목록을 다음과 같이 제시한 바 있다. 협회 임원, 사업체, 상공회의소 회원사, 컨벤션 전담기구 회원사, 지역사회 리더, 부동산 개발회사와 투자자, 시의 관광 마케팅 기관 스태프와 협력사, 관광 가이드, 정부, 지역 미디어, 숙박업체 임원, 비영리기구, 오피니언리더, 정치가, 종교 지도자, 스포츠 대표, 관광지 안내소와 자원봉사자들. 그리고 이해관계자와 그들의 이해관계를 특정하고 그 영향을 평가하는 이해관계자 분석법(stakeholder analysis)을 통해 이들을 분석하고 평가해야 한다(Brugha and Varvasovszky 2000).

하지만 이해관계자들이 작동하는 맥락 또한 중요하다. 라슨(Larson 2009)은 이벤트 네트워크의 상호작용과 역동성을 이해하기 위한 은유로 '정치적 시장광장(political market square)' 개념을 사용하고 있다. 다양한 행위자들이 시장광장에 접근할 수 있는데, 그곳에서 서로 영향을 주고받으며 상당한 정도의 변화를 이끌어 낼 수 있다. 시장광장의 종류는 다음과 같다.

- 정글(the jungle) – 떠들썩한 시장광장
- 공원(the park) – 역동적인 시장광장
- 정원(the garden) – 제도화된 시장광장

라슨은 이벤트 네트워크에 관한 기존 연구 대부분이 제도화된 '정원'의 존재를 기본 전제로 하고 있으며, 정원의 속성인 질서와 지속성에 근거해 성공을 당연시하고 있다고 보았다. 만약 도시에 안정적인 정부가 있다면 그 정원을 잘 유지할 수 있을 것이다. 하지만 정치적 격변이 심하다면 도시는 이해관계자들의 관계가 혼란스러운 '정글'을 다루게 될 것이다. 도시 네트워크 역시 유사한 방식으로 작동한다고 볼 수 있다. 다양한 행위자와 이해관계자들이 도시의 시장광장에 진출해 도시의 발전 방식에 영향을 미치고자 한다. 소도시의 개별 행위자들은 시장광장에서 상당한 영향력을 갖고 있다. 이 점은 기업도시(company towns)에서 특히 눈에 띄는데, 실제로 그곳에 입지한 기업의 기업가가 도시를 효과적으로 운영하고 있다.

도시의 미래에 대해 중요한 결정을 내리는 사람들이나 집단에서는 권력투쟁이 자연스럽게 벌어진다. 변화의 방향에 영향을 미칠 수 있는 이해관계자의 능력은 그들의 중요성이나 영향력에 의해 결정되는데, 이는 변함없이 유지되는 것이 아니라 때때로 바뀌기도 한다. 그레이(Gray 1985)에 따르면, 이해관계자 네트워크는 문제 설정 단계, 방향 설정 단계, 실행 단계를 따라 움직인다고 한다. 즉 초기 문제 설정 단계에서 이해관계자들이 파악되고 정당성이 확립되고, 방향 설정 단계에서 협업을 위한 기본 규칙과 공통의 비전이 마련되며, 마지막으로 공통의 비전이 공통의 목표를 달성하기 위한 수단으로 제도화된다는 것이다.

이해관계자들의 참여

일을 효과적으로 진행하기 위해, 도시는 여러 이해관계자와 관계를 맺어야 한다. 이해관계자는 미팅이나 인터뷰, 조사, 핫라인, 뉴스레터, 웹사이트 등을 통해 참여할 수 있다(Yang 2014). 이해관계자 관리 방법으로는 권력-이해관계 행렬(power-interest matrix), 이해관계자 집단 방법론(Stakeholder Circle methodology), 사회 연결망 분석(social network analysis) 등이 있다.

- 권력-이해관계 행렬에서 이해관계자는 프로그램상의 권력과 이해 수준에 따라 구분된다. 프로그램 운영팀은 이해관계자의 종류에 따라 다양한 참여 방법을 적용해야 한다.
- 이해관계자 집단 방법론은 이해관계자를 관리하는 비교적 체계적인 방법으로, 핵심 이해관계자를 파악하고 우선순위를 정한 다음, 적절한 참여 전략과 의사소통 계획을 개발한다(Bourne 2006).
- 사회연결망 분석은 네트워크상의 이해관계자 쌍의 관계에 초점을 맞춘다. 저먼 외(Jarman et al. 2014)는 에든버러 축제도시 연구에 사회연결망을 사용해 분석한 바 있다.

스헤르토헨보스의 보스500 프로그램(Bosch500 programme)에서 정치인들의 권력이 크게 작용했는데, 이는 그들이 상당한 자금을 조달했기 때문이다. 하지만 그들의 이해관계는 상대적으로 작았다. 이와 대조적으로 문화 분야는 프로그램에 포함된 콘텐츠 때문에 큰 이해관계를 가지고 있었지만, 상대적으로 자원이 빈약해 권력을 크게 누릴 수 없었다. 지역민들도 프로그램에 관심을 보였지만, 프로그램 개발 초기 단계에서부터 자신들의 영향력이 작다는 것을 알아챘다. 그러한 비대칭적 관계로 인해 이해관계자들 간의 불평등 문제가 제기되었다. 프로그램은 누구를 위한 것인가? 누가 어떤 방식으로 혜택을 받을 것인가?

이해관계자의 참여를 진작시키는 과정에서 사람들의 이목을 집중시키는 것이 핵심이다. 사람들이 그 중요성을 파악하고 행동하기에 앞서 먼저 이슈에 대해 인지해야 한다(Bartels 2013). 이목을 집중시키는 것이란 사람들로 하여금 우리 환경의 특정 요소에 집중하도록 하는 것이라고 할 수 있는데, 이는 일종의 심리적 강조점이라고 할 수 있다. 사람들의 주의를 환기하고 강조하고 싶은 이슈에 집중하도록 하는 것이 중요하다. 도시는 '공동 관심사(mutual focus of attention)'를 만들어 내야 하고(Collins 2014), 어떤 방식으로든 주의를 기울이고 있는 사람들에게 보상을 해야 한다. 사람들이 일단 주의를 기울이게 되면 자신에게 중요한 것을 찾아내게 된다.

네메스(Németh 2016: 52)는 유럽문화수도(European Capital of Culture) 행사를 개최한 두 도시가 이해관계자들을 참여시킨 방식에 대해 검토하였다. 2010년 이 행사를 개최한 헝가리의 페치(Pécs)시는 처음부터 이해관계자들을 참여시키려는 전략을 세우고 있었다. 시는 인근 지역과 연계해 행사를 풍성하게 해 줄 다양한 문화 자산 풀을 활용할 수 있었지만, 더 넓은 지역에서 협조 관계를 만듦으로써 창조적 시너지를 창출할 기회를 충분히 활용하지 못했다. 제3섹터의 활발한 참여를 보장하는 데 매우 제한적인 자원이 쓰였고, 이는 순전히 도시 자체에만 집중되었다. 결국 주변 지역의 행사 참여도는 매우 낮았다. 이와 반대로 핀란드의 투르쿠(Turku)시의 경우 처음에는 인근 지역의 참여 여부가 명확하지 않았고 하향식으로 이루어지지 못했다. 오히려 참여는 상향식으로 이루어졌는데, 이는 행사가 개방적이고 투명한 방식으로 만들어졌기 때문이다. 예를 들어 제안서 공고의 경우 아이디어 제출 기관의 유형이나 그들의 소재지에 제한을 두지 않았다. 2007년 유럽문화수도 행사를 개최한 룩셈부르크는 이해관계자들을 더 많이 포섭하고 참여시키는 것이 중요하다는 점을 강조했다. 행사의 주된 목표는 룩셈부르크, 프랑스, 독일, 벨기에에 걸친 '룩셈부르크 광역권(Greater Luxemburg Region)'을 하나로 묶는 것이었다. 이 아이디어는 룩셈부르크 정치인들에게 중요한 것이었지만 다른 지역 사람들에게는 그리 중요하지 않았다. 그 결과 룩셈부르크에서 개최된 주요 행사와 달리 국경 밖에서 이루어진 행사에는 참여율이 저조하였다(Luxemburg and Greater Region 2008).

행사의 핵심, 비전 개발하기

룩셈부르크의 예에서 보듯이 공통의 비전이라는 것이 중요하다. 비전이란 사람들의 주목을 끌 만한 것이어야 한다. 하지만 그것이 왜 중요한지, 왜 그들에게 중요한 것인지에 대해서도 이야기해야 한다. 비전은 우리가 누구인지, 어디에서 와서 어디로 가야 하는지, 무엇을 원하는지와 같은 핵심 질문에 답을 내놓을 수 있어야 한다. 비전은 미래에 가능한 것, 기대할 수 있는 것을 명확하게 보여 주어야 한다. 비록 비전의 전반적 목표가 과거와의 절연이라고 할지라도, 과거에서 현재, 미래로 이어지는 궤적은 개념적 지속성을 부여한다.

비전은 조직의 목적과 역할을 정리한 행동 방침에 통합될 수 있다. 조직의 존재 이유를 기술한 행동 방침이 한 예이다(Box 3.1 참고). 비전 지침서는 일반

BOX 3.1

소도시를 위한 비전 지침서(vision statements)의 예

여러 소도시에서 개발한 비전은 다음과 같은 특정 요소에 집중하고 있다.

- 우리 도시는 무엇인가(도시의 DNA)
- 어떻게 되고 싶은가(도시의 포부)
- 무엇을 제공할 것인가(도시의 염원)
- 그 비전이 아우르는 다양한 청중(그 꿈은 누구를 위한 것인가)

삶의 질 향상은 비전의 목표이자 염원으로 중요한 부분이다. 모든 도시가 원하는 것이 동일하기 때문에, 환경과 공동체의 가치를 지키며 주민들에게 기회를 제공하는 건강하고 번창하는 커뮤니티라는 핵심 아이디어 대부분은 여러 도시에서 반복되고 있다. 그렇기는 하지만 비전의 스케일(지역·국가·국제적 역할)과 강조되는 어메니티의 유형에 따라 상당한 차이를 보이기도 한다.

체코 플젠주의 플젠(Pilseň, 인구 16만 9,033명)

플젠시는 유럽연합 수준에서 경쟁할 수 있는 경제적으로 부유한 근대도시가 되고자 했다. […] 시는 지역 수준을 넘어 문화와 사교의 중심지로서 지위를 격상시킬 것이다.

미국 미네소타주의 코코런(Corcoran, 인구 5,400명)

코코런시는 생애주기에 따른 주택, 오락시설, 생기 넘치는 사업 환경, 강력한 도심을 지원하고, 천혜의 자연환경과 농업 전통을 보전함으로써 주민들에게 다양한 기회를 제공할 것이다.

미국 워싱턴주의 벨뷰(Bellevue, 인구 13만 명)

벨뷰시는 글로벌 비즈니스 허브로 알려져 있다. 벨뷰시는 모든 것을 갖추고 있으며, 이웃 도시들을 선도해 함께 나아갈 것이다. 또한 시 정부는 높은 성과를 자랑하고 있다. 이곳에서 삶을 영위하는 것은 당연하다. 왜냐하면 벨뷰시는 문화와 엔터테인먼트, 자연의 혜택이 풍부하고 모든 주민이 높은 삶의 질을 누리며 서로를 살뜰히 챙기는 곳이기 때문이다.

미국 애리조나주의 페이지(Page, 인구 7,247명)

페이지시는 깨끗하고 재정적으로 안정되어 있으며 다양하고 활기찬 공동체로, 환경의 질을 중시하고, 공동체 및 가족 의식을 함양하며, 건전하고 활동적인 라이프스타일을 진작시키고, 경제 번영을 위해 다양한 비즈니스 기회를 제공한다.

캐나다 브리티시컬럼비아주의 리치몬드(Richmond, 인구 21만 8,307명)

리치몬드시의 '전략경영계획'에는 비전에 따른 시의 변화 관리 전략이 기술되어 있다. 다음과 같은 비전, 행동 방침, 핵심 가치가 시의 우선순위, 전략, 행동에 초석을 제공한다.

시의 비전은 다음과 같다. 리치몬드시의 비전 지침서는 앞으로 10~20년간 나아가야 할 명확한 이미지를 보여 주고자 하며, 시의 정신을 파악해 활기찬 미래를 향해 움직일 노동자들과 파트너들에게 영감을 주고자 한다. 이 비전에는 미래를 향한 시의 희망이 반영되어 있다.

미국 워싱턴주의 머서아일랜드(Mercer Island, 인구 2만 4,098명)

머서아일랜드시는 고립된 섬이 아니라 시애틀-밸뷰 광역 지역의 일부로 주민들에게 주택, 복지시설, 일자리, 교통, 문화와 엔터테인먼트를 제공하고 있다. 시는 상대적으로 젊은 공동체로, 고유의 가치를 지켜 미래를 만들어 내며, 지역의 일원이 되고자 하는 열정을 갖고 있다.

덴마크 오르후스주의 오르후스(Århus, 인구 26만 9,022명)

- 오르후스 - 모든 이들을 위한 좋은 도시

  오르후스시는 발전 가능성이 있다. 모든 이들이 자신의 삶에 책임을 갖고 자신의 기량을 발휘할 수 있다. 도움이 필요한 이에게 도움을 제공한다. 통합이 강점이지만 다양성과 차이도 존중한다.

- 오르후스 - 가만히 서 있지 않는 도시

  오르후스시는 강력하고 혁신적인 비즈니스, 문화적이고 교육적인 삶을 갖추고 있다. 전통에 얽매이지 않는 협력적인 형태로 새로운 아이디어를 배양하고 시험하고 있고, 최전선에서 새로운 기술을 개발하고 응용하고 있으며, 세계 무대에서 두각을 나타내고 있다.

비전은 시의 과거와 현재를 압축해서 보여 줄 뿐만 아니라 미래관도 제시하고 있다. 로렌첸과 판 회르(Lorentzen and van Heur 2012: 6)는 다음과 같이 주장했다. "미래 잠재력은 특정한 렌즈를 통해 파악되거나 무시된다. 사람들은 자신의 목표, 이해관계, 편견, 그리고 잠재력에 대한 자신만의 해석에 기초해 도시의 미래상을 만들어 낸다." 만약 도시의 꿈이 사람들 사이에 공유되지 않는다면, 이는 간단히 무시될 것이다.

비전 지침서의 문제는 방향성이 부족하다는 것이다. 모두가 잘살고 행복한 공동체를 원한다면 우리는 도대체 무엇을 해야 하는가?

적으로 긍정적인 핵심 가치를 다시 한번 강조하고, 공동체의 염원을 반영한다. 그리고 비전을 끊임없이 검토하고 다듬음으로써 앞으로의 활동에 필요한 내용을 정할 수 있을 것이다.

공통된 비전에 필요한 영감 찾기

공통된 비전을 만들어 내기 위해서는 영감이 필요하다. 비전은 도시 자체로부터 영감을 받을 뿐만 아니라 다양한 이해관계자에게 영감을 주기도 해야 한다. 비전은 특별하고, 의미가 있으며 목표를 부여해야 한다.

  도시가 활용할 자원이 많더라도, 장소만들기를 위해서는 자원을 창조적으로 활용해야 한다. 도시 이미지와 정체성, 브랜드를 개발하기 위해 활용할 수 있는 다양한 아이디어가 있다. 많은 경우 해당 도시의 역사에서 독특하고 영감을 주는 이야기를 찾을 수 있다. 그 도시의 과거 인물, 이벤트, 상품과 같은 것들이다. 하지만 적절한 역사를 선택해 이를 흥미롭게 만들어 사람들의 마음을 사로잡는 것이 중요하다. 도시가 어떻게 정체성과 문화적 DNA를 발굴해 활용하는지는 6장에서 자세히 다루기로 한다.

  하지만 도시의 DNA를 장소와 오늘날의 이슈, 미래의 해결 과제와 연결하기 위해서는 엄청난 창조성이 필요하다. 대다수의 브랜딩 캠페인이 실패하는 것은 그것이 사람들의 흥미를 돋우거나 도시의 비전에 대해 뭔가를 이야기하지 못하기 때문이다. 1990년대 도시 마케팅 캠페인을 진행하는 과정에서 스헤르토헨보스는 아주 어렵게 이 점을 터득하게 되었다. 출발점이 긍정적이지 않았다는 점이 문제였다. 스헤르토헨보스에는 대학이 없었기 때문에 '교육도시(thinker city)'가 될 수 없었고, 주요 산업이 없었기 때문에 '산업도시(industrial city)'로서 이웃한 에인트호번과 경쟁하기 어려웠다. 그래서 스헤르토헨보스는 로자베스 모스 캔터(Rosabeth Moss Kanter 1995)가 제시한 세 가지

도시 유형 중 남은 하나인 '교역도시(trader city)'를 선택했다. 스헤르토헨보스에는 오랫동안 중요한 농산물 시장이 있었기 때문에 교역도시라는 타이틀을 붙일 수 있었다. 하지만 이렇게 교역을 위한 '만남의 도시(meeting city)'로 도시 브랜딩을 한 결과는 스헤르토헨보스 내외부의 사람들에게 아무런 의미가 없었다. 사람들은 어디서나 만날 수 있는데, 만남의 도시라는 게 무슨 특별한 의미가 있겠는가? 이 슬로건은 스헤르토헨보스의 축구 팬들에게 웃음거리가 되었는데, 이들은 자신들과 경찰 간의 충돌을 기념하기 위해 발매한 엽서에 이 슬로건을 적어 넣기도 했다.

도시 마케팅 슬로건과 로고가 이해관계자의 반대에 맞닥뜨리는 경우가 종종 있다. 특히 슬로건이나 로고에 아무런 의미가 없다고 판단될 때 그런 일이 발생한다. 뉴질랜드 오클랜드(Auckland)에서 바로 이런 일이 있었다. 시는 오랫동안 유지해 온 '항해의 도시(City of Sails)'라는 이미지를 처음에는 단순하게 벨기에의 앤트워프(Antwerp)에서 사용한 적이 있는 대문자 'A'로 바꿨다가 '많은 이들이 선망하는 곳(the place desired by many)'으로 바꿨다. 최종 결정은 격렬한 저항을 받았다. 오스만(Orsman 2016)에 따르면, 2년에 걸쳐 3개 프로젝트를 통해 제안된 새로운 글로벌 브랜드는 엄청난 논란을 불러일으켰다. 그 과정에서 프로젝트 작업자뿐만 아니라 115명에 달하는 의회 직원이 각종 워크숍에 참석했고, 50만 뉴질랜드 달러(약 4억 원)가 소요되었다.

도시의 비전이 그 도시의 DNA에 안착되지 않으면 다른 도시들과 구별되기도 힘들고 설득력도 떨어진다. 특히나 장소 마케팅의 초점이 유형자산에서 무형자산으로 바뀌면서 정책결정자들 사이에서 돌아다니는 아이디어들이 점점 더 비슷해졌다. 에르난데스(Hernandez 2010)는 국제 무대에서 활동하는 컨설턴트들의 활약과 네트워크를 통해서 빛 축제가 전 세계에 퍼졌다고 보았다. 조르다노와 옹(Giordano and Ong 2017)은 관광정책 전환이 '지역의 세계화 수준(local globalness)'(McCann 2011: 120)을 높인다는 점을 드러내기 위해 관광

〈사진 3.1〉 보스 체험로(Bosch Experience trail)에 있는 보스 동상들 (사진: Ben Nienhuis)

정책의 순차적인 복제 그 이상을 바라본다. 에인트호번의 경우 빛 축제를 통해 세계화 수준을 가늠할 수 있다. 지난 100년간 에인트호번에서는 전구를 생산해 왔고, 새로운 형태의 조명도 계속해서 발명하고 있기 때문이다(Bevolo 2014). 하지만 다른 도시에서 열린 빛 축제는 단순히 도시의 건축물을 돋보이게 하거나 집객시설을 만들기 위함이었다.

　스헤르토헨보스 사례가 보여 준 바와 같이 영감의 지역적 원천은 중요하다. 히에로니무스 보스는 자신의 고향에서 영감을 받았다. 스헤르토헨보스의 시장광장에 있던 자신의 아틀리에에서 주변의 중세적 삶의 풍경을 스케치해 이를 환상적인 인물과 이미지로 변형시켜 그림을 완성했다. 2016년 스헤르토헨보스의 보스500 행사에서 이루어진 보스 작품의 귀환은 향수를 불러일으키는 귀향이었을 뿐만 아니라 작품을 그 도시에 다시 뿌리내리게 하는 것이었다. 프라도 미술관(Prado Museum)에 있는 보스의 대표작 〈쾌락의 정원(Garden of Earthly Delights)〉을 대여하는 것이 불가능했기 때문에(6장 참고), 에프텔링 테마파크(Efteling Theme Park)의 아이디어를 좇아 그 작품을 실제 도시경관 속에 재현했다. 작품 속 인물들을 3차원 형태로 만들어 도시의 전략적인 지점에 배치함으로써 사람들이 그의 작품과 조우할 수 있도록 했다. 2016년 보스 체험 빛 쇼(Bosch Experience light show) 역시 수개월 동안 매일 밤 그의 작품 배경을 생생하게 만들어냈다. 귀향이라는 이야기도 오늘날까지 남아 있는 그의 작품(유화 24점 중 17점, 소묘 20점 중 19점) 때문에 극적인 힘을 얻게 되었다. 이는 당시까지 열린 보스 전시회 중 가장 큰 규모였다. 《뉴욕타임스》는 이를 '금의환향(One Helluva Homecoming)'(Rachman 2016)이라고 명명했다. 영국의 《텔레그래프》는 작품을 한데 모은 큐레이터 샤를 드 무이(Charles de Mooij)의 작업을 "놀라운 언변과 스태미나의 개가"라고 묘사했다(Stooke 2016). 그렇게 작은 도시에서 글로벌한 행사를 개최했기 때문에 그 이야기 역시 힘을 얻게 되었다. 런던이나 뉴욕 같은 대도시에서 그러한 쇼가 개최되었다면 환대를 받을 수는 있었겠지만 스헤르토헨보스에서 겪은 순전한 충격이나 경이로움은 맛볼 수 없을 것이다. 보스의 이야기와 그의 작품, 그의 고향은 단순히 전시회를 연 것이 아니라 자금과 미디어의 주목, 이해관계자들의 참여를 이끌어 냈다. 그것은 도시 자체를 반영한 것이었다. 시에서 출간한 2016년 연간 보고서에는 다음과 같은 내용이 있다.

> 히에로니무스 보스는 혁신가였다. 그는 자신만의 독창적인 상상력으로 그림을 새롭게 그렸다. 그의 상상력은 우리 시의 핵심 요소에서 오늘날 여전히 찾아볼 수 있다. 그것이 바로 우리가 히에로니무스의 생가를 환영하는 이유이다 (Gemeente's-Hertogenbosch 2017).

다른 도시와 구별되는 아이디어들이 도시의 DNA에 단단히 뿌리를 내렸다고 볼 수 있다.

〈사진 3.2〉 보스 체험 키즈 박물관 (사진: Ben Nienhuis)

장소만들기 파트너십 구축하기

이해관계자들의 관심을 유지하고 비전을 성공적으로 실행하기 위해 도시에
는 참여 수단이 필요하다. 외부의 참여를 이끌어 내기 위해 도시가 채택하고
있는 새로운 메커니즘에는 경제개발기구나 무역기구, 도시 마케팅 부 등이
있다. 기존에 국민국가에서 수행된 외교 기능은 자체의 로비스트나 대사, 대
표들을 갖춘 도시나 지역들에 의해 강화되었다.

 세계화되고 네트워크로 연결된 도시들의 세계에서 파트너십을 구축하는
것은 필수 사항이다. 소도시의 경우 단독으로 일을 진행할 자원이 부족하기
때문에 이 점은 더욱 절실한 문제가 된다. 오랜 세월 정치가들은 주변 도시나
지역과 협력할 필요성을 이해하고 있었다. 하지만 멀리 떨어진 지역이나 다
른 나라, 심지어 지구 반대편의 파트너와 협력해야 한다는 생각은 비교적 최
근에 하게 되었다. 자금조달 능력을 갖춘 다른 나라 파트너들의 참여를 조건
으로 하는 여러 EU 프로젝트를 통해 유럽 국가들은 원거리 협력을 접하게 되

었다. 하지만 이런 식으로 만들어진 대부분의 파트너십은 파편적이었고, 브뤼셀로부터 오는 자금이 고갈되면서 빠르게 사라졌다.

좀 더 안정적이고 유용한 외부 파트너십을 만들기 위해서는 지속성, 일관성, 파트너 간 조정이 필요하다. 실제로 파트너들은 상대방이 누구인지, 그리고 그들이 무엇을 할 수 있는지 혹은 무엇을 할 수 없는지, 단순하게는 도시가 무엇을 옹호하고 있는지 알고 있어야 한다. 그래야 좋은 파트너가 될 수 있고 상대 도시의 열망이나 요구에 조응할 수 있게 된다.

베이필드(Bayfield 2015)는 맨체스터 사례에서 다음과 같이 언급한 바 있다.

> 지속성이 중요하다. 맨체스터 국제 페스티벌(Manchester International Festival)을 지속할 수 있는 네트워크를 만들어 내기 위해서는 수많은 요소, 특히 도시의 정치적 리더십이 안정적이어야 한다. 그러한 안정감으로부터 공통의 비전이 도출될 수 있다(맨체스터에서는 노동당이 40년간 장기 집권을 하고 있고 최고 책임자들의 경우 자신의 직을 20년 가까이 유지하고 있다).

이 점은 효율적인 파트너십을 구축하기 위해서는 리더십이 필요하다는 사실을 분명히 보여 준다(4장 참고). 또한 도시의 일관된 의제나 이야기를 만들어 내기 위해 리더십이 중요하다. 리더십은 외부 세계와 효과적으로 소통하거나 내부 이해관계자들의 힘을 모아 외부의 도전을 해결하는 데 필수적이다. 최근 수십 년간 새로운 도시 연합이나 파트너십이 공공, 민간, 제3섹터에 등장했다. 클래런스 스톤(Clarence Stone 1989)은 이러한 새로운 레짐이 일을 수행하는 데 기존의 적대적인 방식보다 효과적이라고 주장했다. 모스버거와 스토커(Mossberger and Stoker 2001)는 스톤의 레짐 이론의 핵심 요소를 파악해, 레짐이란 자신만의 정책 의제를 가지고 공공과 민간의 이해를 서로 연결하고, 여러 시 정부를 살릴 수 있는 비공식적이지만 비교적 안정적인 체제라고 정의했다. 즉 레짐을 통해 시 정부 독자적으로는 할 수 없는 방식으로 정치적 의제를 추구하고, 시간이 지남에 따라 협력을 통해 정책에 대한 합의를 도출해 낼 수 있게 된다.

레짐은 일반적으로 도시 문제를 처리할 수 있는 중요한 자원과 이해관계자들을 동원할 수 있는 큰 도시와 관련된다. 하지만 하향식 의사결정으로는 협조 관계가 만들어지지 않는다. 일본의 경우 지방의 장소만들기 정책은 증가 일로에 있던 신자유주의 개발 정책에 대응해서 만들어졌다. 소렌슨(Sorensen 2002: 308)에 따르면, 일본의 이러한 장소만들기, 즉 마치즈쿠리(まちづくり)가 뜻하는 바는 매우 모호하고 맥락 의존적이라고 한다. 엄밀히 말하자면 이 용어는 의사결정 과정에 지역 주민들을 포함하는 소규모 도시계획 프로젝트라고 할 수 있다. 일본 사이타마현의 후카야(深谷)시는 이러한 과정을 보여 주는 소도시의 하나로, 창(Chang 2015) 역시 '리좀적 장소만들기(rhizomatic place-making)'의 형태라고 보았다(Box 3.2 참고).

마커슨과 니코디머스(Markusen and Nicodemus 2010: 3)는 그들의 '창조적 장소만들기(creative placemaking)' 개념에서 '분야를 넘나드는 파트너십이 필수적'이라고 했다.

창조적 장소만들기 과정에서 공공·민간·비영리 부문과 공동체는 예술과 문화 활동을 둘러싼 마을, 소도시, 종족, 도시, 지역의 물리적·사회적 성격을 전략적으로 만들어 낸다. 창조적 장소만들기를 통해 공공공간과 사적공간이 살아나고, 건물과 거리가 활기를 되찾고, 지역 산업의 성공 가능성과 치안이 증진되며 여러 사람이 모여 서로 축하하고 영감을 주고받게 된다.

소규모 장소만들기 정책은 상대적으로 자족적이라고 할 수 있다. 하지만 전체로서 도시만들기 정책에는 다른 곳으로부터 지식과 기술, 자원을 모으는

BOX 3.2

일본 후카야(深谷)시의 리좀적 장소만들기

사이타마현에 속한 후카야는 도쿄에서 서북쪽으로 75km 떨어진 곳에 위치한 인구 14만 4,000명의 도시. 에도시대 도쿄와 교토를 연결하는 도로인 나카센도(中山道)의 역참으로 번성했던 곳이다. 경제 기반이 농업 중심이었으나 1965년 교외화의 결과로 도시 중심부의 인구가 줄기 시작했다.

2000년에 들어 시 정부는 도시 중심부에 대한 새로운 마스터플랜을 제안했다. 종합적인 도시재생을 위한 토지구획정리사업 두 가지를 제안한 것이다. 사업의 목표는 도로 확장, 공원 조성, 토지 병합을 통해 도시의 새로운 핵심을 만들어 내는 것이다. 프로젝트는 시와 현, 국가로부터 보조금과 사업에 참여하는 토지소유자의 토지 기부채납으로 조성된 자금을 활용하게 된다. 이는 기존 건물의 해체나 이전을 의미하며, 역사적인 도시경관을 파괴하는 데 이르게 된다.

후카야 중심부에 대한 재개발계획을 둘러싼 격렬한 논쟁의 결과, 2002년 역사적 건물을 보존함과 동시에 한결 매력적인 도시경관을 창출해 내고자 하는 후카야 다운타운 도시재생 마치즈쿠리가 2002년 만들어졌다. 지역사회로부터의 격렬한 저항으로 말미암아 사회적 자본을 구축하고 주요 이해관계자들과 협업해 좀 더 포괄적인 계획으로 방향이 맞춰졌다(Sorensen et al. 2017).

그러한 갈등이 협력의 자극제가 되어 변화의 방향에 대한 아이디어들이 상향식 의사결정 방식으로 만들어졌다고 후카야는 설명하고 있다. 도시가 적은 자원으로 더 많은 것을 하려면 할수록 풀뿌리 민주주의가 더욱 중요해진다.

광범위한 협력이 필수적이다. 그렇지만 도시에 필요한 파트너십은 갑자기 생기는 것이 아니다. 그것은 오랫동안 마음속으로 품고 조직되고 관리되어야 한다. 그 과정의 핵심 요소는 다음과 같다.

영감

마커슨과 니코디머스(Markusen and Nicodemus 2010)는 파트너십이 비전과 끈기를 가진 탁월한 개인들로부터 생겨나기도 한다고 주장했다. 이 책의 여러 사례에서도 그런 것을 발견할 수 있다. 의욕 넘치는 한 개인이 권력을 가진 이들을 설득해 자신의 꿈을 설득시키기도 한다. 그러한 개인이 시장이거나 시의 리더인 경우도 많다.

선택

둘째로, 성공적인 정책 입안자는 해당 프로젝트에 보완적인 기술을 갖춘 소수의 파트너를 선정해야 한다. 그레이(Gray 1985)는 최초의 파트너 선택 시 정당성 문제를 고심하는 것이 필요하다고 보았다. 그 이해관계자 그룹이 도시의 정당한 이해를 대표한다고 생각되지 않으면 지원과 자원을 확보할 수 없게 된다. 그러므로 대표성과 형평성 문제를 고려해 선택해야 한다.

이는 때론 프로그램에 대한 비판자들과 함께 일해야 함을 의미하기도 한다. 핀란드 항구도시인 투르쿠에서 라에흐데스매키(Lähdesmäki 2013)는 지역 그룹들이 유럽문화수도 프로그램에 청년문화나 대안문화에 대한 지원이 부족하다는 점을 어떻게 공격했는지 기술한 바 있다. 이러한 행동의 결과 '투르쿠-유럽 하위문화수도 2011(Turku-European Capital of Subculture 2011)'이라고 하는 프로젝트가 생겨났고, 결국 공식적인 유럽문화수도 행사를 투영하는 다년간에 걸친 프로젝트가 되었다.

공식 행사의 디렉터는 활동가들을 모아 참여하게 하거나 그들의 문화적 목표를 위해 자금을 조달해 공간을 확보하고 홍보 활동을 하도록 했다. 하지만 활동가들은 공적인 견해에 좌지우지되고 싶지 않았다. 아일랜드 코크(Cork), 노르웨이 스타방에르(Stavanger), 오스트리아 린츠(Linz)와 같은 다른 유럽문화수도 행사에서도 그러한 반대파들이 나타났다.

절차 마련

일단 파트너십이 만들어지면 조직을 갖춰야 한다. 그레이의 협력 모델에서 두 번째 단계는 '방향 설정(direction-setting)'이다. 이는 기본 규칙을 정하고, 공통의 비전을 만들고, 공정한 권력 분배를 보장하는 것이다. 장기적인 관점에서 지속성을 보장하기 위해 이해관계자의 협력은 제도화되어야 하며, 자원을 확보하고 관리하기 위한 시스템이 마련되어야 한다. 거버넌스의 형태로(5장 참고) 중요한 결정이 내려져야 한다.

스헤르토헨보스의 사례에서, 다년간에 걸쳐 히에로니무스 보스 프로그램을 개발하고 실행할 목적으로 조직된 독립 조직이라고 할 수 있는 보스재단(Bosch Foundation)이 설립되었다. 이는 시의 재정적 한계 때문이지만, 다양한 이해관계자 그룹 사이에서 움직일 수 있는 독립기관을 만들기 위함이기도 했다. 이 재단의 기능에 대한 상세한 내용은 5장에서 기술하기로 한다.

인력과 자원 동원

파트너십을 만들고 조직화하는 것이 첫 번째 단계이다. 업무를 처리한다는 것은 몇 년간, 때론 수십 년에 걸쳐 인력과 자원을 움직여 일을 계속 진행한다는 것이다.

네트워크에서 자기 맘대로 할 수 있는 일은 극히 적다. 대부분의 일은 다른 사람들, 나아가 사람들에게 동기를 부여하고 행동하게 만드는 파트너십에 달려 있다. 베렌홀트(Bærenholdt 2017)는 덴마크의 로스킬레(Roskilde) 사례를 통해 네트워크화된 경험경제(networked experience economy)에서 사람들과 자원이 움직이고 만나는 방식이 프로그램을 시작하는 데 필수적임을 보여 주었다.

베렌홀트(Bærenholdt 2017: 339)는 프로그램을 뒷받침하는 관계들이 우연한 것이 아니라 '필연(connective authenticity)'에 기초하고 있다는 점을 강조하였다. 결국 "이런 일을 실질적으로 가능케 하는 핵심 장소에서, 복잡하게 얽힌 창조성의 공간성과 일시성 속에서, 사람들이 움직여 다른 이들과 함께 일을 진행시킨다." 이런 개념에서의 창조성이란 특별한 계급이나 산업과 관련된 것이 아니라 특별한 장소와 실천에 배태된 아이디어로 사람들을 동원하는 추진력을 만들어 내는 것이다. 이 점은 스헤르토헨보스의 사례에서 명확하게 나타난다. 2016년에 개최된 전시회는 화가에 대한 전문적인 지식에 기초하고 있었고, 이는 기업에 필연으로 다가왔다. 장소와 도시의 역사적 DNA에 기반을 두고 있는 자원은 귀향이라고 하는 전시회의 이야기에 힘을 실어 주었으며, 이는 단순한 귀환이 아니라 새로운 출발점이었다. 로스킬레는 바이킹 선박 박물관(Viking Ship Museum)과 로스킬레 페스티벌(Roskilde Festival)을 만드는 과정에서 비슷한 경험을 했다. 소도시의 성공을 뒷받침한 것은 한 쌍의 요소였다. 열정과 자발적 참여 그리고 커다란 포부는 이러한 프로젝트가 경제적·문화적 발전에 기여하는 더 큰 프로그램으로 성장할 때까지 계속 진행될 수 있도록 해 준다.

모든 것을 하나로 묶기 위한 창조성 활용

이전 단계들은 비전을 구체화하는 프로그램으로 통합되지 않는다면 아무런 의미가 없다. 일이 올바른 방향으로 진행된다 하더라도 작은 사건 하나만으로도 프로그램 전체가 길을 잃을 수 있다. 로스킬레나 스헤르토헨보스에서 구축된 네트워크는 우연히 만들어진 것이 아니라 큰 포부에 고무되어 창조적으로 생각해서 나온 결과이다. '보스 도시 네트워크(Bosch Cities Network)'는 보스 작품을 단 한 점도 갖고 있지 않은 스헤르토헨보스가 히에로니무스 보스에 관한 지식 허브로 자리매김할 수 있도록 했다. 하지만 이러한 지위를 얻기 위해 스헤르토헨보스는 다른 시에도 무언가를 제공해야 했다. 이는 '보스 연구 보존 프로젝트(Bosch Research and Conservation Project)' 형태로 이루어졌는데, 그 프로젝트에서는 모든 도시에 유리하도록 보스의 유산을 차곡차곡 모아 보스에 대한 집합적인 지식을 창출해 냈다.

의미 부여

결국 가장 중요한 것은 프로그램이 사람들에게 어떤 의미를 주어야 한다는 점이다. 이해관계자 네트워크는 프로그램을 진행하는 데 필요한 소규모 열성 팬들보다 훨씬 광범위하기 때문에, 의미는 도시를 비롯해 다른 지역 사람들에게 공유되어야 한다. 이 의미는 직업, 소득, 삶의 질과 같이 구체적일 수 있다. 하지만 상징적인 의미를 가질 필요도 있다. 장소 그 자체는 그곳에 사는 사람들에게 어떤 의미를 가지고 있다. 소규모 집단이나 이웃과 결부된 정체성이라는 좁은 개념에서 벗어나 다른 이들과 그 장소를 공유하는 사람들에게 어떤 의미를 가져야 한다. 스헤르토헨보스에서 보스500 프로그램이 의미하는 바는 히에로니무스 보스의 귀환과 그의 유산 보전뿐만 아니라 시의 경제성장, 자부심의 증진, 정체성, 사회통합, 창조산업의 발전, 네덜란드 전역의 아동교육과 관련이 있다. 성공적인 프로그램은 도시나 시민뿐만 아니라 더 넓은 세상에서도 의미가 있어야 한다.

도시계획 vs 프로그래밍

전통적인 장소만들기에서 초점은 일반적으로 도시계획에 맞춰져 있다. 즉 변화에 대한 합리적이고 논리적인 접근이란 주로 물리적 환경에 초점을 맞추는 것이다. 프로그래밍은 다르다. 프로그래밍은 시간적 요소를 내포하며, 전통적인 도시계획 접근법과 달리 시간과 공간, 자원 간의 관계에 대비할 수 있도록 설계된다.

1장에서 정의한 바와 같이 프로그램은 도시정책의 효과를 극대화하고 시민들 삶의 질을 향상하기 위해 장기간에 걸쳐 개발된 일련의 전략적 조치들을 통합하는 것이다. 프로그램은 도시의 DNA로부터 내용을 창출하는 과정을 보여 준다. 여기서 창출된 내용이란 사람들이 결국 보고 경험하는 것이다

(Richards and Palmer 2010). 프로그램은 내용을 선별하고 제시하는 데 중심이 되는 비전을 갖고 있기 때문에 방향을 제시해 이끌어나갈 수 있다. 도시를 프로그래밍한다는 것은 도시와 그 도시가 품은 열망에 대한 이야기를 풀어놓는 데 필요한 요소들을 수집, 분류, 구조화하는 과정이다. 네덜란드 로테르담 (Rotterdam)의 경우, 로테르담 페스티벌(Rotterdam Festivals)의 각 이벤트는 도시에 대해 이야기할 수 있는 것에 근거하고 있다(Rotterdam Festival 2016). 물론 프로그램을 개발하는 데는 상당한 시간이 걸린다. 자세한 것은 8장에서 논의하기로 하자. 하지만 소도시는 작은 프로젝트에서 시작해 그 규모를 늘릴 수 있다. 프로그램을 키워나가는 단계마다 시간이 걸리고, 꿈을 키워가는 과정에는 규모를 키우는 데 필요한 여분의 공간을 만들어 내야 한다.

소도시의 프로그램에는 어떤 측면이 중요할까?

타이밍

프로그램은 며칠 혹은 몇 년에 걸쳐 개발된다. 어떤 장소와 그곳 주민들의 삶을 변화시키려고 하는 프로그램은 일반적으로 다차원적이고 장기적인 안목으로 만들어진다. 개개의 이벤트를 개최할 때 타이밍이란 며칠 동안 할 것이냐는 시간의 길이 아니면 언제 개최할 것이냐는 시점에 관한 문제로 압축된다. 그러나 전체 프로그램을 놓고 볼 때, 다양한 프로그램 요소의 상호작용이 의미하는 바는, 좀 더 복잡한 문제가 도시의 템포와 이벤트의 진행 속도와 관련되어 일어난다는 것이다(8장 참고).

테마

프로그램 내용은 쉽게 읽히고 쉽게 이해되어야 한다. 일관되고 구조가 잘 잡힌 이야기나 주제를 잡아야 한다. 주제는 복잡한 문제를 쉽게 표현하고 사람들과 지역사회가 정체성을 찾을 수 있게 해 주어야 한다(Gottdiener 2001). 주제는 여러 프로그램의 요소들을 한데 묶어 이벤트를 재밌고 이해하기 쉽게 만든다(Richards and Palmer 2010). 수많은 도시가 유럽문화수도와 같이 1년 내내 개최되는 이벤트 주제들을 개발해 왔다. 하지만 그중 일부는 다년간 개최되는 프로그램 역시 개발해 왔다. 2004년 유럽문화수도 프랑스 릴(Lille)의 경우 이벤트 이후 현재까지 '릴3000(Lille3000)'이라는 전시 행사를 3년마다 열고 있다(이 행사가 미친 영향에 대해서는 7장 참고).

공간

프로그램에는 개발할 공간이 필요하다. 극장이나 콘서트홀 같은 공식적 공간일 수도 있지만, 광장이나 거리 혹은 버려진 빌딩 같은 비공식적 공간일 수도 있다. 이러한 공간들은 이벤트나 전시를 위한 흥미로운 무대를 제공할 수 있다. 이탈리아 만토바(Mantova)에서 오랫동안 열리고 있는 문학축제(Festi-valetteratura)와 같이 소도시는 여러 공간을 소개함으로써 큰 혜택을 누릴 수 있다. 한 축제 관계자는 이렇게 말했다. "평소엔 사람들에게 공개되지 않는 곳이 이 행사를 위해 문을 열 때 너무 신나더라고요. 이 일로 내가 이 도시의 진정한 일원이라는 느낌이 들고, 자부심도 느끼게 되었답니다." 축제 조사에 따르면, 응답자의 89% 이상이 그런 장소를 사용함으로써 도시의 문화적 유산이 가진 위상을 높이고, 80% 이상이 시민들 사이에 새로운 만남을 만들어 낸다고 생각하는 것으로 나타났다(Podestà and Richards 2017).

이와 비슷한 효과가 루마니아 시비우(Sibiu)의 2007년 유럽문화수도 행사 이후에도 나타났다. 이 고풍스러운 중세도시는 문화관광에 새로운 흐름을 만들어냄과 동시에 주민들의 사회통합을 이루고 이미지도 증진시켰다(Richards and Rotariu 2015). 시비우 내 쇠퇴 지역이던 로어타운(Lower Town)에 관광객이 급증하면서 지역의 경제발전과 더불어 도시 구조나 공공공간의 업그레이드도 이루어졌다. 공간이 이벤트를 만들어 내지만, 이벤트 역시 공간을 새롭게 만들어 낸다.

밀도

프로그래밍의 각기 다른 밀도는 다양한 목표를 달성하기 위해 이용될 수 있다. 오랜 시간 되풀이되는 이벤트로 구성되는 프로그램들은 박물관이나 극장, 영화관과 같은 규칙적인 활동이나 시설을 지원하기 위해 이용될 수 있다. 다른 한편 한 장소에 다양한 활동이 단기간 집중되면 활기가 넘치게 된다. 이런 방식으로 이벤트는 일시적으로 도시의 밀도를 높이게 된다. 리처즈와 팔머(Richards and Palmer 2010: 110)는 "해당 공간이 사용되는 정도는 도시의 분위기와 축제의 느낌을 결정짓는 데 필수적"이라고 하였다.

관객과 대중

당연하지만 프로그램은 사람들이 참여할 때 살아 움직이게 된다. 프로그램에 참여하는 사람들의 수는 성공의 잣대이자 유일한 측정 지표가 된다. 소도시에서 중요한 이벤트에 몰려드는 사람들의 수는 그 자체로 뉴스거리다. 2016년 히에로니무스 보스 전시회(Hieronymus Bosch exhibition)에서도 그랬다. 독일 바이마르(Weimar)는 1999년 유럽문화수도였는데, 인구 6만 5,000명의 도시가 30만 명의 관광객을 끌어들였다. 소도시가 문화관광객을 환대한 것은 일회성으로 그치지 않았다. 바이마르는 최근 최종 목적지를 EU로 두고 있는 시리아, 아프가니스탄, 아프리카 난민 900명에게 거처를 제공해 주었다(Lyman 2017). 미디어 특히 인터넷을 통해 더 많은 사람이 대중이라는 경계 안으로 포섭된다. 참석자 수와 관련된 즉각적인 경제효과를 낳지는 못하더라도 미디어의 보도는 매우 큰 홍보 효과를 가지고 있으며, 장기간에 걸쳐 도시 평판을 높이고 이벤트가 더 많은 유산을 남길 수 있도록 만든다(7장 참고).

그러므로 도시를 프로그래밍하는 데에는 도시계획 과정과 비교해 다양한 기술과 지식이 필요하다. 여러 이해관계자와 함께 새로운 연합체가 만들어져야 한다. 도시의 다양한 이해관계자를 프로그램에 참여시키기 위해 도시의 DNA와 연결된 일관된 줄거리가 필요하다.

결론

소도시의 프로그램을 개발하고 지원하기 위해 이질적인 이해관계자들을 하나로 모으는 데는 믿을 만한 꿈으로 사람들에게 영감을 주는 것이 무엇보다 중요하다. 개발 초기에는 해당 프로그램의 정신이라 할 만한 사람 혹은 소수의 조력자에 의해 꿈이 만들어진다. 하지만 일이 진행될수록 시민 전체가 참여해 꿈이 만들어져야 한다. 꿈을 공유한다는 것은 아이디어의 힘과 독창성으로 다른 이들에게 영감을 준다는 것 외에 그 꿈에 지분을 가진 타인의 정당한 몫을 인지하게 된다는 것을 의미한다.

이해관계자의 연합을 형성하고 협력을 조직하는 것은 중요한 단계이고, 프로그램을 개발할 인력과 자원을 동원하는 여러 조치가 따라서 이루어져야 한다. 공공 부문의 리더십은 여기에 핵심 역할을 할 수 있다. 하지만 상향식 의사결정 과정이 나타나는 것도 중요하다. 폭넓게 사고함으로써 새로운 아이디어가 나오고, 다양한 자원을 가동할 수 있고, 독창적인 방법도 접목할 수 있다. 창조성은 프로그램의 내용뿐만 아니라 비전을 제시하고 의미를 만들어내고 자원을 동원하는 등 프로그램 개발의 모든 측면에 적용될 수 있다.

프로그램 개발 과정이 매끄럽게 진행되는 경우는 거의 없다. 변화에 대한 저항이나 프로그램으로부터 용케 사적인 이익을 얻는 사람들에 대한 시기 질투는 불가피하다. 도시는 이러한 갈등이 빚어질 때 이를 어떻게 다루어야 할지 고심하는 한편, 갈등을 포용할 방법을 찾아야 한다. 반대가 있다면 비난을 피하지 말고 정면으로 마주하는 것이 낫다. 필요하다면 조치를 취해야 한다.

도시들이 합법적인 역할을 맡게 됨에 따라 여러 사람의 지식, 기술, 자원에 의지할 필요가 있다. 소도시는 내부 이해관계자들의 문제를 관리하는 것뿐만 아니라 외부 자원을 개발(새로운 기회나 가치의 원천을 가져다줄 네트워크를 개발)하거나 다음 장에 소개할 이슈에도 신경을 써야 한다.

· 참고문헌 ·

Bærenholdt, J. O. (2017). Moving to Meet and Make: Rethinking Creativity in Making Things Take Place. In J. Hannigan and G. Richards (eds), *The SAGE Handbook of New Urban Studies*, 330-42. London: SAGE.

Baker, B. (2007). *Destination Branding for Small Cities: The Essentials for Successful Place Branding*. Tualatin, Ore.: Creative Leap Books.

Bartels, G. (2013). Issues en maatschappelijke problemen: Wat zijn issues en hoe ontstaan ze? PhD thesis, Tilburg University.

Bayfield, H. (2015). Mobilising Manchester through the Manchester International Festival: Whose City, Whose Culture? An Exploration of the Representation of Cities through Cultural Events. PhD, University of Sheffield.

Bevolo, M. (2014). The Discourse of Design as an Asset for the City. In G. Richards, L. Marques, and K. Mein (eds), *Event Design: Social Perspectives and Practices*, 65-77. London: Routledge.

Bourne, L. (2006). Project Relationships and the Stakeholder Circle. Paper presented at PMI Research Conference, Montreal, Canada, July. www.pmi.org.

Brugha, R., and Varvasovszky, Z. (2000). Stakeholder Analysis: A Review. *Health Policy and Planning* 15(3): 239-46.

Chang, C.-H. (2015). *Place-Making under Japan's Neoliberal Regime: Ethics, Locality, and Community in Rural Hokkaido*. Dissertation, University of Illinois at Urbana-Champaign; published by ProQuest Dissertations Publishing.

Collins, R. (2014). *Interaction Ritual Chains*. Princeton, NJ: Princeton University Press.

Eurocities (2010). *A Shared Vision on City Branding in Europe*. Brussels: Eurocities.

Freeman, R. E. (1984). *Strategic Management: A Stakeholder Approach*. Melbourne: Pitman.

Gemeente 's-Hertogenbosch (2017). *Gemeente Verslag 2016*. 's-Hertogenbosch: Gemeente 's-Hertogenbosch.

Giordano, E., and Ong, C. E. (2017). Light Festivals, Policy Mobilities and Urban Tourism.

Tourism Geographies 19(5): 699-716.

Gottdiener, M. (2001). *The Theming of America: American Dreams, Media Fantasies, and Themed Environments*, 2nd edn. Boulder, Colo.: Westview Press.

Gray, B. (1985). Conditions Facilitating Interorganizational Collaboration. *Human Relations* 38(10): 911-36.

Hernandez, E. (2010). Comment l'illumination nocturne est devenue une politique urbaine: la circulation de modèles d'aménagement de Lyon (France) à Puebla, Morelia et San Luis Potosí (Mexique). PhD thesis, Université Paris-Est.

Jarman, D., Theodoraki, E., Hall, H., and Ali-Knight, J. (2014). Social Network Analysis and Festival Cities: An Exploration of Concepts, Literature and Methods. *International Journal of Event and Festival Management* 5(3): 311-22.

Kavaratzis, M., and Ashworth, G. J. (2005). City Branding: An Effective Assertion of Identity or a Transitory Marketing Trick? *Tijdschrift voor economische en sociale geografie* 96(5): 506-14.

Kresl, P. K. (1995). The Determinants of Urban Competitiveness: A Survey. In P. K. Kresl and G. Gappert (eds), *North American Cities and the Global Economy: Challenges and Opportunities*, 45-68. New York: SAGE.

Lähdesmäki, T. (2013). Cultural Activism as a Counter-discourse to the European Capital of Culture Programme: The Case of Turku 2011. *European Journal of Cultural Studies* 16(5): 598-619.

Larson, M. (2009). Joint Event Production in the Jungle, the Park, and the Garden: Metaphors of Event Networks. *Tourism Management* 30(3): 393-9.

Lorentzen, A., and van Heur, B. (2012). *Cultural Political Economy of Small Cities*. London: Routledge.

Luxemburg and Greater Region (2008). *Luxembourg and Greater Region, European Capital of Culture 2007: Final Report*. Luxemburg: Ministère de la Culture, de l'Enseignement Supérieur et de la Recherche.

Lyman, R. (2017). What Makes Good Neighbors? In This German City, It's Not Good Fences. *New York Times*, 2 May. www.nytimes.com/2017/05/02/insider/what-makes-good-neighbors-in-one-german-city-it-might-not-be-the-fences.html?mcubz=0.

Markusen, A. R., and Gadwa Nicodemus, A. (2010). *Creative Placemaking*. Washington, DC: Mayors' Institute on City Design and the National Endowment for the Arts. www.nea.gov/pub/CreativePlacemaking-Paper.pdf.

Markusen, A. R., Lee, Y. S., and DiGiovanna, S. (eds) (1999). *Second Tier Cities: Rapid Growth Beyond the Metropolis*. Minneapolis: University of Minnesota Press.

McCann, E. (2011). Urban Policy Mobilities and Global Circuits of Knowledge: Toward a Research Agenda. *Annals of the Association of American Geographers* 101(1): 107-30.

Mossberger, K., and Stoker, G. (2001). The Evolution of Urban Regime Theory: The Challenge of Conceptualization. *Urban Affairs Review* 36(6): 810-35.

Moss Kanter, R. (1995). Thriving Locally in the Global Economy. *Harvard Business Review*, 'Best of 1995': 1-11.

Németh, Á. (2016). European Capitals of Culture: Digging Deeper into the Governance of the Mega-event. *Territory, Politics, Governance* 4(1): 52-74.

Orsman, B. (2016). Auckland's Brand Not so Desired. *New Zealand Herald*, 12 Nov. www.nzherald.co.nz/nz/news/article.cfm?c_id=1&objectid=11746553.

Podestà, M., and Richards, G. (2017). Creating Knowledge Spillovers through Knowledge Based Festivals: The Case of Mantua. *Journal of Policy Research in Tourism, Leisure and Events*. http://dx.doi.org/10.1080/19407963.2017.1344244.

Rachman, T. (2016). For Hieronymus Bosch, One Helluva Homecoming. *New York Times*, 4 Mar. www.nytimes.com/2016/03/05/arts/design/for-hieronymus-bosch-one-hell-of-a-homecoming.html?mcubz=0.

Ratcliffe, J. S. (n.d.). Competitive Cities: Five Keys to Success. www.chforum.org/library/compet_cities.shtml.

Rennen, W. (2007). *CityEvents: Place Selling in a Media Age*. Amsterdam: Vossiuspers.

Richards, G. (2017). From Place Branding to Placemaking: The Role of Events. *International Journal of Event and Festival Management* 8(1): 8-23.

Richards, G., and Palmer, R. (2010). *Eventful Cities: Cultural Management and Urban Revitalisation*. London: Routledge.

Richards, G., and Rotariu, I. (2015). Developing the Eventful City in Sibiu, Romania. *International Journal of Tourism Cities* 1(2): 89-102.

Rifkin, J. (2005). When Markets Give Way to Networks… Everything Is a Service. In J. Hartley (ed.), *Creative Industries*, 361-73. Oxford: Blackwell.

Rotterdam Festivals (2016). *Jaarverslag*. Rotterdam: Rotterdam Festivals.

Sorensen, A. (2002). *The Making of Urban Japan: Cities and Planning from Edo to the Twenty-First Century*. London: Routledge.

Sorensen, A., Marcotullio, P. J., and Grant, G. (2017). *Towards Sustainable Cities: East Asian, North American and European Perspectives on Managing Urban Regions*. London: Routledge.

Stone, C. N. (1989). *Regime Politics: Governing Atlanta, 1946-1988*. Lawrence: University Press of Kansas.

Stooke, A. (2016). Hieronymus Bosch, "Visions of Genius", Het Noordbrabants Museum: A Tour de Force. Review, *Daily Telegraph*, 11 Feb.

Todd, L., Leask, A., and Ensor, J. (2017). Understanding Primary Stakeholders' Multiple Roles in Hallmark Event Tourism Management. *Tourism Management* 59: 494-509.

Verwijnen, J. (1999). The Creative City's New Field Condition. In J. Verwijnen and P. Lehtovuori (eds), *Creative Cities. Cultural Industries, Urban Development and the Information Society*, 12-35. Helsinki: University of Art and Design.

Yang, R. J. (2014). An Investigation of Stakeholder Analysis in Urban Development Projects: Empirical or Rationalistic Perspectives. *International Journal of Project Management* 32(5): 838-49.

4장

협업의 기술:
외부의 협력자 찾기와 관계 유지하기

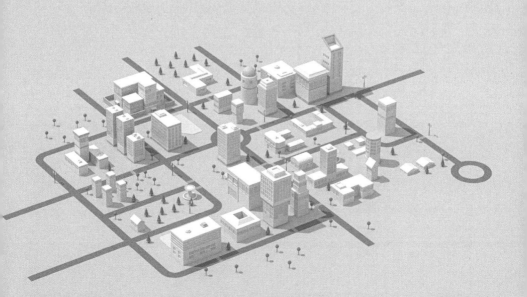

새로운 사고방식으로서의 협업

도시의 협업에서 가장 기본적인 기술(art)은 우리가 도시에서 무엇을 얻을 수 있을지, 도시에 무엇을 해 줄 수 있을지와 같은 공통의 관심사를 만들어 내는 것에서 시작된다. 스헤르토헨보스와 다른 도시들이 발전시킨 외부 네트워크는 도시가 단독으로는 해낼 수 없던 것들을 가능케 한다. 이 장에서는 소도시로 구성된 '네트워크의 가치'라는 원칙에 대해 생각해 보고자 한다.

우리는 앞서 확장된 세계 속에서 소도시들이 어떻게 움직이는지 살펴보았다. 그들은 단순히 로컬 혹은 지역의 맥락에서뿐만 아니라 국가, 대륙, 글로벌 어젠다를 반영한 전략에 대해 고심하고 있으며, 이러한 규모의 확장에는 협업이 요구된다. 도시 혹은 지역에서 파트너와의 협업은 하나의 선택 사항이지만, 국내외 협력자를 찾는 것은 점점 더 중요해지고 있다.

소도시에서 협업이 이루어지기 위해서는 새로운 사고방식이 필요하다. 기존 연구에서는 도시의 경제적 생존 필요성을 주장하면서 실적표나 순위표로 도시의 경쟁력을 제시하고 있다. 하지만 이러한 연구의 허점은 어떻게 경쟁하고 있는지에 대해서만 알려줄 뿐, 어떻게 효과적으로 협업할 수 있는지에 대해서는 알려주지 않는다는 것이다. 앞 장에서 우리는 성공적인 도시를 만들기 위해 모든 종류의 자원을 소유할 필요가 없다는 점을 강조했다. 필요한 자원이 있다면 다른 곳에서 빌려올 수 있기 때문이다. 이렇게 하기 위해서는 경쟁적 사고 대신에 협력적 태도가 필요하다.

오늘날 경제 상황에서 경쟁을 잘한다는 것은, 경쟁자들과도 협력을 잘한다는 것을 의미한다. 이는 때론 경쟁하고, 때론 협력하는 회사 간에 이루어지는 '협력적 경쟁(coopetition, 경쟁 회사 간 협력)'보다 도시에 더욱 광범위하게 적용된다. 이는 도시가 삶의 질을 개선하기 위해 지역 주민들뿐만 아니라 다른 도시에도 공공재를 제공한다는 아이디어를 포함한다. 이러한 현상은 도시 간 네트워크를 개발하는 과정에서 분명하게 나타나며, 네트워크를 통해 선례들이 자유롭게 공유된다. 그러나 네트워크는 특정한 전략적 목적을 위해서도 개발된다.

이러한 네트워크는 도시의 이해관계자를 포함해 모든 이를 이롭게 할 수 있다. 기본 원리는 개별 도시에서 개선된 성과가 장기적으로 모든 도시와 그 이해관계자들을 유익하게 할 수 있다는 것이다.

새로운 형태의 파트너십을 위하여

가치사슬이 일반적인 선형적 가치 창출에서 네트워크 가치 창출로 변화하는 것은 기업뿐만 아니라 도시에도 중요한 의미를 갖는다. 네트워크 사회에서 도시, 기업, 개인 간 연계의 증대는 전통적인 가치사슬뿐만 아니라 네트워크를 통해서도 가치가 만들어질 수 있음을 의미한다. 수많은 연구에 따르면, 다양한 종류의 대규모 네트워크-회사, 자본, 지식, 사람, 재화-가 성과를 내는 데 도시의 착근성(embeddedness)이 중요함을 강조하고 있다. 우리는 네트워크의 일원이 되는 것 자체로 구성원들에게 이익을 준다고 생각해 왔지만, 사실 그 자체로는 충분치 않다(Taylor 2003; Bel and Fageda 2008; Neal 2013).

도시는 네트워크상에서 어떤 위치에 자리 잡을지를 스스로 결정하고, 그것으로부터 가치를 찾아내는 방법을 알아내야 한다. 확장된 네트워크에 어느 정도 착근하는지는 도시가 그 네트워크와 그것이 제공하는 이점을 얼마나 잘 알고 있는지를 보여 주는 척도가 된다. 바르트 레넌(Ward Rennen 2007)의 말대로 가치 창출은 도시와 그 너머의 네트워크 행위자들의 상호작용에서 나온 결과물이다. 이 장에서 좀 더 상세하게 설명할 네트워크 가치라는 개념은 포터(Porter 2008)의 가치사슬 개념보다 나은 결과를 가져올 수 있다. 하나의 네트워크 안에서 다른 행위자가 먼저 이익을 얻을 수도 있고, 또 다른 행위자들이 더 많은 이익을 얻기도 한다. 그러나 도시와 관련해 중요한 시사점은 네트워크 안에서 필요한 가치를 뽑아낸다는 점에 있다.

네트워크 안에서 가치가 만들어지는 방법 또한 변화하고 있다. 비즈니스 잡지 《만다그 모르겐 넥스트(Mandag Morgen Next)》의 편집장이자 경영 컨설턴트인 피터 히슬델(Peter Hesseldahl 2017)은 《위코노미(WE-economy)》에서, 생산물이나 서비스보다 특정한 맥락의 솔루션이 중요하다고 주장하고 있다. 그는 "새로운 가치는 기업, 공장 또는 사무실의 내부가 아닌 공동 창조자들의 네트워크를 조정하는 디지털 플랫폼에서 창조"되는데, 여기서 "플랫폼이란 (가능한) 자원을 솔루션으로 변환시키는 것으로, 공급자와 사용자를 연결하고, 상부구조에서 상호작용과 협업을 가능하게 한다"고 설명하고 있다. 고용자, 피고용자, 소비자, 시민, 도시계획자, 정치가와 같은 전통적인 역할은 의미를 잃어가고 있고, 사회적 의무 개념과 사회의 이익 분배 문제가 변화하고 있기 때문에 구성원들이 요구하는 이익을 창출하고자 하는 도시는 새로운 방식으로 그들이 얻고자 하는 이익의 본질에 대해 생각해야 한다. 미래도시는 어쩌면 도시 자체를 '플랫폼'으로 생각해야 할지도 모른다.

히슬델(2017)의 말처럼, 새로운 네트워크 경제에는 모순이 있다. "우리는 신뢰와 관계를 구축해야 하며, 협력자와 커뮤니티가 필요하다. 반면에 우리에게 필요한 유연성은 우리의 연결고리가 느슨하고, 상호교환이 가능하기를 바란다." 그래서 도시는 도시 내부에서 친밀한 협력에 의해 형성된 강력한 연결고리와 함께 다른 도시들과 형성되는 한결 느슨한 형태의 연합을 원하기도 한다. 이 장에서는 도시의 네트워크 가치를 증대하기 위해 직면하게 되는 기회와 문제들을 살펴보고자 한다.

네트워크가 만들어지는 장소

쇼트(Short 2017)는 오늘날 아이디어와 모델이 순환되는 '글로벌 도시 네트워크(global urban network)'가 생겨났다는 점에 주목했다. 도시는 함께 학습하고, 서로 이익을 보완할 수 있는 파트너십을 구축하고 있다. 그러나 소도시는 그러한 글로벌 네트워크 안에서 제대로 기능하지 못할 것이며, 그보다는 지역 협력자나 국내 협력자와 같은 가까운 쪽을 고려하는 편이 나을 것이다. 스헤르토헨보스의 사례는 이익을 최대화하기 위해서는 다각도의 네트워킹이 동시다발적으로 일어나야 함을 시사한다. 대도시에 의해 주도되는 '흐름의 공간(space of flows)'과 일상생활의 영역, 즉 소도시의 주요 관심사라 할 수 있는 '장소로서의 공간(space of places)'은 구분되어 있다(Borja et al. 1997). 공간들의 장소는 파편화되고, 경제적 접근은 제한되어 있다. 글로벌 공간의 흐름을 이루어내기 위해서는 소도시들이 글로벌과 로컬에서 연계할 수 있도록 하는 새로운 관계를 구축해야 할 필요가 있다.

우리는 3장에서 경쟁력 있는 도시의 환경은 도시의 내부 관계자들과 외부 관계자들을 모두 고려할 필요가 있다는 점을 살펴봤다. 더 넓은 세상과 연결하기 위해 네트워크를 구축할 때, 접근성 또한 파트너들이 고려해야 할 문제라고 할 수 있다. 가까운 곳에서 파트너를 찾는 경우, 우리가 누구와 관계를 맺고 있는지 잘 알 수 있고, 더욱 쉽게 협력할 수 있다. 반면에 가장 가까운 이웃은 종종 우리의 가장 큰 경쟁자가 되기 때문에 새로운 기회를 찾기 위해 조금 거리가 있는 곳에서 파트너를 찾는 경향도 있다. 메이여르스 외(Meijers et al. 2016)는 몇몇 증거를 통해 지역 내부의 네트워킹보다 국제적 혹은 광역 단위의 네트워킹이 더 효과적임을 증명했다. 자기 주변에 국한되어 일한다는 것은 결국 같은 연못 안의 고기를 잡게 될 것임을 의미한다. 광범위하게 연계되어야 새로운 아이디어와 기회가 생긴다.

네트워킹 경험이 증가한다는 것은 도시가 여러 영역에서 협력의 미덕을 깨닫게 됨을 의미하기도 한다. 그레이엄(Graham 1995)은 1980년대의 경쟁적인 도시전략이 1990년대에 와서 경쟁과 협력을 통해 보완되었다고 서술했다. 이것은 도시 간 네트워크의 형성을 통해 부분적으로 이루어졌다. 그러나 협력 전략의 선별된 사례들에 대한 조사가 부족한 부분이 있다. 도시는 때로 급격

Box 4.1

로컬 네트워킹의 도전: 네덜란드 브라반쉬타트

브라반쉬타트(Brabantstad)는 네덜란드 노르트브라반트주 5개 도시의 네트워크이다. 스헤르토헨보스는 에인트호번(Eindhoven), 헬몬트(Helmond), 브레다(Breda), 틸뷔르흐(Tilburg)와 함께 여기에 속해 있다.

네트워크의 개발 과정은 15년 동안 여러 단계를 거쳤다. 그 기간에 도시는 주 당국과 함께 일하면서 연결고리를 만들어 내고, 여러 공동 조치를 개발했다. 이러한 조치들은 네트워크의 힘 속에서 상호 신뢰, 학습, 확신의 증진이라는 특징을 갖고 있다. 톤 롬바우츠(Ton Rombotus) 시장의 말대로 "먼저 이야기를 나누면, 공동으로 자금을 마련하는 것이 쉬워지고 아무런 비용이 들지 않는다. 그런 다음 공동으로 투자한다. 공동투자로 가용한 자원을 늘려야 한다. 다음 단계는 네트워크 안에서 자기 자신을 위해 뭔가를 취하는 것이 아니라 더 많은 사람이 혜택을 누릴 수 있도록 네

트워크를 개선하는 것이다."

도시들은 협력의 성공뿐만 아니라 2018년 유럽문화수도 같은 실패로부터도 교훈을 얻었다. 유럽문화수도 선정에 입찰한 브라반트(Brabant)의 참가자 중 하나인 헬몬트(Helmond)가 낸 보고서에는 그동안 학습한 내용이 반영되었다. 유럽문화수도의 공동 자금 조달은 브라반쉬타트의 협력에 더 큰 단계로 인식되었다. 각 도시마다 각각의 우선순위가 있기 때문에, 프로그래밍이 미리 결정된 경우가 많았지만, 그들은 복잡한 재무 모델에 가까스로 합의했다. "프로젝트의 복잡성을 감안한다면 브라반트주의 협력은 큰 성과를 거두었다고 결론을 내릴 수 있다."

유럽문화수도 협력을 통해 배운 교훈은 다음과 같다.

- 공동의 열망으로 이루어진 강력한 행정 협력은 주 전체의 질을 높일 기회를 제공한다.
- 공동의 목표는 파트너들의 프로필과 관심을 반영하기 위해 균형을 맞춰야 한다.
- 시민단체의 참여는 중요한 지원과 새로운 네트워크를 제공하며, 그 방향은 하향식(top down)보다 상향식(bottom-up)이어야 한다.
- '문화'가 단순한 문화 영역 이상의 것을 의미한다는 의식과 함께 사회 및 정책의 영역에 광범위하게 뿌리내려야 한다.
- 공동투자로 에너지, 지식, 경험과 네트워크의 생산을 최적화하는 수평적 작업 커뮤니티가 만들어져야 한다.
- 공공기관(지방자치단체 및 지역)이 참여한다는 것은 열정을 안전하게 보호하는 방법의 하나다.

브라반쉬타트의 경우 이와 같은 도시 간 네트워크가 파트너 도시에 혜택을 제공할 수 있는 것처럼 보이지만, 기회를 최대한 활용하고 다른 네트워크에서 레버리지 효과를 얻기 위해서는 함께 투자해야 한다.

한 성장 곡선을 그리는 네트워크 형성의 초기 단계에서 어려움을 겪기도 하지만, 장기적으로는 대부분 결실을 보게 된다.

네트워크와 지식의 흐름

지식은 사회 네트워크를 움직이는 가장 중요한 자원이다. 심미(Simmie 2003: 43)는 혁신에 가장 핵심적 투입 요소는 새로운 지식이라는 점을 강조했다. 기존의 전통적인 클러스터 관점에서 보면 지식이 풍부한 도시환경에 지식이 넘치게 만드는 역할을 하는 지식의 보급은 공간적 근접성에 의해 촉진된다. 일반적으로 대도시는 수많은 사람의 만남을 통해 촉진되는 지식 네트워크의 허브로 간주된다. 그러나 대도시의 지식 주도권은 아주 작은 장소의 사람들조차 연결해 줄 수 있는 새로운 정보통신기술의 발달로 위기에 처해 있다.

대도시에서 이루어지는 대면 접촉은 당연히 지식 교환을 보편화하고 착근성을 높이지만, 대안적인 메커니즘이 만들어지고 있는 것 또한 사실이다. 예를 들어 공유경제는 개인 간 접촉이 없이도 신뢰를 쌓을 수 있는 새로운 메커니즘에 기초한다. 전문 이동수단의 성장과 타 영역에 있는 사람들과 일시적으로 만나는 공간을 제공하는 이벤트의 증가는 우리가 도시 안에서 긴밀히 접촉하지 않더라도 많은 사람을 만날 수 있게 되었음을 의미한다.

욕스 얀센(Joks Janssen)이 인터뷰에서 밝혔듯이, 지식을 효율적으로 사용하기 위해 도시는 네트워크를 개발해야 한다. 도시는 대학과 같은 공식적인 지식 기관을 통해 이를 행해 왔으나(2장 참고), 이제는 다른 선택지들이 존재한다. 스헤르토헨보스의 경우 대학이 부족해 오랫동안 불리한 조건에 처해 있었다. 1940년대부터 교육부에 요청했으나, 대학 유치의 기회는 이웃 도시인 틸뷔르흐(Tilburg)에 주어졌다. 수십 년 후, 스헤르토헨보스는 직접 히에로니무스 데이터 과학 아카데미(Jheronimus Academy of Data Science)라는 지식 기관을 만들기로 했다. 스헤르토헨보스는 노르트브라반트주에 있는 에인트호번 공과대학교(Eindhoven University of Technology), 틸뷔르흐 대학교와 협업해 이에 성공했다. 아카데미는 스스로를 국내외 지식 흐름의 허브로 인식하고 있다. "노르트브라반트주에서 교육 및 연구를 통한 데이터분석을 기반으로 기업과 사회를 위한 가치 창출에 중점을 두는 생태계로서 기능한다."

물론 지식의 가장 중요한 본질 중 하나는 이동성이다. 이것은 전통적 클러스터 이론에서 '지식의 파급효과'를 창출하는 중요한 동인이다. 기업들이 같은 곳에 입지함으로써 한 곳에서 다른 한 곳으로 흐르는 지식을 통해 이익을 얻는다.

> 한 영역에서의 움직임은 콘셉트, 아이디어, 기술, 지식 및 다양한 유형의 자본의 범람을 통해 장소, 사회 또는 경제에 광범위한 영향을 미친다. 파급효과(Spillovers)는 다양한 시기에 걸쳐 발생할 수 있으며, 의도적 또는 비의도적이거나, 계획적 또는 무계획적이거나, 직접적 또는 간접적이거나, 부정적 또는 긍정적일 수 있다(Tom Fleming Creative Consultancy 2015: 15).

따라서 도시 간에 이루어지는 지식 이전은 유익할 수 있다. 도시에서 혁신이 가능해지고, 새로운 아이디어나 서비스, 그리고 시설을 개발할 수 있다. 그러나 다른 도시에서 아이디어를 모방하거나 원래의 아이디어를 평가절하하는 등의 부정적인 영향을 미칠 가능성도 있다. 그렇다면 도시는 어떻게 자체적으로 일구고 투자한 지식으로부터 이득을 얻을 수 있을까.

지식 기반 축제에 대한 연구에 따르면, 한 장소에 지식이 뿌리내리도록 하는 것은 지식 창출의 가치를 극대화하고, 장소 간의 부정적 지식의 파급보다 긍정적 지식을 담보한다는 점에서 매우 중요하다. 이탈리아 만토바(Mantova)에서 개최되는 문학축제(Festivaletteratura)의 경우, 작가, 문학 관계자, 미디어 및 축제 자원봉사자를 포함한 다방면의 참여자들이 새로운 지식의 창출과 순환을 이루어낸다(Podesta and Richards 2017). 축제 장소에 생산된 지식을 접목하는 열쇠는 이들 그룹과 장기적인 상호 관계를 발전시키는 것이다. 해마다 돌아오는 작가들과 자원봉사자들은 지식 생산의 '허브'로서 만토바라는 소도시에서 생산된 지식을 구체적으로 드러내는 데 도움을 준다. 이것은 다음 장에서 다룰 스헤르토헨보스가 '히에로니무스 보스 연구 보존 프로젝트(Bosch Research and Conservation Project)'와 '보스 도시 네트워크(Bosch Cities Network)'를 설립해 지식의 창출과 순환을 자극하려고 노력한 것과 동일한 과정이다.

스헤르토헨보스의 네트워크 개발

보스500 프로그램의 중요한 원동력은 네트워크의 개발이었다. 조직위원회인 보스500재단(Bosch500 Foundation)이 네트워크 대부분을 개발했고, 프로그램의 주요 요소와 관련된 광범위한 영역을 담당했다. 이 네트워크는 로컬, 지역, 국가 및 국제적인 범주에서 이루어졌다.

로컬과 지역 차원에서 히에로니무스 보스 아트센터(Jheronimus Bosch Art Center), 지방자치단체, 브라반트 관광청(Visit Brabant), 그리고 에프텔링 테마

〈사진 4.1〉 보스 영 탤런트 쇼(Bosch Young Talent Show) (사진: Ben Nienhuis)

파크(Efteling Theme Park)를 비롯한 현지의 150개 이상의 조직이 참여했다. 정부 차원에서는 네덜란드 윈드 앙상블(Netherlands Wind Ensemble), 아반스 대학교(Avans University), 네덜란드 관광청(Netherlands Board of Tourism and Conventions)이 참여했다. 국제 교류는 보스 도시 네트워크와 보스 연구 보존 프로젝트를 통해 이루어졌다.

스헤르토헨보스와 같은 소도시가 네트워크를 조직하고, 협력자들의 지지를 받으며 주도적 위치에 오른다는 것은 그 자체로 엄청난 도전이었다. 소도시가 이와 같은 목표를 달성하기 위해서는 엄청난 노력이 필요한데, 예를 들면 스헤르토헨보스에 보스의 그림이 전무한 상황처럼 보유한 자원이 상대적으로 부족한 경우에 더욱 그러하다. 각기 다른 네트워크 위상에서 도시의 위치를 지켜내기 위해 여러 도구가 사용되었다.

- 지식: 전문가들을 모아 그들을 도시에 연결한다.
- 혁신: 최신의 연구와 복원 기술을 사용한다.
- 자금: 국고, 보조금, 후원 등 다양한 재원에 접근한다.
- 긴급성: 2016년이라는 데드라인은 프로젝트 진행을 가속시키는 역할을 한다.
- 영감: 보스와 그의 시대를 초월한 보편적 테마를 협업과 공동 제작을 위한 영감으로 사용한다.
- 로비 활동: 중앙정부, 각료, 네덜란드 대사관, 네덜란드 왕실에 이르기까지 최상위 수준에서 로비 활동을 진행한다.
- 약자에 대한 공감: 프라도 미술관에서 보여 준 예와 같이, 소도시는 대도시에 대항할 때 약자로서 공감이라는 수단에 기댈 수 있다.

이러한 전략을 뒷받침하기 위한 주요 네트워크에 대해서는 아래에 설명하기로 한다.

국제적인 지식 네트워크: 보스 연구 보존 프로젝트

보스 프로그램을 성공하게 만든 핵심 네트워크는 보스 연구 보존 프로젝트이
다. 이 네트워크는 노르트브라반트 미술관(Noordbrabants Museum)과 네이메
헌(Nijmegen)의 라드바우드 대학교(Radboud University)가 개발한 혁신 전략의
결과였다. 이 계획의 핵심은 스헤르토헨보스가 보스 사후 500주년을 계기로
주요 연구 및 복원 계획을 주도하는 것이었다. 보스의 작품은 작품을 소장하
고 있는 여러 박물관에서 연구되고 있지만, 이 연구는 기술과 장비를 사용해
다른 시각에서 진행되었다. 이 새로운 프로젝트는 보스의 모든 작업을 비교
해 검토할 수 있는 기회였다.

2010~2015년에 걸쳐 여러 전문 분야의 과학자들과 사진가들이 가능한 한
많은 미술관을 방문했다. 그들은 지역 예술품 관리위원이나 복원가들과 협력
해 표준화된 절차의 현대 기술을 사용해 작품을 연구하고 문서화했다. 보스
의 작품 대부분은 고해상도 이미지를 제공하는 적외선 사진 촬영이나 매크로
사진을 토대로 검토되었다. 베니스(Venice)의 아카데미아 미술관(Gallerie dell'
Accademia)이 소장하고 있는 세 폭짜리 제단화가 복원되었고, 브루게(Bruges)
의 그루닝어 미술관(Groeningemuseum)에서는 〈최후의 심판(Last Judgment)〉
이 복원되었다. 보스의 작품을 소장하고 있는 유일한 네덜란드 박물관인 로
테르담의 보이만스 판뵈닝언 미술관(Boijmans van Beuningen Museum)에서
는 성 크리스토퍼(Saint Christopher)를 그린 그림이, 벨기에 겐트(Ghent)의 파
인아트 박물관(Museum of Fine Arts)에서는 〈기도하는 성 제롬(St. Jerome at
Prayer)〉이 집중적으로 복원되었다.

이 연구는 퀸스 대학교(Queen's University), 캐나다 온타리오의 킹스턴(Kingston), 마스트리흐트(Maastricht)의 림뷔르흐 복원사업재단(Stichting Restauratie Atelier Limburg)이 지원하는 보스500재단, 노르트브라반트 미술관, 네이메헌(Nijmegen)의 라드바우드 대학교에 의해 시작되었다. 이 프로젝트는 라드바우드 대학교의 미술사학자 마테이스 일싱크(Matthijs Ilsink)를 중심으로 진행됐다. 이 팀은 기쁜 소식을 전하기도 했지만, 기존에 보스 작품으로 알려진 작품 중 위작을 발견하기도 했다. 이로 인해 엄청난 실망과 치열한 논쟁, 비판이 이어졌고, 여러 미술관장이 분통을 터뜨리기도 했다. 보스 연구 보존 프로젝트의 작업은 작품 대여에 대한 논의의 기초를 마련했고, 노르트브라반트 미술관은 다른 미술관들과 다수의 계약을 체결했다. 동시에 보스500재단은 전시회를 위한 자금 모금을 도왔다.

이 연구는 국제적인 연구자, 복원가, 환경보호가로 구성된 과학위원회의 감독을 받았다. 회원들은 스페인 마드리드의 프라도 미술관(Prado Museum), 독일 프랑크푸르트의 슈테델 미술관(Städel Museum), 미국 뉴욕의 메트로폴리탄 미술관(Metropolitan Museum of Art) 등의 기관에서 왔다.

국제적인 문화 네트워크: 보스 도시 네트워크

보스 도시 네트워크는 소도시 네트워킹의 몇 가지 중요한 원칙을 말해 준다. 스헤르토헨보스에서 조직된 이 네트워크는 보스의 그림을 보유한, 표면적으로는 다른 방면의 파트너들을 한자리에 모이게 했다. 이 네트워크에는 베를린, 브루게, 브뤼셀, 프랑크푸르트, 겐트, 리스본, 런던, 마드리드, 뉴헤이븐, 뉴욕, 파리, 베를린, 빈, 워싱턴이 포함되어 있으며, 이들 중 상당수는 스스로를 '세계도시'로 간주하고 있다.

스헤르토헨보스는 보스라는 작가가 가진 스토리의 힘으로 국제 네트워크의 중심 허브로 자리 잡을 수 있었다. 500여 년이 지난 지금도 그 도시는 화가의 삶과 밀접한 관계를 맺고 있다. 이는 피카소처럼 평생 옮겨 다니며 산 현대

화가들의 역사와는 매우 다르다. 네트워크 기반의 국제교류는 전시회, 무용 및 연극 공연, 축제, 문화 경로, 영화, 애니메이션, 게임, 앱 등을 개발하는 데 활용됐다. 그것은 스헤르토헨보스와 많은 협력 도시들의 교류 프로젝트와 공동제작을 위한 토대가 되었고, 2016년 이후에도 계속 영향을 미칠 것으로 보인다.

특히 보스의 작품을 소장한 미술관에 관심이 집중됐다. 이러한 접촉은 특히 스헤르토헨보스 문화기관들의 협업, 특히 축제와 관련해 성과를 냈다. 이러한 협업을 통해 예술가들과 제작자들은 서로 접촉해 아이디어를 교환하고 공동작업을 진행하였다. 이는 결과적으로 2014~2016년 스헤르토헨보스 축제에서 공동제작으로 이어졌다.

2014년 스헤르토헨보스에서 개최된 공연 축제인 세멘트 페스티벌(Cement Festival) 기간에 B-프로젝트가 진행되었는데, 여기에는 런던, 파리, 로테르담, 베니스, 빈 등의 박물관에 있는 보스 자문단에서 영감을 받은 영국, 프랑스, 벨기에, 이탈리아, 오스트리아 출신의 젊은 안무가 5인의 공연이 포함되었다. 그들은 2014년과 2015년 유럽 여러 도시에서 순회공연을 하였다. 이는 '댄싱 박물관(Dancing Museums)'이라는 후속 프로젝트로 이어졌으며, 유럽연합 프로그램인 '크리에이티브 유럽(Creative Europe)'으로부터 자금을 지원받았다. 그리고 영국국립미술관(National Gallery in London)과 파리 루브르 박물관(Louvre Museum in Paris)이 주요 협력 파트너가 되었으며, 그 밖에 프랑스의 비트리쉬르센(Vitry-sur-Seine)에 있는 MAC VAL 현대미술관(Musée d'Art Contemporain du Val-de-Marne), 이탈리아의 바사노델그라파(Bassano del Grappa)에 있는 도자기박물관(Ceramics Museum)도 포함되었다.

2015년에 토닐극단(Zuidelijk Toneel)의 극장에서 열린 〈유럽을 찾아서(In Search of Europe)〉라는 공연은 많은 관심을 받았다. 이 프로젝트는 루카스 맨(Lucas Man)과 마테이스 륌커(Matthijs Rümke)의 유럽 순회공연에서 보스, 토머

〈사진 4.2〉 보스 도시 네트워크의 공동제작 작품인 〈히에로니무스 B(Hieronymus B)〉가 독일 나니네
린닝 무용단(Nanine Linning Dance Company)의 공연으로 펼쳐지고 있다.

스 모어, 코페르니쿠스, 루터, 마키아벨리 전문가들과 르네상스로의 전환기
에 대해 나눈 이야기를 바탕으로 개발됐다. 2016년 보스 도시 네트워크는 디
미트리 베르휠스트(Dimitri Verhulst, 겐트)의 리브레토를 기반으로 바스코 멘도
사(Vasco Mendonça, 리스본)가 작곡한 오페라 〈보스 해변(Bosch Beach)〉 공연
을 의뢰했다. 크리스 베르동(Kris Verdonk) 감독은 보스의 천국과 지옥의 대칭
성을 현대적으로 재해석했다. 이 오페라는 태닝을 하는 관광객들과 낡은 배

에서 샤워를 하는 난민들이 뒤섞여 있는 이탈리아 람페두사(Lampedusa)의 하얀 해변을 배경으로 하고 있으며, 브루게, 겐트, 스헤르토헨보스, 리스본, 프랑크푸르트, 브뤼셀에서 선보였다. 보스 도시 네트워크 내 제작사인 마리 슈위나르트 무용단(Marie Chouinard Company)이 제작한 댄스 공연인 〈히에로니무스 보스, 쾌락의 정원(Hieronymus Bosch, the Garden of Earthly Delights)〉은 지금도 유럽과 북미, 남미 지역을 순회하고 있다. 스헤르토헨보스라는 소도시가 구축한 네트워크는 보스에게서 영감을 받은 수많은 문화 활동을 자극해 네트워크 그 자체에 대한 지원이 이루어지도록 하였다.

에프텔링-유산 네트워크: 보스 체험

보스는 15세기의 스헤르토헨보스라는 도시(시장에 있었던 그의 아틀리에)로부터 영감을 받았다. 화가와 도시 사이의 연결고리는 화가 자신과 자신의 작업, 시간, 도시에 관한 이야기를 해 나갈 때 비옥한 영감의 원천이 되었다. 보스 500재단은 화가의 작업과 그에 관한 이야기를 구체화하기 위한 새롭고 흥미로운 시각을 찾고자 했다. 영감을 얻기 위한 노력은 문화유산과 교육, 재미를 연결하는 네트워크로 이어졌다. 네덜란드 최대의 테마파크인 에프텔링 테마파크와 다양한 문화유산 조직이 공동으로 화가의 도시를 체험하는 콘셉트의 '보스 체험(Bosch Experience)'을 개발했다.

이 콘셉트의 기본은 보스의 작품 중 가장 대표적인 〈쾌락의 정원(The Garden of Earthly Delights)〉이 전시회에 등장하지 않았다는 사실에 있다. 대신 도시 자체를 이 유명한 그림으로 표현하기 위한 체험 콘셉트가 개발됐다. 도시의 곳곳에 3차원의 거대한 보스 형상을 배치해 관람객들이 직접 그림을 체험하고, 보스의 예술 세계에 대해 새로운 시각을 얻을 수 있었다. 그의 발자취를 따라가는 체험을 통해 문화유산과 오락적 요소가 흥미롭게 결합될 수 있었

〈사진 4.3〉 '보스 체험(Bosch Experience)'에 참여하고 있는 동네 아이들 (사진: Lian Duif)

다. 보스 체험을 통해 대중은 보스와 그의 세계를 매력적이고 쉽게 접할 수 있었다. 어른 아이 할 것 없이 모두가 보스 앱의 '쾌락의 정원' 게임으로 도심에서 보스의 작품을 쫓아다녔다. 도시를 둘러싼 중세 수로를 운항하는 '천국과 지옥 유람선(Heaven and Hell cruise)'은 '지옥 구멍(hell hole)'이라는 벽에 비디오 매핑 이미지를 투사하였다. 성 요한 대성당(Saint John's Cathedral) 옥상으로 올라가는 기적의 등반(Miraculous Climb) 프로그램에 참여한 방문객들은 박공 위의 그로테스크한 가고일(Gargoyle)을 눈높이에서 볼 수 있었다. 히에로니무스 보스 아트센터는 2016년 이후에도 보스의 여러 작품을 재현해 선보였다.

보스 체험의 마지막은 시장광장에서 펼쳐지는 빛과 소리의 향연인 〈밤의 보스(Bosch by Night)〉 쇼였다. 이 15분간의 쇼는 히에로니무스 보스를 그가 그림을 그렸던 아틀리에에 되살려 놓았다. 쇼는 노르트브라반트 미술관의 전시회 개막 직후 시작하기로 되어 있었지만, '스크린' 역할을 할 두 개의 파사드가 무너지면서 미뤄졌다. 마침내 시작된 쇼는 사람들이 도시에 더 오래 머

〈사진 4.4〉 시장광장에서 펼쳐진 〈밤의 보스〉 쇼 (사진: Ben Nienhuis)

물도록 하는 좋은 이유가 되었다. 이 프로젝트는 어두워진 후에야 시작될 수 있었기 때문에 사람들은 어두워질 때까지 기다려야 했고, 자연스럽게 도시에서 돈을 쓸 확률이 높아졌다. 조사에 따르면, 30% 이상의 방문객들이 애초 계획보다 오랫동안 도시에 머물렀다. 이는 도시의 상점과 식당 매출에 긍정적인 영향을 미쳤다. 2016년 12월까지 총 5만여 명이 이 쇼를 관람했다.

또한 '보스 체험 루트(Bosch Experience Route)'는 상점과 식당들이 마케팅 활동에 참여할 수 있는 또 다른 가능성을 제공했다. '보스 스페셜(Bosch Specials)' 캠페인 매장에는 '쾌락의 정원'을 만들어 볼 수 있게 특별히 고안된 상품들이 진열되었다. 보스 체험 루트에는 성 요한 성당, 스헤르토헨보스의 친구들, 히에로니무스 보스 아트센터, 성모형제회(Confraternity of the Illustrious Lady), 흐로트 타위하위스 박물관(Groot Tuighuis Museum), 도심 내 상점 및 식당 연합회(SOCH), 그리고 에프텔링 테마파크 등이 포함되었다.

브라반트 미술관 네트워크: 보스 그랜드투어

보스500재단은 브라반트주에 있는 대형 미술관 7곳의 프로그래밍과 집단 마케팅에 대한 협업을 시작했다. 보스 그랜드투어(Bosch Grand Tour)라는 기치 아래 미술관들은 1년 동안 이루어지는 문화 프로그램의 근간을 이루는 13개의 전시회를 선보였다. 스헤르토헨보스의 노르트브라반트 미술관과 암스테르담 시립미술관(Stedelijk Museum), 에인트호번의 반아버 미술관(Van Ab-bemuseum), 브레다의 이미지 박물관(Museum of the Image, MOTI), 틸뷔르흐의 섬유 박물관(Textile Museum), 브라반트 자연사박물관(Natuurmuseum Brabant), 드퐁트 현대미술관(De Pont Museum) 등 모두 보스에 대한 현대적 해석을 선보였다.

이 프로그램에는 얀 파브르(Jan Fabre), 얀 판 에이크(Jan van Eyck), 피터르 브뤼헐 더 용어(Pieter Breughel de Jonge), 휘르트 스바넨베르흐(Gurt Swanen-berg), 예룬 코이만스(Jeroen Kooijmans), 나초 카르보넬(Nacho Carbonell), 페르난도 산체스 카스티요(Fernando Sánchez Castillo), 채프먼 형제(Jake and Dinos Chapman), 가브리엘 레스터르(Gabriel Lester), 피필로티 리스트(Pipilotti Rist), 윱 판 레이스하우트(Joep van Lieshout), 페르세인 브루르선(Persijn Broersen), 플로리스 카이크(Floris Kaayk), 스튜디오 스막(Studio Smack)을 비롯한 많은 현대 작가의 작품이 포함되었다.

이 지역에 빈센트 반 고흐의 작품과 같이 협력이 가능한 다른 공통의 주제가 있음에도 불구하고, 이처럼 박물관들이 집중적으로 협력한 것은 이번이 처음이었다. 이 프로그램으로 네덜란드 국내외로부터 많은 방문객이 몰려와 당초 목표였던 26만 명을 훨씬 초과했으며(7장 참고), 많은 언론의 관심을 끌었다.

이 협력은 프로그래밍과 마케팅 면에서 독특했다. 박물관에서 공식적으로

〈사진 4.5〉 브레다의 이미지 박물관(MOTI)에서 전시된 보스 그랜드투어(Bosch Grand Tour) 〈새로운 욕망(New Lusts)〉 (사진: Lian Duif)

발표한 이 프로그램의 목표는 다음과 같다.

- 예술과 문화 측면에서 브라반트의 문화 이미지 강화
- 국내외 방문객 수 증가
- 브라반트 주요 박물관의 미디어 노출 증가
- 보스 그랜드투어를 기반으로 지속 가능한 제품–시장 조합 개발
- 박물관 간 교차 판매 개발
- 공동 브랜드에 기반해 공동 마케팅, 언론 홍보 전략의 기초 마련

관람객 증가는 60세 이상 방문객의 증가와 재방문율을 통해 확인할 수 있었다. 일부 박물관에서는 단체관람이 증가했다.

네덜란드 유명 저널리스트인 아트 스흐라베산더(Ad 's-Gravesande)는 브라

〈사진 4.6〉 보스로부터 영감을 받은 새로운 작품 (사진: Ben Nienhuis)

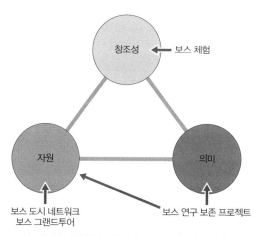

〈그림 4.1〉 장소만들기의 주요 요소와 네트워크의 관계

반트 지역 협업의 다른 효과에도 주목했다. 스헤르토헨보스에는 호텔이 충분하지 못했기 때문에 많은 방문객이 다른 도시에 머무를 수밖에 없었다. 이에 보스500재단은 보스 그랜드투어 및 판파리 봄바리 프로젝트(Fanfari Bombari project)와 같은 프로젝트를 지역 음악 단체를 위해 활용함으로써 보스와 브라

반트주의 더 많은 지역을 밀접하게 연결했다.

장소만들기 관점의 네트워크

스헤르토헨보스에서 조직된 각 네트워크는 보스500 프로그램과 장소만들기 과정에 크게 기여했다(〈그림 4.1〉 참고). 가장 중요한 네트워크는 프로그램을 지원하는 지식을 생산한 보스 연구 보존 프로젝트로, 많은 사람의 관심을 환기해 스헤르토헨보스가 다른 네트워크의 중심을 차지함으로써 보스 유산을 확보하는 데 도움을 주었다.

　스헤르토헨보스는 보스 도시 네트워크의 중심을 차지함으로써 보스500 프로그램을 뒷받침하는 중요한 자원인 작품을 확보할 수 있었다. 그러나 보스의 대표작으로 프라도 미술관에 있는 〈쾌락의 정원(The Garden of Earthly Delights)〉을 확보하지 못했기 때문에 도시의 물리적 공간에 그 그림을 재현해야 했다. 이 작업은 2016년 시장광장에서 투사했던 영상 개발에도 도움을 준 바 있는 에프텔링 테마파크의 지원으로 이뤄졌다.

협력의 이점

도시들이 경쟁 대신 협력을 택하는 이유는 무엇인가? 소도시는 무언가를 이루기 위해 종종 협력해야 하기 때문에 규모가 문제가 되기도 한다. 그러나 본질적으로 협력하는 것이 득이 된다고 인식된다면, 서로 협력하도록 도시를 설득할 수 있다. 이는 협력의 이점이 그 비용보다 큰 경우 서로 협력한다고 하는 사회교환이론(Social Exchange Theory, Homans 1958)의 기본 논리이다.

　그러나 협력하는 도시가 누릴 이점이 양적·질적 측면에서 같을 필요는 없다. 예를 들어 보스 연구 보존 프로젝트에서는 스헤르토헨보스가 보스의 그림을 빌린 대가로 다른 도시에 지식과 자원을 제공했다. 대부분의 도시는 대여나 수수료 대신에 귀중한 작품이 연구되고 복원되는 데 만족했지만, 아이러니하게도 가장 가까운 보스 도시인 로테르담은 복원 비용으로 상쇄되는 만큼의 수수료를 원했다. 이것은 모두가 같은 방식의 보상에 만족하지 않는다는 것을 보여 주는 좋은 사례다. 즉 "나에게 득이 되는 것은 무엇인가?"라는 질문에 대한 답은 그들 자신의 우선순위에 따라 크게 좌우될 것이며, 이는 브라반쉬타트 네트워크에서도 확인되는 사안이다(Box 4.1 참고).

그레이(Gray 1985)에 따르면, 협력이 타협이나 권력의 포기를 의미하는 것은 아니다. 이는 오히려 기존 권력 불균형의 시정을 선제조건으로 하는 권력 공유에 관한 문제이다. 기존 권력의 불균형이 네트워크 협력에 부정적인 영향을 미칠 수 있음을 보여 주는 좋은 예는 라슨(Larson 2009)의 '정치적 시장 광장(political market square)' 모델(3장 참고)에서 찾을 수 있다. 이 모델에 따르면, 행위자의 이해관계(목표, 가치, 욕구, 기대)에 따라 상호작용이 결정되고, 이에 따라 행위자는 특정 방식으로 행동하게 된다고 한다. 이해관계의 성격에 따라, 공통의 이해관계가 있는 행위자들은 협력하는 경향을 보이는 반면, 상반된 이해관계를 가진 행위자들은 서로 권력을 차지하기 위해 다투는 경향을 보인다고 한다. 고려되는 기간에 따라 단기적으로 상대방의 이해관계가 갈등을 유발할 수 있지만, 장기적으로는 행위자들이 상호 이해관계에 더욱 집중함에 따라 갈등이 협력으로 대체되는 경향을 보인다고 한다.

그렇기에 많은 네트워크에서 협력과 경쟁이 공존할 수 있다. 이는 지난 수십 년간 확립된 도시 간 경쟁이라고 하는 일반 명제('mantra', Pasquineli 2013)에 역행하는 것이지만, 사실 오늘날 경제에서 기업 간에도 '협력적 경쟁(coopetition)'(Dagnino and Padula 2002)이라고 하는 경쟁 회사 간 협력 현상을 쉽게 찾아볼 수 있다. 전통적으로 도시들은 자원과 권력을 차지하기 위해 그리고 이목을 집중시키기 위해 서로 경쟁했다. 그러나 이제 그들은 종종 경쟁과 협력이 결합될 수 있다는 점을 인식하고 있다. 프아송 드 아로와 미아드(Poisson-de Haro and Myard 2017)는 이탈리아 오페라계와 박물관 마케팅 네트워크를 포함한 문화 및 창조 분야에서 협력적 경쟁이 성공적으로 실행되고 있는 사례를 다수 발굴하였다. 그들은 총 40여 개의 기업과 수백 명의 아티스트로 구성된 캐나다 몬트리올의 서커스 산업에서 이루어지고 있는 협력적 경쟁 과정을 보여 주고 있다. 세계적으로 인정받고 있는 몬트리올 서커스 산업에서는 많은 기업이 서로 협력하며 경쟁하고 있다. 프아송 드 아로와 미아드(2017)는 이러한 몬트리올의 협력적 경쟁 네트워크 접근 방식이 노동력 부족과 창조성, 혁신성, 그리고 수익성의 상호작용을 둘러싼 여러 문제를 해결하고 있다는 것을 보여 주었다. 예를 들어 소비자들이 끊임없이 신제품을 요구함에도 신제품이 쉽게 시장에 나오지 못하는 것은 그 제품의 성공 여부가 불투명하다는 사실과 관련이 있다. 프아송 드 아로와 미아드(2017)는 자원 부족, 정부 지원, 창조성의 결과로서의 불확실성, 네트워크 역학 등 몇 가지 구조적 요인이 협력적 경쟁의 출현을 부추긴다는 사실을 발견했다.

협력적 경쟁 상황은 동시에 공존하는 경쟁과 협력 간의 균형에 대한 이해를 필요로 한다. 경쟁적 측면을 완화하기 위해서는 협력의 장점이 분명하고 명확하게 정립되어야 한다. 첫째로, 처음부터 공통의 목표를 식별하는 것은 공통의 목표를 확립하기에 앞서 불확실성을 줄이고 업무를 공평하게 나누는 데 도움이 된다. 둘째, 협력의 목표는 단기의 경제적 이익을 넘어서는 연구 과정을 내포하고 있다. 티베르(Thibert 2015a)에 따르면, 도시 간 협력으로 달성할 수 있는 것이 무엇인지에 대한 연구는 거의 없다. 이는 협력의 유형에 따라 효과가 다르며, 협력의 효과가 즉각적으로 나타나지 않을 수 있고, 협력이라는 것이 종종 조치를 취하지 않기 위한 전략이 되기도 하기 때문이다.

협력은 협력을 낳고 특정한 조건과 시간에 따라 효과적일 수 있지만, 협력 그 자체는 도시와 지역이 직면하고 있는 긴급한 문제들을 눈에 띄게 해결할 정도가 아닌 경우가 많다(Thibert 2015b).

도시는 상대적으로 복잡한 법인체로서 종종 다른 도시들과 경쟁하지만, 자체 목표를 달성하기 위해 다른 도시들과 협력할 필요가 있다. 관광 분야에서 이런 현상은 매우 일반적이다. 예를 들어 개별 도시 수준에서 관광 수입을 극대화하기 위해 경쟁을 선택할 수도 있지만, 마케팅 협력을 통해 지역의 매력도를 높일 수도 있다. 그렇게 되면 전체적으로 볼 때 관광객들은 한 지역의 모든 도시로 흘러 들어가게 된다.

파스퀴넬리(Pasquinelli 2013)가 지적한 바와 같이, 늘어난 복잡성과 상이한 목적, 그리고 소유권 문제로 인해 협력적 경쟁을 도시에 적용하기가 어려울 수 있다. 그럼에도 협력적 경쟁은 기업보다는 도시가 선택할 수 있는 더 자연스러운 방법일지도 모른다. "따라서 행정구역을 넘나들면서 협력하는 것이 글로벌 경쟁에 대처하고, 서비스 네트워크를 공유하는 장소와 기업의 경쟁력을 높이는 방법이라고 할 수 있다"(Pasquineli 2013: 3).

도시가 협력적 경쟁을 하려는 이유는 첫째, 운영비용과 용역비용을 줄이고, 둘째 특히 국제적 차원에서 행동 범위를 확대하고, 셋째 유럽연합과 같은 더 상위의 행정 차원에서 누릴 수 있는 기회를 활용하기 위해서다.

상징적인 시설이나 이벤트는 덴마크와 스웨덴 사이의 외레순 다리(Øresund Bridge)나 유럽문화수도와 같은 협력 네트워크를 개발하는 데 중요한 역할을 한다. 비록 그러한 커다란 움직임이 협력적 네트워크를 구축할 때 상징적인 초점을 제공할 수 있지만, 이 전략이 문제가 없는 것은 아니다. 파스퀴넬리(2013)에 따르면, 여러 도시에 걸친 브랜드는 권위와 정당성 부족 문제를 겪게 된다. 이는 정치적 야망이 크고 아이디어가 추상적이며 유권자들의 일상생활에서 배제될 때 특히 그렇다. 호스퍼스(Hospers 2006)는 그 예로 외레순 유로 지역(Øresund Euroregion) 개념과 2007 유럽문화수도(Luxemburg and Greater Region 2008)와 연결된 룩셈부르크 광역권(Luxemburg Greater Region) 개념을 들었다. 파스퀴넬리(2013)의 지적과 같이, 순수한 '시장' 논리나 실용주의와는 크게 동떨어져 있는 국가 간 네트워킹 프로젝트 이면에는 정치적 야

Box 4.2

마드리드의 프라도 미술관과의 관계 구축

스헤르토헨보스가 히에로니무스 보스와 특별한 관계를 맺고 있는 유일한 도시는 아니다. 마드리드 또한 스페인 왕 필리프 2세의 궁정 수집품들로 인해 보스(또는 그가 스페인인으로 알려진 엘 보스코el Bosco)와 강한 연관성을 주장할 수 있다. 프라도는 보스 연구 보존 프로젝트의 파트너였으며, 마드리드는 보스 도시 네트워크의 핵심 멤버 중 하나였다. 마드리드와의 이와 같은 연결고리는 네덜란드와 스페인 왕가의 후원을 포함하는 외교적 제안과 마드리드에 있는 카를로스 데 암베레스 재단(Carlos de Amberes Foundation)의 도움에 힘입어 발전했다. 후안 카를로스 국왕은 마드리드의 네덜란드 대사처럼 재단의 회원이기도 하다.

그러나 프라도 미술관과의 관계는 문제가 있는 것으로 밝혀졌는데, 프라도는 스스로를 스헤르토헨보스와 그곳의 작은 지방 박물관보다 훨씬 더 우월하다고 여겼기 때문이다. 스헤르토헨보스가 전시회에 대한 콘셉트를 개발하고 수많은 현장 업무를 진행해 두었기 때문에 프라도는 이를 바탕으로 비교적 쉽게 자체 전시회를 개최할 수 있었다. 또한 프라도에 있는 작품들을 보스의 모작으로 판단한 보스 연구 보존 프로젝트의 연구 성과를 프라도가 받아들이지 않아 이들의 관계는 악화되었다. 로테르담에 있는 보이만스 판뵈닝언 미술관(Boijmans van Beuningen Museum)이 스헤르토헨보스의 전시 직전에 프라도에 〈건초마차(Haywain)〉 사진을 빌려달라고 요청하면서 관계는 더욱 악화되었다. 이로 인해 보스의 고향에서 이 그림이 공개되지 못했다.

프라도와의 관계는 스헤르토헨보스에 골칫거리가 되었지만, 연구 성과는 프라도의 불만으로 인해 훨씬 더 많은 언론의 관심을 불러일으켰다. 이는 대중에게 대형 박물관의 횡포로 비쳐, 약자에 대한 동정심을 불러일으켰다(6장 참고).

망이 있는 경우가 많다. 이것은 다른 파트너들에게 프로젝트에 포함된 과장된 표현을 보여 주고, 그 목적이 수단을 정당화한다는 것을 설득해야 함을 의미한다. 때에 따라 이것이 효과적일 수도 있고 아닐 수 있다(Box 4.2 참고).

이는 물리적이고 상징적인 아이콘이 국제적인 네트워크를 통합하는 데 도움이 된다는 것을 보여 준다(Pasquinelli 2013). 네트워크라는 것은 형태가 없는 관계의 구조이기 때문에 네트워크에 장소감과 목적을 부여하기 위해서는 형태를 갖추어야 할 것으로 보인다. 특정 장소의 DNA에 직접적으로 의존하는 장소 브랜딩 전략과 달리 협력적 네트워크는 의미, 가치 및 정체성을 만들어 내기 위해 상징적인 표현에 의존한다. 또한 이러한 상징들은 프로그램의 목적을 달성하고 유지하는 데 필요한 조치에 네트워크 구성원들의 주의가 집중되도록 만든다.

도시의 꿈은 협력 또는 경쟁적 협력 관계의 초기에 기폭제가 될 수는 있지만, 이러한 꿈들은 협력자가 누릴 구체적인 이익에 기반하고 있어야 한다. 보스500 네트워크의 경우 모든 보스 관련 도시는 그림에 대한 연구와 보존 작업뿐만 아니라 히에로니무스 보스 자체에 대한 관심이 늘어나면서 이익을 얻을 수 있었다. 미술관은 관람객의 증가로 인한 수익을 기대할 수 있었고, 에프텔링은 문화 체험과 유산 보존 파트너와 협력함으로써 전문성을 기를 수 있었다. 도시의 여러 문화유산협회는 방문객 수를 늘리는 동시에 그들에게 양질의 경험을 제공했다.

지식 네트워크의 구축

도시들이 주로 정치적·정책적 측면에서 다른 곳과의 협력을 고려하는 것은 어쩌면 당연한 일일지도 모른다. 그러나 도시 문제는 복잡해서 행정을 담당하는 정부의 힘만으로는 해결할 수 없기 때문에, 정책 네트워크만으로는 충분하지 않다. 예를 들어, 도시생태학 분야의 에른스트손 외(Ernstson et al. 2010)는 공공기관이 자체적으로 도시생태계 문제를 해결할 수 없으며, 시민사회 네트워크가 개입하는 편이 더 효과적이라고 보고 있다.

이는 소도시의 성장을 촉진하기 위해서는 상향식 접근법이 더욱 효과적이라는 페릴리 외(Ferilli et al. 2015)의 일본 연구 결과를 반영하는 것이다(2장 참고). 이것은 정부, 기업, 시민단체, 시민 및 지식 기관으로 구성된 퀸터플 헬릭스 모델(quintuple helix models)을 통한 총체적 협력이 좋은 출발점이 된다는 사실을 보여 준다. 이러한 네트워크가 만들어 내는 혁신은 단순히 기술적 혁신뿐만 아니라 제품, 서비스 나아가 사회적 혁신도 포함할 수 있다. 바카르네 외(Baccarne et al. 2016)는 퀸터플 헬릭스 모델이 도시환경에서 지식이 어떻게 생성되고 교환되는지를 이해하고 분석할 수 있는 유용한 개념이라고 결론지었다. 또한 이들은 퀸터플 헬릭스 모델이 이론적 성격을 강하게 갖고 있지만, '리빙랩(living lab)' 접근법이 구조화된 방식으로 그러한 모델을 구현하려는 접근법이라는 점에 주목하였다.

유럽 리빙랩 네트워크(European Network of Living Labs)는 리빙랩을 "실제 커뮤니티와 환경 속에서 연구와 혁신 프로세스를 통합한, 체계적인 사용자 공동 창조 접근법에 기반한 사용자 중심의 개방형 혁신 생태계"(ENoLL 2017)로 정의하고 있다. 리빙랩은 이러한 혁신을 분석하고 평가할 수 있는 실제 환경뿐만 아니라 개방적이고 협력적인 혁신을 촉진하는 실무 중심의 조직을 구축한다. 리빙랩은 시민, 연구단체, 기업, 도시, 지역 등 서로 다른 이해관계자 간 중재를 통해 가치를 공동으로 만들어 내고 혁신을 신속하게 구현할 수 있도록 지원한다.

지식 네트워크에는 경쟁과 협력에 필요한 지식과 자원을 제공해 주는 광범위한 이해관계자들이 포함된다. 몇몇 도시는 쿼드러플 또는 퀸터플 헬릭스 모델을 구현하는 데 특히 좋은 성과를 거두었다.

네덜란드 노르트브라반트주의 에인트호번은 도시, 대학, 연구소와 중소기업 간의 긴밀한 관계를 구축해 거의 모든 것을 잘 해내고 있다(Baccarne et al. 2016).

도시에서 구현된 이러한 성공적인 협력 모델은 잘 구조화된 장소만들기 정책의 결과물이다. 이와 관련해 특히 중요한 것은 서로 다른 네트워크 행위자들이 만날 수 있는 새로운 공간을 제공해야 한다는 것이다.

협력을 촉진하는 것들: 만남의 공간, 장소 및 시간

코헨데트 외(Cohendet et al. 2010)는 '창조도시(creative city)'를 예로 들어 지식의 이동이란 창조 분야의 여러 집단 사이의 한정된 범위 내에서 일어난다고 하였다. 이러한 시스템에 필수적인 것은 새로운 문화적 형태를 만들어 낼 수 있는 실제 물리적인 공간이나 카페, 광장, 미술관 로비와 같은 '창조성을 키우는 놀이터(playgrounds of creativity)'이다. 그 안에 조직된 장소와 이벤트들은 도시의 '하층부'와 '중층부' 그리고 '상층부'를 연결하는 수단이 될 수 있다.

상층부란 '창조적 아이디어를 시장에 내놓는 역할을 하는 창조적·문화적 기업이나 기관 등 공식적 기관'이며, 하층부는 '아티스트나 기타 지식노동자 등 창조적 개인으로서 상업적·산업적 세계와 즉각 연계되지 않는 개인'으로 구성된다. 이 두 층을 연결하는 중간층은 '지리적으로 제한된 혁신 환경에서 이루어지는 혁신에 앞서 지식 전파와 학습에 필수적인 공동 플랫폼과 그 사용법을 설계하는 지역사회'를 의미한다(Cohendet et al. 2010: 92). 시스템 내 서로 다른 부분들 간의 협력은 건강한 문화와 창조적 경제를 만들어가는 데 필수적이다.

그러나 시스템의 다른 영역에 있는 행위자 간의 협력은 문화 생태계 전체의 희생을 감수하고 집단이나 기관의 이익을 증진하기 위해 제한될 수 있다. 창조도시 정책에 대한 비판의 상당 부분은 생산보다는 소비를 지지하는 신자유주의적 어젠다에 근거하고 있다. 코헨데트 외(Cohendet et al. 2010)에 따르면, 이것은 상층부를 옹호하고 하층부를 주변화시키며, 창조적인 생산을 촉진하기보다는 약화시킨다. 따라서 도비디오와 코쉬(d'Ovidio and Cossu 2017)가 밀라노의 사례에서 찾아낸 바와 같이, 창조도시 정책의 하향식 접근법에 대한 도전이 나타나기 시작했다. 이들은 2012년 예술가와 문화노동자 집단이 버려진 건물에 세운 '예술문화연구센터(New Centre for Arts, Culture and Research)'의 활동에 대해 서술하였다. 그들은 하층부에서 시작된 상향식 접근법이 다양한 아티스트를 지원하고, 도시에 대안적인 국제적·예술적 연결고리뿐만 아니라 이전에 볼 수 없었던 수준 높은 전위적 문화를 제공하는 데 성공했다고 보았다.

이와 같은 '창조적 씬(creative scene)'에 대한 분석은 대부분 창조산업을 기간산업으로 하는 몬트리올이나 바르셀로나와 같은 대도시를 대상으로 이루어졌다. 이들 도시에서는 상층부, 중층부, 하층부 간의 연계가 비공식적인 공공공간, 특히 이벤트에 의해 이루어지는 것처럼 보인다. 유럽문화수도에 대한 많은 연구에서도 이벤트라는 것이 문화 시스템 내 다양한 부분 간의 협력을 자극하고 네트워크 행위자에게 그들의 활동에 대한 새로운 자신감을 주는 역할을 한다는 점을 특히 강조하고 있다(Richards et al. 2002). 이벤트는 잠재적 협력자를 위한 만남의 공간이 되기도 한다. 아흐테베르(Agterberg 2015)는 스헤르토헨보스가 도심 강변에 히에로니무스 보스의 작품을 모티브로 한 풍선을 띄운 퍼레이드 행사를 진행시킴으로써 자존감과 자신감, 지역 문화단체를 위한 협업 능력이 향상되었다고 보았다. 이 행사는 많은 이해관계자의 네트워크를 개선하는 데 도움을 주었으며, 문화 분야에 속한 사람들에게 새로운 일자리도 제공했다. 언론의 관심 역시 이들이 누린 또 다른 혜택이었다.

소도시에서 창조적 영역이 이렇게 잘 정의된 계층으로 구성될 가능성은 훨씬 낮다. 네덜란드 남부의 소도시 벤로(Venlo)의 경우, 튄 덴 데커르와 마르설

타버르스(Teun den Dekker and Marcel Tabbers 2012)가 주장한 것처럼, 소도시에는 비판적인 창조적 '대중(mass)'은 부족하지만, 한결 쉽게 소통할 수 있는 창조적인 사람으로서 콤팩트한 '군중(crowd)'이 존재한다. 이러한 개인은 또한 기본적으로 기회와 어메니티를 바탕으로 하는 대도시의 창조계급과 비교해 도시와 도시의 DNA에 더 많은 친화력을 가질 가능성을 갖고 있다. 벤로는 현재 'Q4' 인근을 문화적이고 창의적인 핫스폿으로 재개발하고 있다. 이 지역은 인구 감소, 황폐화, 마약 밀매 등의 문제가 있는 지역이었다. 재개발의 첫 번째 단계는 새로운 주택과 음악 센터를 갖추게 된 벤로로 창조적 군중을 이

Box 4.3

포르투갈 오비두스의 문학 마을 개발

오비두스는 포르투갈의 수도 리스본에서 북쪽으로 1시간 거리에 있는 인구 약 1만 2,000명이 거주하는 도시다. 2001년 새로 선출된 텔모 파리아(Telmo Faria) 시장은 문화와 창의성을 통해 주로 농촌을 기반으로 하는 경제를 변화시키기 위해 고안된 '창조적 오비두스(Creative Óbidos)' 개발 전략을 펼치기 시작했다. 파리아 시장은 작업을 시작하면서 이렇게 말했다. "결정적인 아이디어에 바탕을 두고 있다. 작고 침체된 지역에서 상황을 반전시키기 위해 의지할 수 있는 것이라곤 오직 우리 자신 그리고 재능과 아이디어밖에 없다면, 남들과 구별되는 독특한 프로젝트를 개발해야 한다." 이러한 전략을 실천하기 위해, 지역의 개발계획을 주도하는 시의 공기업으로 오비두스 헤쿠알리피카(Óbidos Requalifica)와 오비두스 파트리모니움(Óbidos Patrimonium)이 설립되었다. 이 조직들은 지방행정 처리 속도를 높이기 위해 만들어졌다. 오비두스 파트리모니움은 문화와 행사를 총괄했고, 오비두스 헤쿠알리피카는 오비두스 과학기술 연구단지 개발과 같은 사업을 통해 도시재생에 주력했다. 2008~2011년에 시 당국은 유럽연합 네트워크 URBACT II, '저밀도 도시지역의 창조 클러스터(Creative Clusters in Low Density Urban Areas)'를 이끌었다. 이 국제 네트워크에는 반즐리(Barnsley 영국), 카탄자로와 비아레지오(Catanzaro and Viareggio 이탈리아), 엥게라(Enguera 스페인), 호드메조버사르헤이(Hodmezova-sarhely 헝가리), 미질(Mizil 루마니아) 등 다른 소도시가 다수 포함되었다. 이러한 협

력은 문학을 경제·사회 발전의 도구로 활용한 민관 협력 프로젝트인 '오비두스, 문학마을(Óbidos, Literary Village)'의 개념으로 이어졌다. 시는 리스본의 유명한 레르 데바가르(Ler Devagar) 서점 주인 호세 피뉴(José Pinho)와 함께 문학을 지렛대로 삼아 창조산업을 발전시키고, 새로운 창조 공간을 제공하고, 창조적 인재를 끌어들이기 위해 노력했다. 이 프로그램을 통해 11개의 서점이 마을에 문을 열었고, 새로운 미술관과 오비두스TV, 오비두스 포털(Municipal Portal) 같은 새로운 플랫폼이 생겼다. 방문객이 증가해 2014년 13만 5,000명을 넘어섰고, 이 중 80%가 외국인 관광객이었다(Centeno 2016). 이 마을은 2015년 유네스코 창의도시 네트워크(UNESCO Creative Cities Network) 회원 자격을 얻었다. 2015년에는 객실 30개와 책 4만 5,0000여 권을 소장한 문인호텔(Literary Man hotel)이 문을 열었다. 시는 국제 초콜릿 페스티벌(International Chocolate Festival) 같은 대중적 매력을 지닌 행사를 활용해 더욱 다양하고 지속 가능한 접근 방식으로 나아가고 있다(Selada et al. 2012). 이런 활동이 가상공간으로 연결되도록 하기 위해 시 당국은 핫스폿과 공공 공간에서 무료 인터넷 접속이 가능하도록 했다.

문학마을 개념이 정립되고 있었던 것과 마찬가지로, 텔모 파리아 시장은 2013년에 시장으로서 최장 임기인 12년을 채웠다. 오비두스 이벤트의 어젠다는 이제 폴리오(FOLIO)-국제 문학 페스티벌(International Literary Festival), 국제 초콜릿 축제, 바로크 음악 축제(Baroque Music Season), 현대미술 축제(Contemporary Art Month), 중세 박람회(Medieval Fair), 오페라 페스티벌(Opera Festival), 하프시코드 축제(Harpsichord Season)와 매년 열리는 크리스마스 축제를 포함하고 있다.

셀라다 외(Selada et al. 2012)는 오비두스의 성공 요인을 다음과 같이 설명하고 있다.

- 창조적·문화적 소비 및 생산 프로젝트와 창조적 교육 및 환경 지속가능성을 결합한 통합 전략
- 창조적 교육으로 전환해 창조계급 창출
- 지리적 착근성을 이용해 유럽 및 브라질과 같은 포르투갈어 사용 국가의 도시와 네트워크 구축
- 자연적·문화적·역사적·상징적 가치를 포함한 지역 정체성과 DNA 강조
- 강력하고 안정적인 거버넌스

주체 하여 문화적·사회적 부흥의 첫걸음을 시작하는 것이었다. 포르투갈의 오비두스(Óbidos)와 같은 다른 소도시에서도 비슷한 개발이 진행되었다(Box 4.3).

그러나 사람들이 협력 프로젝트에 참여하더라도, 소도시에서 협력적 행동이 저절로 나타나진 않는다. 많은 경우 사람들은 그들만의 '장벽(silos)'을 고수한다. 이러한 전통적인 장벽을 무너뜨리는 것이 핵심 과제가 될 수 있으며, 종종 외부(부정적인 거시경제 조건)나 내부(부문 간 협업을 장려하기 위한 특정 정책을 통해) 시스템에 '분열'을 가져와야 한다. 따라서 게츠(Getz 2017)는 불안정한 네트워크가 안정적인 네트워크보다 더 혁신적일 수 있다고 주장한다.

네트워크 가치를 창출하기 위한 위치 선정

티베르(Thibert 2015b)가 주장한 바와 같이, 진정한 변화를 만들기 위해서는 "단순한 협력만으로는 충분하지 않다". 소도시에 중요한 것은 그들이 변화를 일으키고 의제에 영향을 미칠 수 있는 위치에 있는지 확인하는 것이다. 네트워크상에서 중요한 전략은 네트워크의 연결고리가 아니라 허브가 되는 것이다. 허브는 다른 사람들이 모여드는 곳이며, 힘을 가지고 있는 위치이다.

리처즈와 콜롬보(Richards and Colombo 2017)는 소나르 페스티벌(Sónar Festival)을 예로 들어 네트워크 허브 기능의 개발에 대해 설명하였다. 이 페스티벌은 20년 전 바르셀로나에서 시작되어 전 세계 전자음악 행사의 글로벌 네트워크로 확대되었다. 소나르가 만들어 낸 네트워크의 가치는 네트워크의 각 구성원에게 서로 다른 영향을 미친다. 소나르의 네트워크 허브인 바르셀로나에서 그것은 '살기 좋은 곳(place to be and be seen)'이라고 하는 상당한 평판적 가치를 창출해 주었다. 전자음악계가 바르셀로나로 수렴됨으로써 여러 경제 효과가 발생했고, 도시의 다양한 전자음악산업이 지원을 받았다. 소나르 네트워크에 속한 다른 도시들의 경우, 그 효과는 그들이 주최하는 행사의 종류에 따라 달라진다. 타지에서 온 예술가들을 선보이는 '소나르의 취향(taste of Sónar)' 같은 행사든, 지역 음악계를 형성할 수 있는 지역 행사든 간에 말이다. 이는 전 세계 많은 도시가 활용할 수 있는 자원, 지식, 기술을 결합한 도시 간 네트워크 구축 정책의 예라고 할 수 있다. 흥미롭게도 이 계획은 바르셀로나 자체에서 비롯된 것이 아니라 기업가들의 활동에서 비롯되었다. 이것은 또한 네트워크가 상향식으로 형성될 수 있음을 보여 준다.

네트워크에 기반한 협력이 가져다주는 혜택은, 리처즈와 콜롬보(2017: 74)가 "네트워크가 제공하는 연계를 통해 창출될 수 있는 가치이자, 네트워크 구성원들만 접근할 수 있는 연계를 통해 창출되는 가치 그 이상"이라고 정의한 '네트워크 가치(network value)'로 특징지어진다. 그 이유는 다음과 같다.

네트워크 가치는 네트워크 크기에 따라 커지는 경향이 있는데, 이는 각 구성원에게 더 많은 잠재적 연계와 그에 따른 기회를 제공하기 때문이다. 전통적인 가치사슬에서는 사슬의 단계마다 경제적 가치가 선형적으로 더해진다. 가치 네트워크에서, 행위자들은 그들이 가지고 있는 네트워크 연계의 수를 확장하는 것뿐만 아니라 네트워크에서 더 중심적인 역할을 얻어냄으로써 그들이 뽑아낼 수 있는 가치를 키울 수 있다.

리처즈와 콜롬보(Richards and Colombo 2017)는 네트워크 가치의 개념으로부터 다음과 같은 여러 가지 함의를 찾아냈다.

1. 네트워크의 총 가치는 네트워크 크기와 비례 관계에 있다. 네트워크 경제가 성장함에 따라, 네트워크 경제는 연계된 모든 구성원의 이익을 증가시켜, 윈-윈 상황을 만들어 낸다.

Box 4.4

프레데릭스하운(Frederikshavn): 덴마크 북부의 팜 비치

야자나무가 늘어선 해변은 덴마크의 북부에 위치한 프레데릭스하운과 관련이 없다. 그러나 이탈리아의 야자수를 수입한 팜비치(Palm Beach)의 탄생은 이 작은 덴마크 북부 도시(Lorentzen 2012)에서 변화의 상징이 되었다. 1990년대 후반 조선소 폐쇄 이후 실업으로 큰 타격을 입은 프레데릭스하운은 관광객과 신규 주민을 유입시키기 위해 혁신적인 프로젝트를 많이 개발해 왔는데, 세계 최초로 재생에너지에만 의존하는 소도시가 되는 것을 목표로 하고 있었다.

"조선소에서 이벤트 개최 도시로(From shipyard city to host city)"라는 이 시의 슬로건은 체험에 새롭게 초점을 맞췄다. 로렌첸(Lorentzen 2008)은 다수의 핵심 상설 체험(Palm Beach, House of Artist, New Arena)이나 정기적으로 개최되는 이벤트(Festival of Lights and Rock Party) 혹은 빌 클린턴과 앨 고어의 방문과 같은 특별 이벤트를 통해 시의 체험 경제가 발전하게 되었다고 보았다. 이제 이 도시는 기대 이상의 다양한 체험을 제공할 수 있다는 의미에서 '작지만 큰 도시(Little Big City)'로 자리매김하게 되었다고 할 수 있다.

로렌첸(Lorentzen 2010) 역시 경제성장의 촉진, 정체성 구축, 신규 주민 유치, 삶의 질 향상 등 다양한 방식을 통해 프레데릭스하운에 체험 경제가 제도화된 과정을 살펴보았다. 이러한 조치들은 호텔, 해운사, 아레나 노드(Arena Nord), 상공회의소 등이 모인 네트워크 조직인 프레데릭스하운 이벤트(Frederikshavn Event) 같은 네트워크를 만들어 냄으로써 이루어졌다. 전통적 문화 의제를 다루기엔 시가 너무 작다고(인구 2만 3,500명) 여겨졌기 때문에 상향식 이니셔티브가 많이 채택되었다. 어떤 아이디어도 말도 안 된다고 여겨지진 않았다.

그러한 계획 중 하나는 덴마크 바다 영웅의 삶을 바탕으로 한 '토르덴숄드의 날(Days of Tordenskiold)'이었다. 이 축제에는 시내를 방문하는 배, 거리 극장, 애니메이션 등이 포함되었다. 1998년 첫 해에 1,200명의 방문객이 다녀갔으며, 2010년에는 그 수가 4만 2,000명으로 늘어났다. 이 행사는 1,000명의 현지 자원봉사자가 참여하고, 덴마크의 국가 마케팅으로 활용되는 등 다양하고 유익한 효과를 가져왔다.

이러한 행사의 성공은 지방정부가 체험 무대에서 주도적인 역할을 하도록 진작시켰다. 피스커(Fisker 2015)는 재료(창조 공간), 상징(조선소에서 이벤트 개최 도시로), 단체(프레데릭스하운 이벤트) 등 시에서 이루어진 다양한 체험형 변화를 강조했다.

이는 1990년대 후반에 시작되어 실질적인 이득이 확인되기까지 10년 이상 지속된 과정이다. 체험 개발 전략의 성공은 프레드릭스하운을 외부와 연결하는 데도 적용된다는 것을 의미했다. 이러한 국제 전략(Fredrikshavn Kommune 2008)은 세계에 대한 호기심을 바탕으로 하며, 도시를 풍요롭게 만들기 위해 세계를 끌어들일 수 있는 능력에 대해 다음과 같이 표현하고 있다.

"프레데릭스하운에서 주민과 관광객이 1년 내내 체험의 세계에 쉽게 접근할 수 있는 것이 중요하기 때문에, 이곳에서 체험할 수 있는 이벤트를 국제적으로 홍보할 것이다. 시에서 벌어지는 국제적인 체험 이벤트를 지원함과 동시에 관광 분야를 문화, 행사, 스포츠, 음식, 예술, 음악, 무역 분야와 새롭게 연결하고자 노력할 것이다."

프레데릭스하운은 시민들에게 다음과 같은 방법으로 체험의 세계에 다가갈 수 있도록 할 것이다.

• 서로 다른 특성과 규모의 특별한 국제적 경험을 모든 시민이 누릴 수 있도록 기여
• 관광산업 성장에 기여할 수 있는 이벤트에 관광객들이 참여할 수 있도록 노력
• 지역사회와 개별 시민에게 필요한 다양한 특성과 규모를 갖춘 문화행사 지원
• 시민들이 혜택과 새로운 경험을 얻을 수 있도록 자매도시와의 협력을 더욱 적극적으로 활용
• 국제적 시각의 비즈니스 협력 기회 지원

프레이레-깁과 로렌첸(Freire-Gibb and Lorentzen 2011: 165)은 조명 페스티벌(Lighting Festival) 사례를 분석하면서, 프레데릭스하운 시장의 말을 인용해 "비인습적 접근은 특별한 무언가를 창조하는 것으로 이어진다"며 또 이렇게 말했다. "우리가 함께 일할 때 모든 종류의 경계를 넘나들며, 우리는 결코 혼자서는 성취할 수 없는 것들을 성취할 수 있다." 한 기업 임원은 이전에는 분명하지 않았던 문을 연 것이기 때문에 새로운 네트워크의 창출은 매우 중요하다고 선언했다.

2. 네트워크 구성원들은 더 큰 잠재적 네트워크 가치를 창출해 내는 중심 위치를 차지하기 위해 경쟁할 것이다.

3. 네트워크 구성원들이 누릴 수 있는 실제 네트워크 가치는 네트워크 연계를 이용할 수 있는 자신의 능력과 네트워크로부터 가치를 추출할 수 있는 자신의 위치에 따라 달라진다.

많은 경우 '씬(scene)'에서 특정한 위치를 차지함으로써 창출되는 상징 자본은 일반적으로 가치 창출의 원천으로 강조되는 이벤트의 순수한 경제적 파생효과보다 훨씬 더 많은 가치를 창출한다(Richards and Colombo 2017: 83).

결론

소도시는 충분히 활용할 수 있는 자원이 부족하기에, 네트워크가 제공하는 더 많은 자원과 가능성을 이용해야 한다. 도시는 오래전부터 독자적으로는 할 수 없는 일을 해내기 위해 다른 지역이나 도시와 함께 일하는 식의 장소 기반 협력을 활용해 왔다. 그러나 세계와 지역이 네트워크로 이어지는 이 새로운 시대는 새로운 기회를 낳고 있다.

오늘날 도시는 국제적으로, 심지어 전 세계적으로 네트워킹의 가능성을 가지고 있다. 많은 경우 멀리 떨어진 도시들과 일하는 것이 이웃 도시와 일하는 것보다 문제가 덜 발생한다. 문화 차이로 인해 다소 문제가 있겠지만, 가까운 곳에서 자원을 이용할 때보다 더 많은 기회가 있다. 네트워킹 경향은 이러한 사실을 강조한다. 스헤르토헨보스가 보스 도시 네트워크를 시작하고자 했을 때, 그들은 해외로 눈을 돌려야 했다. 네트워크상의 도시들과 협력하는 것은 또한 협력적 경쟁에 더 많은 가능성을 제공한다. 멀리 떨어진 도시 간에 경제적 통합이 부족하다는 것은 그들이 다른 영역에서 경쟁하면서 또 다른 영역에서는 행복하게 협력할 수 있음을 의미한다.

근접성과 통합이 부족하다는 것은 때때로 협업을 뒷받침할 수 있는 공통의 상징을 개발해야 하는 필요성으로 이어진다. 공통의 상징은 종종 상징적인 구조물이나 이벤트의 형태를 취한다. 그러나 협업을 성사시키기 위해서는 모든 파트너가 그 의미에 공감해야 한다. 보스 도시 네트워크의 경우 그림의 보편적 가치는 중요한 공통분모가 되었다.

네트워크를 개발한다는 것은 파트너를 위해 가치를 창출하는 효과적인 수단이 될 수 있다. 그러나 도시가 이러한 가치로부터 이익을 얻는다는 점을 확실히 하는 것은 가치 창출 과정을 이해해야 함을 의미한다. 보스 도시 네트워크가 보여 주듯이, 네트워크에서는 위치가 핵심이다. 스헤르토헨보스는 네트워크의 창조자로서 이익을 최대한 얻을 수 있는 중심을 차지하게 되었다. 마드리드나 런던 같은 다른 나라의 수도조차 부차적인 역할에 만족해야 했다. 마드리드가 보스 전시회의 아이디어를 복제해 상승한 가치를 가로채려 했을

〈사진 4.7〉 보스 연구 보존 프로젝트의 예술 전문가가 복원된 보스 작품을 보여 주고 있다.
(사진: Marc Bolsius)

때에도 스헤르토헨보스가 히에로니무스 보스의 지식 허브로서 수행한 새로운 역할에서 얻을 수 있었던 상징적 가치를 복제하기는 어려웠다.

도시가 현대의 네트워킹 기술로부터 배울 수 있는 가장 중요한 교훈 중 하나는 참가자들에게 상생을 보장하고, 경쟁적 사고방식보다는 협력적 태도를 취하는 것이 중요하다는 사실이다. 전향적 태도 변화가 필요했기 때문에 이는 커다란 도전이라고 할 수 있다. 이 또한 다음 장에서 볼 수 있듯이 비전을 갖춘 리더십과 효과적인 거버넌스에 의해 육성될 수 있다.

· 참고문헌 ·

Agterberg, N. (2015). *The Social Network of the Bosch Parade*. Dissertation in International Leisure Management, NHTV Breda.

Baccarne, B., Logghe, S., Schuurman, D., and De Marez, L. (2016). Quintuple Helix Innovation: Urban Living Labs and Socio-Ecological Entrepreneurship. *Technology Innovation Management Review* 6(3). https://timreview.ca/article/972.

Bel, G., and Fageda, X. (2008). Getting There Fast: Globalization, Intercontinental Flights and Location of Headquarters. *Journal of Economic Geography* 8(4): 471-95.

Borja, J., Belil, M., Castells, M., and Benner, C. (1997). *Local and Global: The Management of Cities in the Information Age*. London: Earthscan.

Centeno, M. J. (2016). Óbidos, Literary Village: Innovation in the Creative Industries? In ENCATC (ed.), *Cultural Management Education in Risk Societies: Towards a Paradigm and Policy Shift?!*, 41-51. Brussels: ENCATC.

Cohendet, P., Grandadam, D., and Simon, L. (2010). The Anatomy of the Creative City. *Industry and Innovation* 17(1): 91-111.

Dagnino, G. B., and Padula, G. (2002). Coopetition Strategy: Towards a New Kind of Interfirm Dynamics for Value Creation. Paper presented at EURAM 2nd Annual Conference, Stockholm School of Entrepreneurship, 8-10 May.

den Dekker, T., and Tabbers, M. (2012). From Creative Crowds to Creative Tourism. *Journal of Tourism Consumption and Practice* 4(2): 129-32.

d'Ovidio, M., and Cossu, A. (2017). Culture Is Reclaiming the Creative City: The Case of

Macao in Milan, Italy. *City, Culture and Society* 8: 7-12.

El Nasser, H. (2012). More Small Towns Thinking Big. *USA Today*, 16 Oct. www. usato-day.com/story/news/nation/2012/10/16/small-towns-think-big/1637047.

ENoLL (2017). What are Living Labs?. www.openlivinglabs.eu/node/1429.

Eraydın, A., Köroğlu, B. A., Öztürk, H. E., and Yaşar, S. S. (2008). Network Governance for Competitiveness: The Role of Policy Networks in the Economic Performance of Settlements in the Izmir region. *Urban Studies* 45(11): 2291-2321.

Ernstson, H., Barthel, S. Andersson, E., and Borgström, S. T. (2010). Scale-Crossing Brokers and Network Governance of Urban Ecosystem Services: The Case of Stockholm. *Ecology and Society* 15(4): 28. www.ecologyandsociety. org/vol15/iss4/art28.

Ferilli, G., Sacco, P.-L., and Noda, K. (2015). Culture Driven Policies and Revaluation of Local Cultural Assets: A Tale of Two Cities, Otaru and Yūbari. *City, Culture and Society* 6(4): 135-43.

Fisker, J. K. (2015). Municipalities as Experiential Stagers in the New Economy: Emerging Practices in Frederikshavn, North Denmark. In A. Lorentzen, K. T. Larsen, and L. Schrøder (eds), *Spatial Dynamics in the Experience Economy*, 64-80. London: Routledge.

Fredrikshavn Kommune (2008). International Strategy. https://frederikshavn.dk/PDF%20 Dokumenter/politikker_og_visioner/erhvervs_og_energiomraadet/International%20 strategi%20-%20engelsk%20version.pdf.

Freire-Gibb, L. C., and Lorentzen, A. (2011). A Platform for Local Entrepreneurship: The Case of the Lighting Festival of Frederikshavn. *Local Economy* 26(3): 157-69.

Gemeente Helmond (2013). Raadsinformatiebrief 91. www.helmond.nl/BIS/2013/RIB/ RIB%20091%20Evaluatie%20deelname%20Culturele%20 Hoofdstad.pdf.

Getz, D. (2017). Developing a Framework for Sustainable Event Cities. *Event Management* 21: 575-91.

Government Technology (2016). Thinking Big: 6 Innovative Ideas from Small Cities. January 11. www.govtech.com/internet/Thinking-Big-6-Innovative-Ideas-from-Small-Cities.html.

Graham, S. (1995). From Urban Competition to Urban Collaboration? The Development of Interurban Telematics Networks. *Environment and Planning C: Politics and Space* 13(4): 503-24.

Hesseldahl, P. (2017). WE-economy: Beyond the Industrial Logic. http://we-economy.net/ what-is-the-we-economy/the-book.

Homans, G. C. (1958). Social Behavior as Exchange. *American Journal of Sociology* 63(6):

597-606.

Hospers, G.-J. (2006). Borders, Bridges and Branding: The Transformation of the Øresund Region into an Imagined Space. *European Planning Studies* 14(8): 1015-19.

Kresl, P. K., and Ietri, D. (2016). *Smaller Cities in a World of Competitiveness*. London: Routledge.

Larson, M. (2009). Joint Event Production in the Jungle, the Park, and the Garden: Metaphors of Event Networks. *Tourism Management* 30(3): 393-9.

Lorentzen, A. (2008). *Knowledge Networks in the Experience Economy: An Analysis of Four Flagships Projects in Frederikshavn*. Aalborg: Institut for Samfundsudvikling og Planlægning, Aalborg Universitet.

Lorentzen, A. (2010). New Spatial Strategies in the Danish Periphery: Culture, Leisure and Experiences as Levers of Growth? In *Workshop: The Experience Turn in Local Development and Planning*, 1-9. Aalborg, Denmark: Dept of Development and Planning, Aalborg University.

Lorentzen, A. (2012). In A. Lorentzen and B. van Heur (eds), *Cultural Political Economy of Small Cities*, 65-79. London: Routledge.

Luxemburg and Greater Region (2008). *Luxemburg and Greater Region European Capital of Culture 2007: Final Report*. Luxemburg: Ministère de la Culture, de l'Enseignement Supérieur et de la Recherche.

Meijers, E. J., Burger, M. J., and Hoogerbrugge, M. M. (2016). Borrowing Size in Networks of Cities: City Size, Network Connectivity and Metropolitan Functions in Europe. *Regional Science* 95(1): 181-98.

Näsholm, M. H., and Blomquist, T. (2015). Co-creation as a Strategy for Program Management. *International Journal of Managing Projects in Business* 8(1): 58-73.

Neal, Z. P. (2013). *The Connected City: How Networks are Shaping the Modern Metropolis*. London: Routledge.

Pasquinelli, C. (2013). Competition, Cooperation and Co-opetition: Unfolding the Process of Inter-territorial Branding. *Urban Research & Practice* 6(1): 1-18.

Podestà, M., and Richards, G. (2017). Creating Knowledge Spillovers through Knowledge Based Festivals: The Case of Mantua. *Journal of Policy Research in Tourism, Leisure and Events*. http://dx.doi.org/10.1080/19407963.2017.1344244.

Poisson-de Haro, S., and Myard, A. (2017). Cultural Cluster Coopetition: A Look at the Montreal Circus World. *Canadian Journal of Administrative Sciences/Revue*. doi/10.1002/cjas.1448.

Porter, M. E. (2008). *Competitive Advantage: Creating and Sustaining Superior Performance*.

New York: Simon and Schuster.

Rennen, W. (2007). *CityEvents: Place Selling in a Media Age*. Amsterdam: Vossiuspers.

Richards, G., and Colombo, A. (2017). The Barcelona Sónar Festival as a Global Events Hub. In J. Ambrecht, E. Lundberg, T. D. Andersson, and D. Getz (eds), *The Value of Events*, 73-86. London: Routledge.

Richards G., Hitters, E., and Fernandes, C. (2002). *Rotterdam and Porto: Cultural Capitals 2001. Visitor Research*. Arnhem: ATLAS.

Selada, C., Cunha, I., and Tomaz, E. (2012). Creative-Based Strategies in Small and Medium-Sized Cities: Key Dimensions of Analysis. *Quaestiones Geographicae* 31(4): 43-51.

Short, J. R. (2017). *A Research Agenda for Cities*. Cheltenham: Edward Elgar. Simmie, J. (2003). *Innovative Cities*. London: Routledge.

Taylor, P. (2003). European Cities in the World City Network. In *The European Metropolis 1920-2000*. Retrieved from http://hdl.handle.net/1765/1021.

Taylor, P. J., Ni, P., Derudder, B., Hoyler, M., Huang, J., and Witlox, F. (2012). *Global Urban Analysis: ASurveyof Cities in Globalization*. London: Routledge.

Thibert, J. (2015a). *Governing Urban Regions Through Collaboration: A View from North America*. London: Routledge.

Thibert, J. (2015b) Beware the Collaboration Trap. http://policyoptions.irpp. org/magazines/environmental-faith/thibert.

Tom Fleming Creative Consultancy (2015). Cultural and Creative Spillovers in Europe: Report on a Preliminary Evidence Review. https://ccspillovers. wikispaces.com/Evidence+review+2015.

5장

거버넌스:
정책을 실행하는 기술

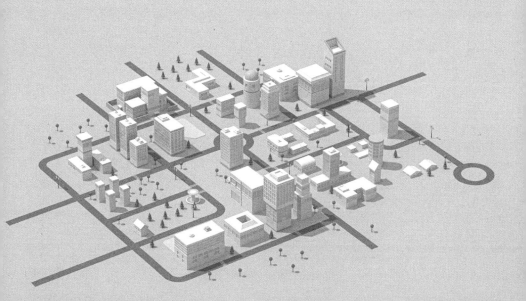

서론

거버넌스가 작동한다는 것은 일정한 영역에 권력을 행사하는 것이다. 도시에서는 항상 거버넌스가 작동해 왔다. 정부는 법률을 시행하고 시민들은 이를 따른다. 20세기에 들어서 상향식 접근이 많아짐에 따라 기존의 작동 방식에 변화가 나타났다. 거버넌스로 이동이 시작되면서 권력이 더 많은 집단으로 폭넓게 이양되었다. 행정(government)은 법규와 통제권으로 운영되지만, 거버넌스(governance)는 조화와 협력이 필수적이다. 행정에서 거버넌스로 이행을 촉진하는 세계적 경향은 세계화의 영향, 유럽연합의 결성, 권한 이양(devolution), 복지국가의 재정 압박, 공공서비스의 전통적인 전달 체계에 대한 비판, 기술의 민주화, 협력적 문화의 증대, 빅데이터의 등장으로 가속화되었다(O'Reilly 2017; UN-Habitat 2017). 도시는 중앙집권적 행정과 복잡한 관료제에 기반할 수밖에 없다는 생각도 변화하기 시작했다. 시민들은 도시 운영에 점점 더 많이 참여하고, 고전적인 하향식 정부 모델 또한 전환하고 있다.

유엔 해비탯(UN-Habitat 2017)은 이를 다음과 같이 정의한다.

거버넌스는 특정 목적을 달성하기 위해 행위주체자, 사회집단, 제도 등이 조정
되는 과정이며, 파편화되고 불확실한 환경에서 집합적으로 논의되고 정의된다.

'거버넌스'는 도시 행정이 조직되고, 도시의 장·단기 목표를 실현하는 과
정의 다양한 방식을 의미한다. 다시 말하면 "도시 거버넌스는 도시의 하드웨
어가 기능하도록 하는 소프트웨어이다"(UN-Habitat 2017). 로렌첸과 판 회르
(Lorentzen and van Heur)가 지적하듯이 "구조적 맥락은 도시 거버넌스를 통해
해석되고, 도전하고, 전환된다. 잠재력은 특정 담론의 렌즈를 통해 정의되거
나 무시되며, 행위주체자들은 자신들의 해석에 기반해 도시의 미래상을 발전
시킨다 […]"(Lorenzen and van Heur 2012: 6).

거버넌스가 효율적으로 작동하기 위해서는 다음과 같은 조건이 필요하다.

- 민주적·포용적
- 장기적·통합적
- 다중 스케일적·다층적
- 지역적
- 디지털 시대에 능통하고 적응적

외부의 변화도 도시정부의 접근 방식을 변화시키고 있다. 정부의 역할을 협
소하게 상정해 도시 자체의 운영에만 초점을 두던 과거에 비해, 도시에서 일
어나는 일의 전 과정과 이해관계자의 광범위한 영역을 조율하는 것으로 확장
되었다. 행정 혹은 도시 지배에서 거버넌스 혹은 도시 조정 및 관리로의 전환
은 광범위한 이해관계자의 참여로 이어진다. 지자체는 장소에 대해 '권한을

휘두르는' 주체에서 성취를 위해서 '권한을 주는' 조정의 주체로 전환하기 위해 노력하고 있다(Dovey 2010). 결국 거버넌스는 정부보다 광범위한 개념으로 공식적인 제도(입법, 행정, 사법)와 시민사회 간의 상호작용을 의미한다.

관리주의(managerialism)의 쇠퇴와 신자유주의 도시의 등장으로 도시 거버넌스의 초점이 새롭게 정의되고 있다. 넓은 의미에서 정치인과 계획가는 더 혁신적이고 기업가주의적이 되어 "도시를 스트레스에서 벗어나게 하여 도시민의 더 나은 미래를 확보하기 위해 모든 종류의 방법을 기꺼이 탐구할 수 있어야 한다"(Ward 2011: 726). 이를 어떻게 실행하는지는 명확하지 않다. 특히 이러한 비전을 다양한 국내외 이해관계자에게 '판매'할 필요성을 고려했을 때 더욱 그렇다(Hannigan and Richards 2017). 대부분의 도시는 더욱 파편화되는 문제를 안고 있다. 같은 장소에 거주하는 '가진 자'와 '가지지 못한 자'의 문제에 대한 요구도 점증하고 있다. 따라서 형평성에 대한 이슈를 고려하면 지속 가능하고 포용적인 전략 개발이 필요하다. 가장 약한 계층을 포함한 모든 이해관계자는 도시가 어떻게 운영되어야 하는지에 대한 발언권을 가져야 한다(FDi Magazine 2016).

이 장에서는 행정에서 거버넌스로의 전환이 소도시가 주민과 외부 세계에 대처하는 방식의 변화에 어떠한 영향을 주는지 살펴본다. 또한 세계화되는 세상에서 장소가 효율적으로 자리 잡는 데 도움을 주는 거버넌스 모형을 창출할 때 제기되는 과제가 무엇인지 고찰한다.

경제적 과제: 자원의 유인

현대의 도시는 외부에서 모든 종류의 자원을 유인하는 데 더욱 노력하고 있다. 하지만 많은 지역에서 중앙정부의 도시에 대한 재정 지원이 상대적으로 감소하고 있다는 증거는 무척 많다.

도시와 지역연합(United cities and Local Government, UCLG 2016)의 연구에
서는 101개 국가 지방정부의 재정지표를 보여 준다. 이 연구에 따르면 지방정
부의 평균 규모는 인구 5만 6,000명(대부분의 도시는 작다)이며, 도시의 재정 규
모가 서비스 제공, 세제를 통한 예산 확보, 세계적 수준으로 주목을 받기 위한
규모의 경제효과에 영향을 주기 때문에 규모가 중요하다고 결론짓고 있다.
지방정부 예산의 절반 정도는 중앙정부의 교부금과 보조금에서 나오고 지방
세는 3분의 1 정도를 차지한다.

　미국의 경우 지방정부 예산 중 지방세 이외의 재원 비중이 1977년부터 계
속 상승해 전체 예산의 60% 정도를 차지한다. 하지만 이러한 비지방세 기반
의 예산 구성은 변화하고 있다. 지방정부 간 이전 예산의 비중은 1977년 43%
에서 2013년 36%로 감소했다. 반면 수수료와 요금의 비중은 15%에서 23%
로 상승했다(Tax Policy Center 2017). 서비스를 통한 지방정부 예산 창출의 필
요성에 따라 도시정부는 주민만이 아니라 사용자의 요구에 대해 더 많이 고
민하고, 관광객이나 투자자 등 도시 외부에서 유입되는 사람에게 더 나은 서
비스를 제공하기 위해 노력한다.

　바틀 외(Bartle et al. 2011)는 미국의 데이터를 분석해 지방정부 간 이전 예산
은 20세기 초반부터 1970년대까지 상승했으나, 이후 급속히 하락했다고 지
적했다. 1902년 이전 예산은 지방정부 총예산의 7%에서 1975년 42%로 정점
을 찍고, 2007년에는 38%로 감소하였다. 반면 수수료와 요금의 비중은 1950
년 11%에서 2007년 24%로 상승했다. 이 연구에서는 "주 정부의 지원은 이제
정점을 찍었을 것 같다"라고 하면서, 재산세 증세로 예산의 부족분을 메우기
는 어렵다고 결론지었다. 지방정부는 수수료와 요금에 대한 의존도가 높아지
면서 효율적인 서비스 제공자가 되어가고 있다. 많은 도시정부가 예산 증대
를 위해 주민과 방문객에게 의존하고 있다. 예를 들어 독일의 도시는 최근 문
화세와 관광세를 신설하였다. 1999년 유럽문화수도로 선정된 바이마르(Wei-

mar)라는 소도시가 최초로 문화세와 관광세를 도입하였다.

인도에서는 사하스라나만과 프라사드(Sahasranaman and Prasad 2014)가 지방정부의 가용 예산과 기능 간의 갈등 문제를 지적하였다. 소도시는 특히 최소한의 서비스 수준을 유지하기 위한 예산을 늘리기가 어렵다. 소도시는 예산을 효율적으로 확보하고 관리하는 역량과 수준이 부족하기 때문이다.

거버넌스: 권능을 부여하는 체제

도시정부가 정책 수행과 전략 실행을 위해 예산을 확보하는 것은 문제의 일부분일 뿐이다. 도시는 이해관계자들과 함께 도시의 어젠다를 수행하기 위해 효율적인 거버넌스 구조를 고안할 필요가 있다.

거버넌스 모델

존 피에르(Jon Pierre 1999)는 도시 거버넌스를 관리형, 조합형, 성장중심형, 복지형 등 네 가지 유형으로 분류하였다.

- 관리형 모델: 도시정부가 재정 압박에 대응하여 비용을 줄이고 수익을 증대시키며 효율성을 높이려는 노력을 할수록 중요성이 커지는 유형으로 최근에 관심을 많이 받고 있다. 하지만 많은 도시는 관리형 거버넌스 모델을 효율적으로 운영하기 위한 유연성을 확보하는 데 어려움을 겪고 있다.
- 조합형 모델: 산업화되고 선진화된 서유럽의 민주국가에서 나타나는 유형이다. 지방정부는 도시 정치 과정에서 사회집단과 조직화된 이해관계를 포용하고 민관 파트너십을 운영하는 시스템으로 본다. 이 모델의 주요 과제는 긍정적 경제 환경에만 지나치게 의존하는 재정 방식이다.

- 성장중심형 모델: 지역경제를 추동하기 위해 민관이 긴밀하게 상호작용을 하는 유형이다. 이 유형은 경제성장이라는 공유된 이해관계에 의존해 행정과 지역 기업의 이익을 우선한다. 이는 주민참여와는 거리가 멀고 지역 경제 재편의 정치학과 연계되어 있다.
- 복지형 모델: 국가의 경제적 지원에 의존하는, 성장 단계가 낮은 도시에서 공통적으로 나타나는 유형이다. 이러한 도시들은 특히 서유럽과 북미의 쇠퇴하는 산업 지역에 많다. 민간기업에 적대적 태도를 견지하며 대중적 정치참여가 활발한 지역이다.

〈표 5.1〉은 이 네 가지 유형을 정리한 것이다. 네 가지 유형은 관념적 형태로 실제로는 상호 중첩되거나 혼합적인 특성을 보인다. 하지만 거버넌스의 발현은 특정한 정치적 입장을 반영하고, 도시의 발전 방향에 영향을 준다. 피에르가 제기한 중요한 질문은 도시가 특정 거버넌스 유형을 능동적으로 선택할 수 있는 것인지, 아니면 도시 행정부 내의 외부 의존성과 긴장 관계에서 형성되는 것인지 파악하는 것이다. 대부분의 경우 거버넌스는 역사적 요인과 정치적 지향의 조합에 따라 결정되는 경향이 있다. 하지만 도시의 중요한 결정은 거버넌스를 통해서 어떤 이해관계를 반영한 서비스를 제공할 것이냐에 달려 있다고 할 수 있다.

도시는 거버넌스 유형의 조합과 함께 다양한 행정 운영 구조를 보인다. 미국의 경우 드산티스와 레너(DeSantis and Renner 2002)는 일곱 가지 유형의 행정 운영 구조를 파악했다. 물론 미국은 시장-시의회(mayor-council) 구조와 시의회-관리자(council-manager) 구조가 대부분이다. 시의회-관리자 시스템(52%)은 강한 행정부 구성으로 위원회 중심으로 운영되어 모든 행정 권력이 단일한 공무 체제를 구성한다. 시장-시의회 시스템(32%)은 권력 분산 구조로, 시장은 최고경영자 역할을 하며, 공무 담당자는 시의회의 승인을 받아

〈표 5.1〉 도시 거버넌스 모형(Pierre 1999)

	관리주의	조합주의	성장주의	복지주의
이해관계자	정치엘리트의 관여를 견제할 수 있는 전문가의 참여 강조	참여 조직 내 연계 모형	기업가와 고급관료의 성장이라는 비전을 공유	지방정부와 중앙정부 관료
목적	공공서비스 생산과 전달 체계의 효율성 향상	조직 구성원의 이해에 맞게 도시 서비스와 정책을 수립, 분권 지향	장기적 경제성장	지역경제를 유지하고 재분배가 이루어질 수 있는 중앙정부의 예산 확보
기제	공공서비스를 민간 기업과 계약, 관료 충원을 위한 새로운 전략 수립	포용정책, 숙의(熟議)민주주의, 합의	도시계획, 정부에서 자원조달, 하부구조 개발, 이미지 개선	정부 고위층과 정치·행정적 네트워크
결과	서비스 생산의 효율 증대 지원, 공공-민간 부문 전문가 충원	사회 특혜층과 타 사회집단과의 재정 규율과 불평등 축소	지역경제의 성장을 위한 지역의 정치적 선택	장기적으로 경제적 지속가능성 약화

야 한다. 미국 시스템에서 시장은 행정 권력이 집중되어 있을 때 '강'하며, 행정 구조를 직접 관할하며 시의회는 일상적인 행정에는 관여하지 않는다. 유럽의 경우 행정 구조와 시장의 역할에 다양한 유형이 있으며, 일부 지역의 경우 시장은 단지 형식적인 대표에 불과하다. 시장은 직접 선출되거나 중앙정부가 임명하기도 한다. 크레슬과 이에트리(Kresl and Ietri 2016)는 행정 구조의 측면에서 보면, "모든 국가에는 고유의 스토리가 있다"라고 지적한다. 소도시 또한 대도시에 비해 더 다양한 유형이 있다.

도시 거버넌스 유형과 행정 시스템은 도시가 정책을 개발하고 집행하는 역량에 영향을 준다. 예를 들어 복지주의 거버넌스를 가진 도시는 사회적 포용에 강조점을 둘 것이고, 관리주의 거버넌스 도시는 민간 부문의 참여를 증진할 것이다. 유연성과 행동의 자유를 제공하는 거버넌스를 시작하는 도시들도 있다. 보스500 프로그램(Box 5.1 참고)과 같이 공공과 민간의 적절한 역할 분담에 기반한 조직으로 프로그램을 진행하는 경우도 많다. 로렌첸과 판 회르 (Lorentzen and van Heur 2012)는 소도시들은 문화와 레저 프로젝트를 지향하는 독특한 거버넌스 전략을 취하고 있다고 지적한다.

보스500 프로그램의 거버넌스 Box 5.1

보스500 프로그램을 개발, 실행하기 위해서 스헤르토헨보스는 산하 기구로 보스 500재단을 설립하였다. 보스500재단의 임무는 다음과 같다.

- 프로그램의 개발
- 프로그램의 조직과 실행
- 스폰서십 확보
- 스폰서와 보조금 지원을 위한 로비
- 재정 관리
- 보스500 프로그램 마케팅과 홍보

시 정부는 다음의 의무를 지닌다.

- 정책적 지원
- 도시 방문자 환영
- 도시 마케팅, 프로그램 책임, 공공관리

이 프로그램의 '고객'이자 핵심 투자자로서 도시정부는 사업이 실행되는 조건을 결정한다. 이러한 구조의 중요한 장점은, 도시정부의 지원을 받는 보스500 프로그램의 이해관계자가 위험을 감수하지 않도록 지원해 준다. 예를 들어 상대적으로 규모가 작은 노르트브라반트 미술관(Noordbrabants Museum)도 '천재의 비전'이라는 특별전을 조직할 기회를 가질 수 있었다. 노르트브라반트 미술관은 예전에는 이 정도 규모의 특별전을 만들 수 없었고, 보스 연구 보존 프로젝트와 같은 대규모의 국제 프로젝트에 참여할 수 없었다.
보스500재단은 규모가 작다. 2010년에 5~6명에서 2016년 10명으로 직원이 증가

했다. 사실상 재단은 도시정부와 긴밀한 관계에서 운영된다. 도시정부는 '고객'으로서 프로그램의 진행 과정을 감독하는 적극적인 역할을 수행한다. 코디네이터도 프로그램 중 하나인 '도시의 비전'을 감독하도록 임명되었다. 보스500재단은 도시와 협력해 도시정책이 경제발전, 접근성, 교통관리, 도시 마케팅 등 다양한 영역에서 계획대로 효과를 낼 수 있도록 조정하는 역할을 한다.

보스500의 예술감독 아트 스흐라베산더(Ad 's Gravesande)는 1987년 암스테르담의 네덜란드 페스티벌과 유럽문화수도를 담당하면서 프로그램 관리에 상당한 경험을 쌓았다. 그는 문화예술 분야의 국내외 네트워크에 속해 있었고, 개방적으로 협력관계를 만들어 내고 국제적인 네트워크를 형성할 수 있었다. 처음에는 지역 외부 사람을 예술감독으로 초빙하는 것에 대해 내부에서 반대가 있었다. 하지만 그는 감독위원회의 강한 지지를 받았으며, 프로그래밍과 비용 지출 측면을 고려해서 예술감독으로 초빙되었다.

보스500재단을 관계 맥락에서 분석하면(Beuks et al. 2011) 재단은 프로그램의 설계에 뿌리내리고 있는 고객-계약자 관계로 인해 기본적으로 지자체에 의존한다. 재단은 프로그램 콘텐츠의 본질적인 특성으로 인해 도시의 문화 부문 이해관계자와 강하게 연계되어 있다. 하지만 관광정보센터 등과 같이 실제 조직 운영에서는 약한 부분이 있다. 이러한 국가적 이벤트를 지원하기 위해서는 브라반트 관광청이나 네덜란드 관광청(NBTC) 같은 지역과 국가 단위의 관광 마케팅 조직의 마케팅 역량이 필요하다. 초기에는 이벤트 시작 전으로, 민간기업들이 이 프로그램을 통해 어떠한 잠재효과가 있는지 인식하지 못해 민간 부문과의 연계가 약했다.

아트 스흐라베산더에 따르면 도시 간의 거버넌스와 기반은 잘 조직되었지만, 프로그램 실행에 필요한 요소의 거버넌스는 항상 준비되지 않았다. 이는 프로그램의 복잡성 때문이기도 하다. 예를 들어 미술관과 관련된 채권 발행은 궁극적으로 기묘한 역설을 낳았다. 과학적 연구가 미술관과의 협조로 진행되었는데, 이 또한 미술관이 결과를 탐탁지 않게 여기면서 문제가 되었다. 프라도(Prado) 미술관의 경우 보스500재단 측의 작업을 다시 점검하면서 대여하기로 약속했던 작품 중 일부를 스헤르토헨보스로 보내지 않았다.

이 분석은 보스500재단의 역량은 재단 자체의 구조, 재정, 포지셔닝에 영향을 받는다는 것을 보여 준다.

프로그램 거버넌스

주요 프로그램을 개발하기 위해 보스500 재단과 유사한 거버넌스 구조를 사용해 온 다른 도시들의 경험은 복잡한 프로그램에 대응하기 위해서는 종합적이고 전체적인 관점이 필요하다는 점을 알려 준다. 과거에는 대형 프로그램을 여러 개의 프로젝트로 나누어 관리했고 각각의 프로젝트는 프로그램의 전반적인 목표에 기여하도록 구성하였다. 하지만 내숌과 블롬퀴스트(Näsholm and Blomquist 2015)는 이러한 접근 방법은 지나치게 하향식 통제 메커니즘에 초점이 맞추어졌고, 변동이 심한 환경에 대응하는 데에는 유연성이 부족하다고 지적했다. 오히려 도시의 전략적 목표와 변화하는 환경에 대응할 수 있도록 프로젝트들을 재조정했어야 했다고 말한다. 이는 일련의 핵심 가치와 상위 목표에 맞추어 개별 이해관계자들이 자신의 어젠다에 맞추면서 공동 창조 전략을 통해 달성할 수 있다. 프로그램의 관리는 자원 분배의 문제(프로젝트 보조금)이기보다는 프로그램의 가치와 목표를 공유하는 공동 창조 파트너들의 활동을 조정하는 문제이다. 이는 기본적으로 덴마크 오르후스(Aarhus)시가 2017년 유럽문화수도 정책을 수립할 때 채택한 방식이다(Aarhus 2015; 2017). 프로그램 거버넌스가 도시의 목표와 외부 환경에 맞추어 잘 조직되면 영구적인 구조로 발전할 수 있을 것이다. 유럽문화수도 선정 도시의 사례는 앤트워프(Antwerp), 릴(Lille), 브루게(Bruges), 로테르담(Rotterdam) 등 너무나도 많다(Richards 2017).

다른 도시와 지역에는 '장소 거버넌스'나 '네트워크 거버넌스' 등의 새로운 유형이 나타나고 있다. 장소 거버넌스의 개념은 미국의 '시민을 위한 공공공간 운동(People for Public Spaces movement)'에서 시작한 장소만들기 작업과 관련이 있다. 예를 들어 호주 애들레이드(Adelaide)시의 경우 공공공간의 역할을 시민들 간의 상호작용에 필수적인 영역으로 보는 관점을 바탕으로 거버넌스 방식을 구현하였다. 애들레이드시 시장의 접근 방법은 자율적인 커뮤니티의 역량 창출과 현 정부 내에서 문화적 변화를 자극함으로써 공공공간을 더 잘 활용하자는 것이었다(Swope 2015). 이 사례의 흥미로운 점은 장소만들기 정책을 시행하고 있는 다른 도시들처럼 이벤트를 개최함으로써 시동을 건다는 것이다. 이벤트는 주민들을 공공공간으로 불러 모으는 촉매 역할을 하며, 주민들이 활용하고자 하는 공간의 사용과 장소의 유형에 대해 생각해 보고 참여하게 하는 데 동기부여가 된다. 공공공간에서 열리는 정규 이벤트는 일종의 관습이나 의례가 되며, 이는 그 공간의 본질을 변화시키는 시발점이 된다. 도로를 폐쇄하고 새로운 상호작용의 공간을 창조함으로써 주민들은 도시에 대한 소유권을 돌려받는다.

비평가들은 도시 자체가 이벤트를 조직하고 무대화하는 방식을 통해 스스로 많은 것을 학습할 수 있다고 지적한다. 많은 대형 이벤트는 소도시 인구보다도 더 많은 관중을 일시적으로 모으지만, 도시는 사람들이 이벤트 현장으로 이동하는 문제, 쓰레기 처리 문제, 안전과 보안, 관중 관리 문제 등 어려운 업무 조직 문제에 직면한다. 이벤트 조직 관계자는 짧은 시간과 공간에서 이 문제들을 해결할 필요가 있어서 해결책을 찾는 데 능숙하고 도시관리자보다는 행동 장벽이 낮다. 무대 이벤트는 일반적인 도시 관리에서는 기대하기 어려운 유연한 재원 사용과 조직적 역량이 필요하다. 네메스(Németh)가 지적하듯이, 유럽문화수도의 경우 이벤트는 잠재적인 다중 거버넌스 모델을 적용할 수 있다. 네메스는 유럽문화수도 거버넌스의 경우 장소기반형 행정에서 흔히 발견되는 융통성 없는 구조와는 달리 다중 스케일적이며, 과정 기반적이고, 유연하다고 주장한다. 이러한 거버넌스는 과거에 작동했던 고정적 조직화와는 달리 현대 도시행정의 격변하는 상황에 더 적합한 편이다.

네트워크 거버넌스

네트워크 거버넌스 영역에서는 항상 새로운 유형이 등장한다. 도시정부 체제는 도시의 특정 어젠다를 달성하기 위해 수립된 내적 네트워크이지만 외부와의 연합도 가능하다. 도시의 네트워크는 외부 주체를 포용하기 위해 지속적으로 확장할 필요가 있다. 파스퀴넬리(Pasquinelli 2013)는 다양한 범주의 네트워크 거버넌스 시스템을 분석해 공공 부문과 민관 파트너십이 주도하는 협력적 제도 등 다양한 범위의 주체들이 참여해 다양한 유형을 만들어 낸다고 지적했다. 에레이딘 외(Eraydin et al. 2008)도 네트워크 거버넌스에 대한 연구를 분석해 도시 네트워킹을 추동하는 주요 요인을 제시하였다. 첫째, 공적인 문제의 복잡성이 증가함에 따라 공공행정은 의사결정을 확산하고 개선하기 위해 다양한 범위의 조직과 함께 네트워크 관계로 전환한다. 둘째, 협력적이고 공생적인 네트워크는 경쟁력과 시너지를 높이고 세계적인 기회에 참여하는 데 필수적인 것이 된다. 네트워크는 규모의 경제와 범위의 경제를 제공하고, 도시는 쉽게 접근할 수 있는 범위에서 경제활동과 인구에 집중함으로써 집합적인 경쟁우위를 누릴 수 있게 된다. 이는 특히 소도시에 매우 중요한 요인이다. 에레이딘 외(Eraydin et al. 2008: 2293)는 "도시와 지역 간의 네트워크는 경쟁력의 수준을 높이는 데 중요하다"고 지적한다. 이들은 전략 수립과 지식 공유를 목적으로 하는 네트워크와 정책 실행을 목적으로 하는 행동지향형 네트워크 등 두 가지 유형이 있다고 지적한다. 터키 이즈미르(Izmir) 지역의 경우 도시의 경쟁력은 인구 규모에 비례하지 않고 연결 네트워크 규모에 비례했다. 이러한 연구 결과는 도시의 개별 자산과 함께 네트워크 안에서 관계의 역량이 중요함을 보여 준다. 도시는 함께 행동함으로써 더 큰 시너지를 얻기 위해 새로운 네트워크를 구축하는 데 관심을 기울여야 한다.

새로운 네트워크는 여러 가지 방법으로 구축될 수 있다. 예를 들어 프로반과 케니스(Provan and Kenis 2008)는 세 가지의 기본적인 네트워크 거버넌스 모델을 제시했다.

- 참가자–주도형 네트워크(브라반슈타트의 사례 – 4장 참고)
- 주요 조직–주도형 네트워크(보스500 재단 사례 – Box 5.2 참고)
- 네트워크 행정조직(유로시티 네트워크 사례)

네메스(Németh 2016: 42)도 협력적 이해관계자들의 연합을 통해 발전한 '네트워크 자본'은 이벤트에 의해 창출될 수 있으며, 이는 또 새로운 협력을 창출한다고 지적한다. 이벤트가 끝난 다음에도 연계는 지속되어서 이해관계자의 네트워크 자본을 확충시키고 '장소(지역성·locality, 지역·region)'의 형성에 기여한다. 네트워크 자본의 증가는 장기적인 과정으로서 거버넌스의 단계–장소적 틀을 필요로 한다. 네메스는 페치(Pécs, 2010년 유럽문화수도)와 투르쿠(Turku, 2011년 유럽문화수도)의 네트워크 형성 과정을 비교 분석했다. 두 도시 모두 서로 다른 부문(공공, 기업, 시민단체, 소규모 예술기업)의 조직 간에 광범위한 새 연계가 형성되었다. 따라서 비관습적인 협력 방식으로 흥미로운 시너지를 내고 더 포용적인 거버넌스의 실천으로 이어지는 것이 중요하다. 네트워크 자본을 발전시키고 구성원들이 참여한 결과로 네트워크 가치를 공유하는 것은 '사일로(silo)' 효과를 피하는 데 필수적이다. 사일로 효과는 커뮤니케이션과 협력이 제한된 영역과 분야에 한정되는 현상을 말한다.

크레슬과 이에트리(Kresl and Iertri 2016)의 견해를 확장하면, 소도시들은 네트워크의 연합을 통한 '규모 차용(borrowing size)'으로 역량을 강화할 수 있다. 또한 소도시들이 네트워크로부터 더 큰 가치를 창출할 수 있는 효율적 운영이 가능해진다. 따라서 어떠한 네트워크와 연합할 것인지, 어떻게 네트워크를 활용할 것인지가 중요한 문제가 된다. 네트워크의 모든 구성원이 동일한

프랑스 피카소-엑스(Picasso-Aix) 프로그램의 통합관리

솔도 외(Soldo et al. 2013)는 남프랑스 페이덱스(Pays d'Aix)의 피카소-엑스 2009(Picasso-Aix 2009) 문화 프로그램의 거버넌스를 분석했다. 이 지역에는 34개의 지자체가 있으며 35만 명 이상의 주민이 거주하고 있다. 2009년 피카소와 세잔의 관계를 테마로 다양한 이벤트가 있었는데 '피카소-엑스' 시즌으로 명명하고 재정을 지원했다. 이 프로그램은 총 600만 유로의 예산이 소요되었고, 15%는 민간의 후원으로 이루어졌다. 행사의 주요 전시회인 '피카소-세잔'전은 방문객 수 기준으로 2009년 프랑스 전시회 중 4위, 엑상프로방스 지역에서 1위를 차지했다. 전체 프로그램의 관객은 100만 명이었고 이 중 29%가 외국인 관광객이었다.

이 프로그램의 조직은 파트너십의 공식화와 통합화로 진행되었다. 수년 동안 프로그램의 파트너들이 협의를 진행했고, 조직 구조와 예산 구조에 유연성을 가지고 합의의 틀을 구축한 것이 성공 요인이었다. 이러한 지역 주체-주도형 사업의 장점은 지역의 다른 부서가 상호 협력하도록 하여 오랫동안 누적된 행정의 사일로 구조를 타파할 수 있다는 점이다.

솔도 외(Soldo et al. 2013)는 이러한 지역 거버넌스 시스템이 작동하는 데 필요한 핵심 요소들을 제시했다. 인적자원에 대한 진단의 필요성(역량과 지식은 내부적으로 충원되지 않음), 이해관계자에 대한 분석과 우선순위 책정, 다양한 주체들을 응집할 수 있는 통합적인 문화 테마 등이다. 이러한 요소들이 충족되면 담당 조직이 더 많은 의사결정 권한과 더 넓은 활동 범위를 확보할 수 있게 된다. 이렇게 되면 닫힌 사일로에서 이루어지는 작업에 익숙한 관료들의 조직적 변화를 이끌어 내고 배움의 도구로 활용하는 것이 가능해진다.

성과를 달성하는 것은 아니다. 도시에 따라서 네트워킹을 활용한 경쟁 전략과 관계 전략을 적용하는 데는 차이가 있다.

이제까지 도시 시스템에 관해서는 연구가 많이 이루어졌으나, 네트워킹 거버넌스가 이룰 수 있는 성과에 관해서는 연구가 많지 않다. 하지만 도시 간 네트워크에 대한 연구 결과를 보면, 충분한 신뢰가 형성되면 네트워크 구성 도시들은 상호 관용적이 될 수 있다(Box 4.1 참고). 네트워크는 투명한 촉진자의 역할을 할 필요가 있다. 물론 이는 조직 네트워크를 주도하는 데 어려움이 있을 수 있다. 네트워크 구성원 간의 투명성과 형평성을 유지하면서 각 구성원이 자신들의(때로는 매우 상이한) 목표를 달성할 수 있도록 하는 것이 주요 과제다. 보스500 프로그램과 관련된 네트워크를 보면, 파트너들은 서로 같지 않기 때문에 네트워크 허브 역할을 하는 리더가 필요하다. 네트워크 리더는 전 과정을 모니터링하고 재원을 확보하는 데 노력을 기울여야 한다. 하지만 이익의 분배에는 토론이 필요하다. 다른 주체에 비해 기여하는 바가 적더라도 네트워크를 통해 더 많은 이익을 얻는 참여자들은 늘 있을 것이다. 네트워크가 공동의 목표를 달성하기 위해서 작동할 때 무임승차자가 있다면 어떻겠는가? 보스의 경우, 스헤르토헨보스만이 도시의 역사적 경험과 비용을 감당할 역량이 있었기 때문에 네트워크의 응집력을 유지했다.

리버티 외(Liberty et al. 2016)는 민간기업 부문에서 구성원들이 가치 창조 과정에 상호작용과 공유가 가능한 네트워크를 창출할 수 있는 '네트워크 조정자'를 강조했다. 네트워크 참가자들은 네트워크로부터 가치를 얻는다고 인식한다면 네트워크 조정자에게 핵심적 지위를 기꺼이 이양할 것이다. 예를 들어 보스 도시 네트워크의 경우 스헤르토헨보스의 역사적 전통이 다른 파트너들과 연계가 있었으며, 도시 자체의 작품에 대해 연구, 보존, 전시 등에 투자를 해 왔고, 네트워크에 가입한 모든 도시의 작품에 대해 가시성과 가치를 증대해 주었기 때문에 스헤르토헨보스가 리더 역할을 담당하는 데 정당성을 부여했다.

디지털 시대의 새로운 기회와 함께 새로운 유형의 네트워크 조직이 발전할 가능성이 커지고 있다. 오라일리(O'Reilly 2017)는 정부가 새로운 일을 창출하는 플랫폼의 기능을 해야 한다고 주장한다. 도시는 내재적으로 장소 기반 플랫폼으로서 정당성을 가지고 있으며, 이는 도시의 모든 사용자에게 혜택이 되는 프로그램과 프로젝트(예를 들어 스웨덴 우메오와 오스트리아 그라츠에 시행되는 공동 개발 프로그램)를 개발할 자원과 에너지를 제공할 기반이 된다. 프로그램의 조직, 시작, 발전을 위해서는 하향식 유형만이 아닌 다양한 층위의 거버넌스를 형성해야 한다. 문화, 창조성, 공공공간 이외의 중요한 자원은 이제 정부만의 독점물이 아니다. 상향식이며 자기관리 방식으로 조직되고 활용되어야 한다.

사업 수행 체제의 발전

전문성이란 더는 도시행정에만 국한하지 않는다. 오히려 도시와 대중을 통해 도시 전체를 포괄한다. 특히 전문지식이 부족한 소도시의 경우 이러한 취약점이 있으므로 분산된 지식을 활용해 어느 정도 극복할 수 있다. '플랫폼으로서의 도시' 개념에서는 도시정부가 데이터를 개방해 수용적이 되고 부문 간 상호협력을 자극하고, 시민의 참여를 창출하고, 살고 싶은 도시 만들기를 지향한다. 플랫폼으로서의 도시 개념은 오픈소스 소프트웨어의 개발 방식과 동일한 방식의 상향식 참여를 강조한다(Bollier 2015). 이 원칙은 도시 간의 연계에도 적용될 수 있다.

소도시가 어떻게 효율적인 플랫폼으로 전환할 수 있을까? 급변하는 외부 환경에서 도시정부가 리더십을 발휘해 플랫폼을 구축하고 이해관계자를 위한 안정성과 접근의 형평성을 유지하는 것이 중요하다. 예를 들어 네덜란드 암스테르담은 스마트시티 플랫폼에 대한 프로젝트와 아이디어를 공개 모집하였다. 도시가 제시하는 6개의 주제, '하부구조와 기술에너지, 수자원과 쓰레기, 모빌리티, 순환도시, 거버넌스와 교육, 시민과 삶'과 관련이 있으면 누구라도 자료를 제출할 수 있게 하였다. 암스테르담은 데이터 개방 프로그램을 통해 수많은 관련 정보를 제공해 다양한 시민과 조직들이 앱을 개발하는 등 공공정보를 활용할 수 있게 하였다. 플랫폼 자체가 아이디어와 정보를 수집하는 장소만이 아니라 플랫폼 외부에서도 플랫폼을 활용해 가치를 창출할 수 있도록 했다. 이벤트는 도시가 제공하는 플랫폼의 중요한 일부로서 도시 내의 다양한 영역과 부문을 유연하게 엮어 주는 촉매작용을 한다. 소도시의 우수한 플랫폼은 시민들이 네트워크의 가치와 자본을 창출할 수 있도록 개방적·안정적이고 유용하며 역량을 함양하는 방향으로 운영되어야 한다.

궁극적으로 플랫폼의 목표는 정보를 지식으로 변환시킬 수 있어야 하며, 이 지식은 도시를 위한 가치 창출에 이용되어야 한다. 플랫폼과 다양한 제도, 도시의 여러 집단 간의 연계도 구축되어 쿼드러플 헬릭스나 퀸터플 헬릭스 모형*이 구축되어야 한다. 다양한 이해관계자의 투입은 일련의 이벤트를 통해 조정되고, 도시와 시민의 중요 의제 이슈를 중심으로 주제가 정해진다. 플랫폼 자체는 이러한 과정을 통해 잠재적으로 도시 프로그램의 일부가 된다. 예를 들어 미래 시나리오를 창조하고, 예술가, 작가, 시민을 하나로 엮어 도시를 위한 방법이 무엇인지 논의하게 된다.

거버넌스에 대한 플랫폼 접근 방식의 문제는 고도의 불확실성과 공식적 구조와 비교했을 때 위험이 크다는 점이다. 도시는 플랫폼을 제공할 수 있지만, 플랫폼의 활용 방법이나 성과 창출 방법 등에 대해서는 제어하기가 어렵다. 이는 도시 발전 과정에 궁극적인 수혜자가 되는 시민의 신뢰를 얻는 데 중요한 점이다.

오늘날 다른 도시와 연계를 형성하고 프로젝트와 프로그램에 협력하고, 플랫폼을 발전시키는 것은 도시의 일상적인 운영 과정의 한 부분이다. 자매도시 프로그램, 이벤트 사무국이나 프로젝트 매니저 제도 등을 시행하지 않는

---

* 쿼드러플 헬릭스(quadruple helix)는 산업, 지방정부, 연구개발 교육기관, 시민사회의 연계를 의미하고, 퀸터플 헬릭스(quintuple helix)는 여기에 환경을 추가로 포함한다(역주, Carayannis, E. and Campbell, D., 2019, *Smart Quintuple Helix Innovation Systems*, Springer. 참고).

도시는 거의 없다. 하지만 기어를 한 단계 올릴 방법, 도시에서 문제를 발견하고 실질적으로 앞으로 나아가게 할 방법은 무엇인가?

이는 요르겐 올레 베렌홀트(Jorgen Ole Bærenholdt 2017)가 덴마크의 로스킬레(Roskilde)시의 경우와 같은 맥락에서 던진 질문이다. 그의 기본적인 질문은 이 소도시(인구 5만 46명)가 세계에서 가장 큰 록 페스티벌의 하나인 로스킬레 페스티벌(Roskilde Festival)을 개최하는 데 성공하고 어떻게 실험적인 바이킹선 박물관을 유치했는지다. 로스킬레 페스티벌은 우드스톡(Woodstock)을 벤치마킹해 1971년 시작되었고, 1990년대에는 10만 명이 참가하는 축제로 성장했다. 바이킹선 박물관은 고고학적으로 가치가 있는 바이킹선 5척을 발굴하면서 설립 논의가 시작되어 점차 완전한 규모로 성장했다. 2004년 바이킹선 모형을 전시하면서 전환점이 되었다. 이 모형은 전 세계에 임대 전시되었고, 박물관도 많은 관심을 모았다. 바이킹선 박물관의 성공과 상호작용적이고 참여 중심의 경험을 통해 새로운 프로젝트인 팝과 록, 젊은 문화 중심의 라그나록(RAGNAROCK) 박물관을 2016년 개관하게 되었다.

베렌홀트(Bærenholdt 2017)는 로스킬레시의 사례는 경제발전 개념이 클러스터에서 창조성과 행위자−네트워크로 전환되었음을 보여 준다고 주장한다. 로스킬레시에서는 대면접촉의 다양한 차원이 있으나 기업이나 노동시장의 연계는 거의 없다. 창조성은 오히려 '사람들이 서로 만나고 협동하는 과정에서 감동받는 특정한 순간'에 창출된다. 베렌홀트는 창조성의 조건(Florida 2002)을 고려하기보다는 사업 수행에 결정적으로 중요한 '관계'에 초점을 맞추어야 한다고 주장한다. 관계성은 유동적이고 창조적인 신(scene)은 변동이 심하고 분산적이기 때문에 이는 어려운 작업이다. 관계 형성을 위한 명시적이고 의무적인 접점이 있는 것은 아니다. 오히려 이벤트를 통한 연계와 새로운 공간이 생성되는 가운데 이루어진다. 이러한 과정을 통해 이동성을 갖춘 창작자들은 이동성을 가진 대중과 만나게 되고, 문자 그대로 이벤트를 통해 도시에서 '발생'한다. 이벤트는 '만나기 위해서 이동'하고 네트워크 자본을 발전시키는 시민의 실행을 통해 사회적 의무를 자극하고 발전시키는 '유대감(공유와 공존)'을 자극한다. 라센과 어리(Larsen and Urry 2008: 93)는 "네트워크 자본은 반드시 근접해야 할 필요가 없는 개인 간의 사회적 관계를 형성하고 유지해 정서적·재정적·실제적 수혜를 창출하는 역량"이라고 주장한다.

도시가 직면하는 가장 큰 도전은 아마 불확실성일 것이다. 이는 궁극적으로 주민에게 장기적으로 강한 확신과 안전을 보장한다. 하지만 어느 정도의 불확실성과 위험 없이는 새롭고 중요한 성취를 이루기는 어렵다. 베렌홀트(Bærenholdt 2017)는 다음과 같이 팀 인골드(Tim Ingold)의 주장을 인용한다.

> 인지적 이해와 기계적 수행 사이의 대립이 아닌, 희망과 꿈 그리고 물질적 제약 요건 사이의 긴장 상태에서 기획과 수행의 관계가 형성된다. 이는 정확하게 상상력의 끝이 물질적 제약 요건을 만나는 지점이다. 즉 커다란 희망과 포부가 인류가 사는 세상의 거친 모서리와 만나는 접점이다(Ingold 2013: 73).

도시의 문제 중 하나는 전통적으로 비교적 보수적 제도에 좌우된다는 점이다. 도시는 기업처럼 위험을 감수하지 않는다. 하지만 최근에는 많은 변화가 있었고 도시는 기업가적 관리 구조로 전환을 요구받고 있다(Hall 1996). 제솝과 섬(Jessop and Sum 2000)은 지난 수세기 동안 기업가적 도시는 존재해 왔고, 최근에는 많은 도시가 기업가적, 기회추구형 관리 체제로 전환을 요구받고 있다고 주장한다. 대부분 도시는 수도권에 사무소를 설치하거나 로비스트를 두는 등의 비교적 단순한 기능만을 수행한다. 제솝과 섬은 기업가적 도시의 세 가지 특징을 제시한다.

- 타 도시보다 경제적으로 우월한 경쟁력을 유지하고 향상하도록 디자인

된 혁신 전략의 존재

- 혁신 전략은 적극적인 기업가 방식으로 분명하게 기획되어야 하고 추구되어야 함
- 도시의 관리자는 기업가적 담론을 채택하고 기업가적으로 사고하고 마케팅해야 함

창업 기업의 경우처럼 도시 규모가 작다는 것은 장점이다. 소도시는 관료적 경향이 약하며, 유연성과 신속성이 있는 구조로 놀랄 만한 성과를 창출할 수 있다. 모든 사람이 대도시에서 큰 성과가 날 것으로 기대하지만, 소도시에서 성과가 있으면 사람들은 자세를 바로 하고 관심을 두게 된다.

리더십

도시의 중요한 성공 요인 중 하나는 행정, 리더십, 협력의 연속성을 비교적 강하게 유지하는 것이다. 리더십의 연속성은 시장이나 도시 리더의 재선이나 중앙정부가 장기 임명함으로써 비교적 쉽게 보장할 수 있다. 예를 들어 루마니아 시비우(Sibiu)의 경우 클라우스 요하니스(Klaus Johannis) 시장이 2000~2014년 재임하는 동안 중요한 성과를 냈다(Box 5.3 참고). 스헤르토헨보스의 톤 롬바우츠 시장은 1996~2017년 재임 기간에 보스500 프로그램을 발전시켰다. 요하니스 시장의 경우 선거에서 네 번 당선되어 연임함으로써 안정성을 유지할 수 있었으며, 롬바우츠 시장은 네덜란드 왕실에서 임명했다. 하지만 두 경우 모두 장기간 권력을 유지하는 것이 명확한 정책 어젠다를 도출하고 달성하는 데 도움을 주는 안정적인 체제 형성에 필수적이다. 이러한 체제에서는 협력과 합의(consensus)가 가장 중요하다. 롬바우츠 시장은 자신의 가장 중요한 업적으로 "연결, 연결, 연결이다. 나는 항상 조직화를 원하는 시민,

기업, 정부 이 세 그룹을 연계하도록 노력했다"는 것을 꼽았다. 이것이 바로 소도시나 대도시에서 모두 작동할 수 있는 체제의 핵심이다.

하지만 다양한 집단을 하나로 엮어 연합하는 것은 첫 번째 단계에 불과하다. 다음으로 도시의 이상을 창조하고 실현해야 한다. 사실상 큰 꿈을 가진 소도시는 실행에서 세 가지 다른 유형의 발전이 요구된다.

1. 동원(mobilization)

Box 5.3

루마니아 시비우(Sibiu) 시장의 리더십

2007년 유럽문화수도로 선정된 시비우시는 시장 클라우스 요하니스(Klaus Johannis)의 리더십으로 지역 성장 체제를 강화하였다. 그는 시비우시에 투자를 유치하고 도시 이미지를 향상하는 이벤트를 성공적으로 수행해 주민의 신뢰를 받았다. 요하니스 시장은 2004년(총 투표의 88.7% 득표), 2008년(83.3%), 2012년(77.9%)에 압도적 지지로 재선되었다. 그의 정치적 연합이 성공한 가장 중요한 이유는 경제 성과에 있다. 특히 도심과 신공항의 재생과 같은 대형 프로젝트에 국제적 투자를 유치했다.

리처즈와 로타리우(Richards and Rotariu 2016)의 이해관계자 면담 결과를 보면, 도시정부의 역할, 특히 시장이 변화를 추동한 점이 핵심 요인이라고 지적한다. 시비우시 정부는 자원을 효율적으로 유치했으며, 유럽문화수도 프로그램만이 아니라 도시의 전반적 발전을 위한 프로그램을 효과적으로 진행했다. 또한 어떤 응답자들은 요하니스 시장이 독일계라는 점이 재원 유치에 주효했다고 강조했다. 특히 재생 사업에 소요되는 비용의 상당 부분이 독일 재원으로 충당되었다.

"[…] 우리 시가 누린 또 하나의 혜택은 클라우스 요하니스 시장의 노력으로 시 정부, 문화부와 독일로부터 재정지원을 받았다는 점이다. 시비우시에서 개최된 많은 이벤트에 지역 주민만이 아니라 외국인도 다수 참가했다. 이는 도시 경제성장에 큰 도움을 주었다. 이 프로젝트 이후 시비우의 국가적·국제적 이미지가 향상되었으며, 방문객의 증가와 함께 사회적 연계가 증대되었다"(시비우시의 게스트하우스 대표).

2. 가시화(visiblization)

3. 지각화(sensiblization)

동원

문헌을 보면 이 유형의 도시 체제는 도시의 특정 전략적 어젠다를 실현하는 데 필요한 자원을 동원하기 위해 핵심 주체들을 엮어서 연합을 형성하는 것을 말한다. 이 체제는 하향식으로 진행되는 경향이 있다. 물론 포용적이고 상향식 모델을 지향하는 관점을 따르는 추세인 것은 사실이다. 하지만 어떤 경우에도 도시정부의 직접적인 개입, 즉 강력한 중개자로서의 활동, 개방성, 형평성이 필수적이다. 도시정부는 프로그램을 시작하는 데 필요한 자원을 확인하고 모으는 행정 활동을 한다.

가시화

자원을 동원할 때의 문제 중 하나는 대부분의 작업이 막후의 회의, 토의, 로비 등을 통해 이루어진다는 점이다. 프로그램의 진행에는 자원이 필요할 뿐만 아니라, 이해관계자에게 가시화되고 도시 내외부로부터 관심을 받아야 한다. 이러한 과정이 없으면 동원 과정에서 소외됐다고 느끼는 사람들로부터 저항을 받을 수 있다. 가시화의 실행은 프로그램의 공식적인 브랜딩과 마케팅으로 진행된다(6장 참고). 이 과정에서 주로 미디어와의 관계 형성과 시민 및 이해관계자 그룹의 지원 등이 이루어진다. 하지만 가시화는 하향식 과정일 뿐만 아니라, 도시를 활용하는 모든 주체를 포함하는 풀뿌리(grass-roots) 과정이기도 하다(Box 5.4 참고).

예를 들어 시트로니와 카홈(Citroni and Karrholm 2017)은 공공공간의 사용이라는 맥락에서 '공공성'의 개념을 제시했다. 사실 공공공간은 특정한 실천이나 사회집단과 연계되어 있지 않으며, 오히려 '상호작용의 공식 등록이며 가시성의 체제'를 의미한다. 시트로니와 카홈은 공공성이란 종종 '이방인의 관점'을 소개하는 이벤트에 의해 작동해 실천의 넓은 함의에 기반한 성찰을 가능하게 한다고 지적한다. 시트로니와 카홈은 가시화의 세 가지 원칙을 소개했다.

1. 전면에 오지 못했을 요소들을 가시화하는 이벤트
2. 일상적 실천과 반복을 통해 일상적 복잡성을 더욱 공개적으로 가시화하는 이벤트
3. 실천의 뿌리내림을 통해 전반적인 '공공 체제' 구축

현대의 이벤트는 보스500 프로그램의 사례처럼 그 내용이나 맥락과 상관없이 가시화 과정을 활성화할 수 있다.

Box 5.4

샌타페이(Santa Fe): 예술적 꿈의 가시화

미국 뉴멕시코주의 주도인 샌타페이는 주민이 7만 명도 되지 않는다. 19세기에 철도교통 체계에 포함되지 않으면서 도시는 쇠퇴하고 인구가 감소하기 시작했다. 하지만 예술 공동체와 자생적 공예산업의 발전으로 인해 활기를 되찾았다. 이러한 예술적 전통은 미국연구대학(School of American Research, SAR)과 뉴멕시코 박물관을 설립할 수 있는 지식기반이 되었다. 샌타페이시는 이러한 도시의 자산을 활용해 매력도와 경제적 활력을 증대시켰다. 플로리다(Florida 2002)는 샌타페이가 미국의 어느 도시보다 1인당 문화 자산이 가장 많다고 지적했다. 미국에서 노동력 중 작가의 비중이 가장 높은 도시이며, 75개의 비정부 예술기관과 250개의 민간 갤러리가 입지해 있다.

샌타페이시의 예술적 열정은 1956년 샌타페이 오페라하우스의 설립으로 이어졌다. 존 오 크로스비(John O. Crosby)는 부모의 유산 20만 달러를 투자해 이 특색 있는 기관을 발전시켰다. 오페라하우스는 오페라 164편을 총 2,000여 번 무대에 올

렸으며, 연간 2억 달러 이상의 경제효과를 창출했다. 기존의 오페라하우스와는 달리 샌타페이 오페라하우스는 예술과 장소를 연계하는 독특하고 다양한 전시 활동으로 인해 《뉴욕타임스》는 '사막의 기적'이라고 칭송했다.

2005년 샌타페이시는 '디자인, 공예, 민속예술' 부문의 유네스코 창의도시 네크워크에 선정되어 국제적인 연계를 강화하였다. 이는 미국 최초의 유네스코 창의도시 네트워크 선정이었다. 이후 창조적인 관광 프로그램을 발전시키고, 2008년에는 세계창조관광학술대회를 주최하였다. 샌타페이시는 해당 분야 최대 규모의 세계민속예술마켓을 주최해 연간 2만 명의 관람객을 동원했고, 2011년 샌타페이시는 'DIY 샌타페이 예술의 달(DIY Santa Fe Art Month)' 행사를 시작하는 등 수많은 이벤트를 개최하였다.

샌타페이시는 전략적 계획이 필요하다는 점을 인식해 1912년 1회 도시계획을 시작했으며, 이 계획에는 통합 빌딩 유형인 스페인 스타일의 푸에블로를 재현하는 기획도 포함되었다. 2007년 도시계획에서는 도심 지역의 비전에 대해 "역사적인 도심은 경제적으로 활력이 있고, 생태적으로 지속 가능한 장소가 되어야 한다. 이곳에서는 기존 상업활동과 새로운 활동이 주민만이 아니라 방문객의 요구에 부응해야 한다"고 지적한다(City of Santa Fe 2007: 3). 2015년 샌타페이시는 '문화연결(Culture Connects): 샌타페이'라는 지역 공동체 기반의 계획 수립 참여 제도를 시작했다. "우리는 일련의 창조적이고 직접적인 참여를 통해 문화의 개념을 탐구했고, 샌타페이시의 미래에 대한 우리의 꿈을 공유했으며, 이 비전을 실현하기 위한 로드맵을 창조했다." '문화의 감각적 경험이 지역공동체를 통해 어떻게 가시화되는지 구체적으로 설명하기 위하여' 문화자산 지도를 시험적으로 작성하였다.

샌타페이시의 계획 추진은 사람, 장소, 실천, 정책 등을 융합하는 과정이다. 특히 실천은 이전에 시행된 내용뿐만 아니라 반복적인 노력과 실행 절차를 통해 개선하는 작업이다.

지각화

프로그램의 가시화 작업은 긴 과정의 첫 번째 단계에 해당한다. 프로그램의 추진력을 유지하기 위해서는 프로그램의 내용이 일상적인 상황에서 이해되고 주민들이 이를 활용해야 한다. 특정의 정치적·사회적·학문적 맥락에서 일하는 개인이나 소그룹만이 프로그램을 알고 있다면 이는 중대한 문제이다. 도시 이용자에게 더 폭넓은 참여를 이끌어 내기 위해서는 그 개념에 더 많은 사람이 접근할 수 있어야 한다. 여기에는 다음의 사항이 포함된다.

- 번역: 기술적·학술적 용어로 쓰인 프로젝트의 개념을 일상적이고 평이한 언어로 해석하는 작업. 보스500 프로그램의 경우 히에로니무스 보스의 세계관을 보편적인 주제로 해석해 주민, 방문객과 전 세계 미디어가 이해할 수 있도록 하였다.
- 적응: 프로그램의 내용을 관객과 시민이 이해할 수 있도록 관계를 맺는 작업. 히에로니무스 보스의 경우 기본적인 방법은 보스의 작품을 동시대 예술 생산의 영감으로 활용하는 것이다. 이는 오페라 〈보스 해변〉 공연에서 제시된 난민 위기의 문제처럼 현대 세계의 긴박한 이슈들과 관련되어 있다.
- 공감: 프로그램의 메시지가 번역과 적응의 기제를 통해 소통되었다고 할지라도 주민들이 여기에 연결되어 있다고 느끼지 않는 한 제한적인 영향만을 줄 것이다. 보스의 경우 500년 만에 고향으로 돌아온 작품들의 귀환 스토리가 공감대를 형성했다. '다윗과 골리앗'의 경우처럼 스헤르토헨보스의 성취는 거대한 예술 세계에서 소도시가 어떻게 강한 정서적 감동을 주었는지를 보여 준다.

실행의 유연성

동원, 가시화, 지각화의 실행은 도시의 일상적인 운영 과정에서 착근성이 필요함을 보여 준다. 이러한 실행은 도시 일상의 한 부분으로 편입되었을 때 도시 운영에서 내적으로 자연스럽게 스며든다. 베르비넨(Verwijnen 1999)이 주장하듯이 이는 글로벌 경쟁에 대응하고 협력 체제를 구축하기 위해서는 필수적이다.

사회적 실천에 관한 많은 연구에 따르면, 특정한 행동과 활동이 루틴이나 의례가 될 수 있고, 이는 시민의 행동을 구조화하기 시작한다(Shove et al. 2012). 특정한 실천이 일단 확립되면 바뀌기 어렵고 의사결정에서 경로의존적이 된다. 콜린스(Collins 2004)는 이를 '상호작용의 의례사슬(interaction ritual chain)'이라고 명명했다. 특정한 루틴, 즉 '행동양식'은 도시 문화의 중요한 기반이다. 하지만 이는 변화의 장애가 될 수도 있다. 도시는 물리적 대상의 집합체이자 사람이 모이는 곳이므로 도시는 자체의 물리적 발전에 제약받는다. 물리적 대상은 사람을 제약하지만, 사람은 이에 새로운 의미를 부여해 '움직이게' 할 수 있다. 예를 들어 2004년 릴(Lille)의 유럽문화수도 프로그램은 주민과 외부 이해관계자들이 릴이라는 도시를, 프랑스 북부의 탄광 산업 중심지가 아니라, 활기차고 다채로운 유럽 대도시로 인식하게 해 주었다.

종종 새로운 의미는 비전 제시자, 지도자, 변화 주도자에 의해서 시스템 속으로 투입된다. 네메스(Németh 2016)는, 폭넓은 지원을 보장받기 위해서 사람들은 자신이 원하는 것을 받아야 한다는 가정에 기초해 프로그램을 설계해야 한다고 주장했다. 하지만 현실에서 사람들은 자신이 직접 체험할 때까지 자신이 무엇을 진정으로 원하는지 모른다. 이러한 현실에 대응하기 위해서 도시의 비전은 사람들이 미래에 무엇을 원하게 될지에 초점을 맞추어야 한다.

네메스는 유연한 거버넌스 구조가 도시를 완전히 다른 장소로 변모시키는 데 초점을 두고 있어서, 유럽문화수도와 같은 이벤트는 변화를 자극하는 모델이 될 수 있다고 지적한다. 이벤트와 같은 거버넌스 모형은 항상 일시적이고, 유연하고, 민첩하므로 유연성을 제공한다. 2011년 유럽문화수도 투르쿠시의 경우 많은 논쟁과 외부적인 불확실성으로 인해 프로그램을 재구축했으며, 대규모 하부구조 계획을 소규모로 바꾸었다. 네메스(Németh 2016: 70)는 유럽문화수도와 같은 이벤트를 다음과 같이 보아야 한다고 지적한다.

이벤트가 벌어지는 어떤 장소는 참여와 거버넌스 실천, 루틴을 개발하기 위한 적절한 시험 장소이다. 비교적 제한된 재정 자원으로도 넓은 범위의 이해관계자를 포용하는 지원을 할 수 있다. 이해관계자의 참여는 더욱 다양한 범위의 이해관계를 고려한다는 의미이고, 여기에는 더욱 복잡하고 혁신적인 참여와 협상 과정이 필요하다.

윈(Wynn 2015)은 《음악/도시: 오스틴, 내슈빌, 뉴포트의 아메리카 페스티벌과 장소만들기》라는 저서에서 도시 발전 수단으로 '축제화(festivalization)'라는 개념을 제시했다. 윈은 이벤트가 도시에서 창조성이 발현될 수 있도록 해 주는 '유동적인 도시 문화'를 제공하기 때문에 장소만들기 과정에서 핵심적 기능을 제공한다고 지적했다. 이벤트, 즉 '행사'는 도시 시스템에서 촉매 기능을 하기 때문에 장소를 변화하게 만든다. 하지만 리처즈(Richards 2015)가 지적하듯이, 모든 이벤트가 변화를 추동하는 것은 아니다. 사실상 많은 이벤트는 '반복적'이다. 현 상황에 도전적이기보다는 현상 유지를 강화하는 측면이 많다. 소수의 이벤트만이 도시에 진정으로 필요한 유형으로, '규칙적인 파동(pulsar)'을 내보내 장소를 물리적·상징적으로 변화시키는 촉매 역할을 할 수 있는 역량을 갖고 있다.

결론

도시의 거버넌스 방식은 변화하고 있다. 상향식이며 유연한 시스템으로 변화해 주민의 창의성을 증진하고 있다. 도시는 아이디어와 정보를 모으는 데 적합한 장소로 주민들이 자신의 목표를 달성하도록 도움을 줄 수 있다. 문제는 모든 개인의 욕망을 도시가 총체적으로 반영해 추진력으로 이어지도록 하는 역량이다.

현대 도시의 지도자가 프로그램을 이끌어가기 위해서는 비전이 있어야 하며, 목표를 향해 강건하게 앞으로 나아가야 하며, 이로 인해 생길 수 있는 위험을 이해해야 한다. 킴 도베이(Kim Dovey 2010)는 권력과 욕망 사이에는 강한 연계가 있다고 지적했다. 성취하는 능력은 성취하고자 하는 욕망과 연결되어야 한다. 우리는 어떻게 이러한 자질을 네트워크와 거버넌스 구조로 변화시킬 수 있을까? 가능성의 구조로서 플랫폼의 발전은 집합적 욕망을 엮는 추동력의 기회를 제공하고, 이벤트와 프로그램은 이러한 꿈을 향해 전진할 수 있는 수단을 제공한다. 이벤트는 도시에서 구조화되는 자원 동원, 가시화, 지각화의 실행을 위한 행위 주체자로서, 촉매로서, 영감으로서 핵심 역할을 한다.

프로그램과 플랫폼의 거버넌스 구조를 설계할 때 조직의 중요한 사명은 주민이 행동하도록 하는 것이다. 여기에는 조직과 자원 접근가능성 측면에서 정당성을 획득하는 것이 중요하다. 프로그램의 조직은 투명하고 규모가 작아야 한다. 소규모 조직이 이러한 목표를 달성하기 위해서는 파트너십을 형성하는 것이 필수적이다. 하지만 함께 행동하는 것이 항상 가능하지는 않다. 조직이 과다한 컨설팅 없이 빠르게 행동하기 위해서는 리더십을 발휘해야 한다. 결국 프로그램의 방향성과 가치에 대해 시의 구성원들이 합의하는 것이 중요하다.

·참고문헌·

Aarhus 2017 (2015). *European Capital of Culture Aarhus 2017: Strategic Business Plan*. Aarhus.

Bærenholdt, J. O. (2017). Moving to Meet and Make: Rethinking Creativity in Making Things Take Place. In J. Hannigan and G. Richards (eds), *The SAGE Handbook of New Urban Studies*, 330-42. London: SAGE.

Bartle, J. R., Kriz, K. A., and Morozov, B. (2011). Local Government Revenue Structure: Trends and Challenges. Public Administration Faculty Publications, Paper 4. http://digitalcommons.unomaha.edu/pubadfacpub/4.

Beuks, J. A., Knitel, K. W., and De Wijs, I. (2011). *Een onderzoek naar het netwerk rondom de meerjarige, internationale manifestatie Jheronimus Bosch 500*. Tilburg: Tilburg University.

Bollier, D. (2015). *The City as Platform: How Digital Networks Are Changing Urban Life and Governance*. Washington, DC: Aspen Institute.

Citroni, S., and Karrholm, M. (2017). Neighbourhood Events and the Visibilisation of Everyday Life: The Cases of Turro (Milan) and Norra Fäladen (Lund). *European Urban and Regional Studies*. https://doi.org/10.1177/0969776417719489.

City of Santa Fe (2007). *Santa Fe Downtown Vision Plan*. Santa Fe, NM: City of Santa Fe.

Collins, R. (2004). *Interaction Ritual Chains*. Princeton, NJ: Princeton University Press.

DeSantis, V. S., and Renner, T. (2002). City Government Structures: An Attempt at Clarification. *State and Local Government Review* 34(2): 95-104.

Dovey, K. (2010). *Becoming Places: Urbanism/Architecture/Identity/Power*. London: Routledge.

Eraydın, A., Armatlı Köroğlu, B., Erkuş Öztürk, H., and Senem Yaşar, S. (2008). Network Governance for Competitiveness: The Role of Policy Networks in the Economic Performance of Settlements in the Izmir Region. *Urban Studies* 45(11): 2291-2321.

FDi Magazine (2016). European Cities and Regions of the Future 2016/17. http://www.fdiintelligence.com/Rankings/European-Cities-and-Regions-of-the-Future-2016-17?ct=true.

Florida, R. (2002). *The Rise of the Creative Class: And How It's Transforming Work, Leisure and Community*. New York: Basic Books.

Hall, P. (1996). *Cities of Tomorrow*. Malden, Mass.: Blackwell.

Hannigan, J., and Richards, G. (eds) (2017). *SAGE Handbook of New Urban Studies*. London: SAGE.

Ingold, T. (2013). *Making: Anthropology, Archaeology, Art and Architecture*. London: Routledge.

Jessop, B., and Sum, N.-L. (2000). An Entrepreneurial City in Action: Hong Kong's Emerging Strategies In and For (Inter)urban Competition. *Urban Studies* 37(12): 2287-2313.

Jones, C., Hesterly, W. S., and Borgatti, S. P. (1997). A General Theory of Net-work Governance: Exchange Conditions and Social Mechanisms. *Academy of Management Review* 22(4): 911-45.

Kresl, P. K., and Ietri, D. (2016). *Smaller Cities in a World of Competitiveness*. London: Routledge.

Kvistgaard, P., and Hird, J. (2017). The Role of Trust, Empathy and Patience in Destination Development. https://www.linkedin.com/pulse/draft/AgHnof NGPwoSU-wAAAV5hIARbFbNYJzFYoAGjkelhAKNbYqWU16qx6MiyyiK AU-j8_C0ptC0.

Larsen, J., and Urry, J. (2008). Networking in Mobile Societies. In J. O. Barenholdt and B. Granas (eds), *Mobility and Place: Enacting Northern European Peripheries*, 89-101. Aldershot: Ashgate.

Libert, B., Beck, M., and Wind, J. (2016). *The Network Imperative: How to Survive and Grow in the Age of Digital Business Models*. Boston, Mass.: Harvard Business Review Press.

Lorentzen, A., and van Heur, B. (eds) (2012). *Cultural Political Economy of Small Cities*. London: Routledge.

Näsholm, M. H., and Blomquist, T. (2015). Co-creation as a Strategy for Program Management. *International Journal of Managing Projects in Business* 8(1): 58-73.

Németh, Á. (2016). European Capitals of Culture: Digging Deeper into the Governance of the Mega-event. *Territory, Politics, Governance* 4(1): 52-74.

O'Reilly, T. (2017). *WTF? What's the Future and Why It's Up to Us*. New York: HarperCollins.

Pasquinelli, C. (2013). Competition, Cooperation and Co-opetition: Unfolding the Process of Inter-territorial Branding. *Urban Research & Practice* 6(1): 1-18.

Pierre, J. (1999). Models of Urban Governance: The Institutional Dimension of Urban Politics. *Urban Affairs Review* 34: 372-96.

Provan, K. G., and Kenis, P. (2008). Modes of Network Governance: Structure, Management, and Effectiveness. *Journal of Public Administration Research and Theory* 18(2): 229-52.

Richards, G. (2015). Events in the Network Society: The Role of Pulsar and Iterative Events. *Event Management* 19(4): 553-66.

Richards, G. (2017). From Place Branding to Placemaking: The Role of Events.

International Journal of Event and Festival Management 8(1): 8-23. Richards, G., and Ro-
tariu, I. (2015). Developing the Eventful City in Sibiu, Romania. *International Journal
of Tourism Cities* 1(2): 89-102.

Sahasranaman, A., and Prasad, V. (2014). Sustainable Financing for Indian Cities. http://
financingcities.ifmr.co.in/blog/category/municipal-finance.

Shove, E., Pantzar, M., and Watson, M. (2012). *The Dynamics of Social Practice: Everyday
Life and How It Changes.* London: Sage.

Soldo, E., Arnaud, C., and Keramidas, O. (2013). Direct Control of Cultural Events as a
Means of Leveraging the Sustainable Attractiveness of the Territory? Analysis of the
Managerial Conditions for Success. *International Review of Administrative Sciences*
79(4): 725-46.

Swope, C. (2015). Adelaide's Peter Smith on "place governance". *Citiscope*, 29 Apr. http://citi
scope.org/story/2015/adelaides-peter-smith-place-governance.

Tax Policy Center (2017). Briefing Book. www.taxpolicycenter.org/briefing-book/what-are-
sources-revenue-local-governments.

Thibert, J. (2015a). *Governing Urban Regions Through Collaboration.* London: Routledge.

Thibert, J. (2015b). Beware the Collaboration Trap. http://policyoptions.irpp. org/maga-
zines/environmental-faith/thibert.

UCLG (2016) Subnational Governments Around the World: Structure and Finance. www.
uclg-localfinance.org/sites/default/files/Observatory_web_0.pdf.

UN-Habitat (2017). Governance. http://unhabitat.org/governance.

van Heur, B. (2012). Small Cities and the Sociospatial Specificity of Economic Develop-
ment. In A. Lorentzen and B. van Heur (eds), *Cultural Political Economy of Small Cit-
ies*, 17-30. London: Routledge.

Verwijnen, J. (1999). The Creative City's New Field Condition. In J. Verwijnen and P. Leht-
ovuori (eds), *Creative Cities: Cultural Industries, Urban Development and the Informa-
tion Society*, 12-35. Helsinki: University of Art and Design Helsinki.

Ward, K. (2011). Entrepreneurial Urbanism, Policy Tourism and the Making Mobile of
Policies. In G. Bridge and S. Watson (eds), *The New Blackwell Companion to the City*,
726-37. Oxford: Wiley-Blackwell.

Wynn, J. R. (2015). *Music/City: American Festivals and Placemaking in Austin, Nashville, and
Newport.* Chicago: University of Chicago Press.

6장

소도시 마케팅,
그리고 브랜딩하기

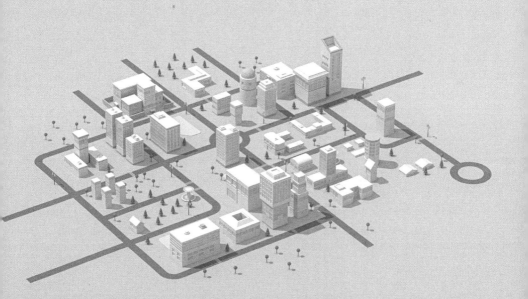

서론

도시들은 세계시장에서 극심한 경쟁에 직면해 있다. 따라서 도시들은 저마다의 독특함을 강조하기 위해 도시브랜드를 만들고, 매력적인 이야기를 할 필요가 있다. 그러나 우리가 앞 장에서 살펴본 바와 같이, 단지 도시브랜드나 이야기만이 아니라 현실(reality)의 도시 자체를 개선할 필요가 있다. 어떻게 하면 장소 브랜딩과 정체성 개발을 통해 소도시를 더욱 좋게 만들어나갈 수 있을까?

파스퀴넬리(Pasquinelli 2013: 2)가 주장하듯이, 어떤 도시는 일단 도시가 처한 현실을 개선하고, 도시 나름의 독특한 이점에 대해 소통하고, 그리고 다른 도시들로부터 관심을 불러일으킴으로써 '지리의 시장'에서 스스로 제자리를 찾을 필요가 있다. 이때 다른 사람이 아닌 이 도시에 사는 사람들을 위해 도시 자체를 매력적으로 만드는 것이 관건이다. 그렇게 된다면 방문객, 투자자, 그리고 새로운 주민들도 자연스레 찾아올 것이다.

마케팅(marketing)은 늘 변화한다. 최근 싱가포르 관광청(Singapore Tourist Board·STB 2016: 4)은 "세계 무대에서 자신들의 위치를 점하기 위해 고군분투하는 도시 입장에서는 전통적 마케팅 방식으로는 다른 도시들과 차별화하기가 쉽지 않다"고 보았다. 도시들은 그들이 무엇을 마케팅할지, 그리고 누구를 대상으로 할지 더욱 전략적으로 사고해야 한다. 전통적인 도시 마케팅 유형은 점차 더 광의의 개념인 장소 마케팅과 브랜딩으로 변화하는데, 이는 도시의 포지셔닝(positioning)에 관해 총체적(holistic)으로 접근해야 함을 의미한다.

이번 장은 소도시들이 자신의 위치를 자리 잡기 위해 채택할 수 있는 다양한 장소만들기 전략, 가령 스토리텔링, 브랜딩, 무료 홍보 등을 다룬다.

장소 브랜드 구축하기

장소 간 경쟁이 심화하면서 도시브랜드의 역할에 대한 관심도 증가하고 있다. 본질적으로 브랜드는 상품, 서비스, 장소를 다른 유사한 것들과 구별하는 특징이라고 할 수 있다. 따라서 브랜드는 공급자나 소비자 혹은 둘 모두를 위해 차별화하고 부가가치를 창출하는 것을 주된 목적으로 한다(Wood 2000).

카바랏지스와 애시워스(Kavaratzis and Ashworth 2005)는 도시에 마케팅 원리를 적용하는 데 몇 가지 문제가 있음을 지적한다. 첫째, 도시의 마케팅이나 브랜딩이 더 빈번히 활용되고 있지만, 물리적 상품이나 서비스와는 달리 도시 브랜딩의 공간적 차원을 고려하는 마케팅 전문가는 거의 없다. 또한 도시들은 마케팅 및 브랜딩에서 최신 '유행'을 따르는 경향이 있다. "공공부문 기획자들은 오랫동안 감각적인 슬로건을 채택해 남용하고는 곧 망각해 버리는 경향을 보였다"(p.507). 가장 단순하게 말하면, 장소 브랜딩은 장소에 제품 브랜딩을 적용하는 것이라고 할 수 있다. 카바랏지스와 애시워스(Kavaratzis and Ashworth 2005: 510)의 주장을 살펴보자.

어떤 장소가 첫째 존재하는 것으로 인지되고, 둘째 고객의 마음에 경쟁 장소보다 우수한 점을 갖고 있다고 인식되고, 셋째 그 장소의 목적에 상응하는 방식으로 소비되고 싶다면, 고유한 브랜드 정체성을 확립해 차별화해야 한다.

그러므로 도시는 그 도시만의 독특한 특성(혹은 DNA)이 농축되고 전달될 수 있다면 브랜드화가 가능하다. 문제는 도시에 다양하고 많은 이해관계자가 있을 때인데, 그들은 도시의 정체성과 브랜드에 대해 서로 다른 관점을 가질 수 있다. 카바랏지스와 애시워스(Kavaratzis and Ashworth 2005)는 도시가 다양한 대중과 이해관계자 집단을 위해 상이한 브랜드를 개발할 수 있다고 제안한다. 요컨대 도시는 그곳의 여러 다른 사용자에게 어필하는 다양한 '상품'이 되거나 혜택을 주는 '기업 브랜드'일 수 있다. 이러한 기업 브랜드를 개발하는 것은 해당 장소에 관한 '이야기'와 그 장소를 연결하는 것을 의미한다. 세르토(de Certeau 1984)가 주장하듯, 이야기는 장소(places)를 공간(spaces)으로, 그리고 공간을 장소로 변형시키는 작용을 한다. 또한 이야기는 장소와 공간 사이의 변화하는 관계를 주제로 각본을 만들어 낸다. 장소 이야기는 계획, 프로그래밍과 디자인, 인프라 개발, 오그웨어(orgware)—도시에 행동양식을 제공하는 조직 소프트웨어 또는 관행—를 통해 도시에 뿌리내릴 수 있으며, 그 후 도시에 대한 '유기적(organic)'이고 '유도된(induced)' 태도와 반응을 이끌어 내기 위해 서로 다른 대중에게 전달되어야 한다.

카바랏지스와 애시워스(Kavaratzis and Ashworth 2005)는 도시브랜딩의 세

Box 6.1

그라츠(Graz): 독특함을 추구하는 도시

인구 28만 6,000명의 그라츠는 작은 규모의 도시는 아니지만, 오스트리아 제2의 도시로 항상 수도 빈의 그늘에 가려져 있었다. 2003년 유럽문화수도(European

Capital of Culture)를 조직하면서, 이 도시는 빈을 '그라츠의 가장 아름다운 교외'라고 표기한 포스터를 만들고 캠페인을 시작했다. 이 안락한 도시인 그라츠의 과제는 독특한 브랜드를 창출하는 것이었다. 그러나 코르네버거(Kornberger 2014: 185)의 설명에 따르면, "그라츠의 경우에는 독특함을 찾고자 하는 시도가 역설적으로 그 반대의 결과를 가져왔다. 다시 말해 도시에 어린 정신을 정의하기 위해 노력하면 할수록 같은 시도를 하는 다른 도시들과 닮아가기 시작했다." 이와 같이 그라츠가 그라츠만의 정체성을 정의하려 할수록 그 개념은 추상화되었고, 다른 도시들과 마찬가지로 그라츠에서도 잡음이 일기 시작했다. 코르네버거는 도시의 본질이 "작은 거리, 친절한 사람들, 여름 저녁의 따뜻한 빛, 전통 음식, 소소함"에 있음을 강조하며 도시의 의미가 한낱 구호로 포장될 수 없다고 주장한다(Kornberger 2014: 186).

그라츠는 도시브랜드가 도시행정이 아닌 이해관계자들의 해석과 의미 부여 활동을 통해 점차 만들어지는 것이라는 점을 인식하기 시작했다. 이러한 활동은 다양한 브랜드 해석과 판독을 요한다. 따라서 파편적인 브랜드들의 다양성과 복잡성을 조직화해 도시브랜드에 대한 오픈소스 접근 방식을 취하는 것이 하나의 해결책일 수 있다. 그라츠는 구체적인 브랜드 콘텐츠보다는 스타일에 의존한다. 이러한 접근은 브랜드가 단지 모델이 아니라 도시의 장소만들기를 실행하는 데 뿌리내린 스타일과 행동양식에 기초한다는 사고를 보여 준다.

도시의 독특한 스타일인 행동양식은 오픈소스 브랜드의 일관성을 보장한다. 이로써 그라츠의 도시브랜드는 특정 메시지가 아니라 사람들이 사용하는 공유 언어로서 기능을 한다. 도시브랜드는 마치 애플리케이션(app)처럼 기능해 스토리텔러들(storytellers)이 도시를 그들 각각의 버전으로 상세히 설명할 수 있는 플랫폼이 되었다. 이러한 플랫폼을 활용함으로써, 예를 들어 예비 학생들에게 대학이 전달하는 내용과 제조업체가 잠재적 투자자들과 대화하는 경우 서로 다른 메시지를 전달하더라도 일관성을 갖게 될 것이다.

문제는 오픈소스 브랜딩이 광범위한 이해관계자에게 콘텐츠를 맡긴다는 점이다. 브랜드 관리자는 플랫폼을 관리하고, 이곳에서 논의되는 이야기가 스타일을 준수하는지에 관한 큐레이터의 업무를 담당한다. 이러한 접근은 행정(government)에서 거버넌스(governance)로의 변화, 그리고 상향식의 창조적 장소만들기와 브랜딩 방식에 대한 새로운 전략 개발과 같은 과제들을 보여 준다.

가지 주요 전략을 다음과 같이 구체화했다.

- 인물 브랜딩-예: 바르셀로나 애플리케이션의 성공 이후 '가우디 브랜드 전략(Gaudi gambit)'
- 상징적 건축물-예: 파리 보부르(Beaubourg)의 그랑 프로젝트(grand project) 이후 '퐁피두 기획(Pompidou ploy)'
- 이벤트 브랜딩-예: 올림픽, 유럽문화수도 등

브랜딩은 도시의 정체성을 외적으로 보여 주는 수단일 뿐만 아니라 도시개발과 거버넌스를 위한 수단이기도 하다. 에쉬와 클랭(Eshuis and Klijn 2017)은 브랜딩과 거버넌스 전략을 공생관계로 보았는데, 즉 도시는 정책 및 도시개발을 도시브랜드와 연계함으로써 정책 효과를 강화하고자 한다. 에쉬와 클랭은 브랜딩을 세 가지의 중요한 거버넌스 기능을 달성하기 위해 활용할 것을 제안하였다.

1. 브랜딩은 정책 이슈와 해결책에 관한 구체적인 이미지를 제공함으로써 사람들의 인식에 영향을 미치고 의사결정 과정을 형성한다.
2. 브랜딩은 행위자들을 도시 거버넌스 과정으로 한데 엮음으로써 그들의 협력을 확보한다.
3. 거의 읽히지 않는 정책 문서나 심층 설명서(in-depth statements)를 출간하는 것보다 브랜딩이 훨씬 효과적인 방식일 수 있으며 외부 세계, 특히 미디어에 단순한 이미지와 연관성을 전달한다.

유로시티(Eurocities 2011)는 도시를 브랜딩하는 과정에 다양한 이해관계자가 참여해야 한다고 주장한다. 여기에는 도시정부, 민간 부문, 관광, 시민사회가 포함되며, 이해관계자의 참여는 다음에 근거한다.

- 파트너십: 이해관계자 대표들은 동의를 구하고 브랜드 신뢰성을 보장하기 위해 파트너십 접근을 활용해 협력해야 한다.
- 리더십: 파트너 이해관계자들은 내부의 차이를 극복하고 진전과 효과적인 의사결정을 보장하기 위해 강력한 리더십을 필요로 한다.
- 연속성: 장기적인 전략과 브랜드 지속성을 보장하기 위해 파트너십과 리더십에서 연속성은 필수적이다.
- 공동 비전: 이해관계자는 명확한 브랜드 전략을 수립하려면 도시의 미래에 대한 비전을 공유해야 한다.
- 행위 기반 실행: 브랜드 전략을 실행하고 브랜드를 만들기 위해 이해관계자들은 각 단계에서 요구되는 적절한 행위에 동의해야 한다.

또한 많은 소도시에서 브랜딩과 마케팅을 하려면 그 과정에 외부의 이해관계자들도 참여하게끔 해야 한다. 외부 관객과 소통하는 데에도 도시는 일부 창의성이 필요하다. 관광산업이나 미디어를 활용하는 것은 이러한 외부의 이해관계자에게 닿을 수 있는 중요한 전략이 된다. 예를 들어 벨기에 브루게(Bruges)시는 2003년 유럽문화수도를 위해 개발한 프로그램의 소통과 마케팅을 시의 문화부가 아닌 관광부가 담당했다. 이후 이 프로그램은 브루게 플러스(Brugge Plus)로 바뀌었고, 이 도시의 문화 프로그래밍을 위한 플랫폼이 되었다.

와르트 레넌(Ward Rennen 2007)은 도시, 도시의 이벤트, 그리고 미디어가 상호 의존적인 시스템을 형성하는 과정을 기술하기 위해 도시 이벤트(CityEvent) 모델을 개발했다. 광고 수익을 올리기 위한 미디어의 니즈(needs)와 이벤트의 명성과 인지도를 쌓기 위한 이벤트 주최자의 요구가 결합되면서 도시 자체에 대한 마케팅과 도시 이미지 개선에 대한 관심이 시너지 효과를 갖게 된다. 레넨은 도시의 브랜딩을 '장소의 재배열(reordering)과 리네이밍(renaming), 그에 따른 네트워크화된 장소론을 제안'하는 관점에서 도시 브랜딩을 바라본다. 즉 도시는 공간의 위계, 이해관계자 간의 관계, 도시의 이미지와 정체성을 투영하는 미디어의 역할 측면에서 이 도시에서 진행되는 이벤트 및 프로그램들과 따로 떼어 파악하기 어렵다.

브랜드 개발하기

리스틸람미(Ristilammi 2000)에 따르면, 덴마크와 스웨덴 사이의 외레순(Øresund) 지역의 새로운 브랜드 개발은 '관심사의 통합(orchestration)'과 지역의 미래에 대한 긍정적인 기대감으로 시작되었다. 이 사례는 특정 프로젝트나 브랜드 개발을 중심으로 이해관계자를 한데 모으기 위해 관심을 불러일으키는 것이 중요하다는 점을 보여 준다. 리스틸람미는 브랜드 구축의 세 단계로 개시(initiation), 통합(integration), 그리고 식별(identification)을 제시했다. 이는 〈표 6.1〉에서 말하는 협력 수준의 정도(기능적, 관계적, 상징적)에 차이가 있음을 시사한다.

유로시티(Eurocities 2011)는 총 6개월이 소요된 핀란드의 탐페레(Tampere) 시에서 진행된 브랜드 구축 과정을 상세히 기술했다. 브랜드 구축 과정은 탐페레시 정부와 지역 마케팅 부문, 자문기관, 커뮤니케이션 기관의 대표들로 구성된 프로젝트 집단에 의해 추진되었다. 운영위원회는 온라인(인트라넷)과 워크숍을 통해 해당 프로젝트 집단의 업무를 테스트하고 의견을 제출했다(기능적 협력). 여기에는 작업에 대해 코멘트와 아이디어를 공유하고, 다른 사람들에게 지속적으로 알리는 사용자 집단과 진행 중인 브랜딩 작업에 대해 정보를 확산하기 위한 영향력 집단(인플루언서)도 포함되었다. 영향력 집단은 의

사결정자, 기업가, 학계, 도시 대표자, 정치인, 예술가, 운동선수로 구성되었다(관계적 협력). 탐페레시는 도시를 브랜드화하는 작업이 진행됨에 따라 주민들을 의사결정 과정에 더 많이 참여할 수 있도록 하는 데 더욱 관심을 기울였다(상징적 협력).

"탐페레와 우리 모든 주민의 이야기를 풀어내는 것이 목표다"(City of Tampere 2017).

이야기를 만들기 위해서 이러한 현대 도시의 내러티브(narrative)는 독특함, 명성, 매혹, 놀라움의 요소를 발전시키는 데 이용될 수 있다. 요소들은 핵심 메시지, 이미지, 신호(sign) 측면에서 도시브랜드로서 소통될 수 있다. 이러한 브랜드 요소가 소통되는 방법, 시기, 장소는 전반적인 브랜드 전략에 좌우된다. 유로시티 프로젝트(2011)는 도시를 위한 다양한 브랜드 전략의 유형을 설명하였다.

- 우산 브랜드 전략: 경제, 관광, 문화 등 도시의 다양한 양상을 전달할 수 있는 유연한 브랜드를 제공하는 전략
- 글로컬(glocal) 브랜드 전략: 명확한 로컬(local)적 가치에 기초하면서, 로컬 포지셔닝(local positioning)을 글로벌(global) 문구와 결합해 구성하는 전략
- 글로벌 브랜드 전략: 도시의 가치, 에너지, 리듬, 그리고 포지셔닝을 반영하는 디자인 요소를 풍부하게 함으로써 도시 이름에 상징성을 부여하고, 글로벌 레퍼런스가 되는 브랜드 개발에 초점을 두는 전략

네덜란드 남부의 스헤르토헨보스('s-Hertogenbosch)는 도시 마케팅의 초점이 우산 브랜드에서 글로컬 브랜드로 변화한 사례로, 보스500 프로그램을 통해 그 의미를 살펴볼 수 있다. 그러나 보스500 프로그램을 글로벌 브랜드로

<표 6.1> 도시의 브랜드 구축(after Ristilammi 2000; Eurocities 2013)

브랜드 구축 단계	협력 수준	브랜딩 과정
개시(initiation)	기능적	과정 계획, 참여자 명명 도시 현황 분석
통합(integration)	관계적	브랜드 정체성 구조화 커뮤니케이션 전략 구조화
식별(identification)	상징적	브랜딩 디자인 브랜드 활용

<사진 6.1> 네덜란드 국영방송의 보스 전시회 개막 생방송 장면 (사진: Ben Nienhuis)

진전시키는 과정은 다소 느리게 진행되고 있는데, 이는 본 프로그램이 지향하는 바와 도시 내 다른 이해관계자들 사이의 의견 불일치에 연유한다. 보스 브랜딩이 도시를 유명하게 만드는 데 일조했음에도 불구하고, 기존 조직의 잔재는 도시를 한 단계 끌어올릴 만큼 구조적으로 건전하지 않을 수도 있다.

이야기가 필요한 도시

브랜드에는 의미가 담겨 있어야 한다. 도시들은 점점 더 자신들의 이야기를 구상하고 널리 알리며, 다른 사람들이 이야기 만들기에 함께 참여해 공동으로 창작하고 그 이야기를 확산할 수 있도록 해야 한다. 이는 싱가포르 관광청(STB 2016: 5)이 주장한 바와 같다.

> 우리(관광청)는 일단 싱가포르와 싱가포르의 독특한 정체성 및 역사에 대해 다른 사람들이 끝없이 말할 수 있는 멋진 이야기를 가져야 한다. 이는 우리가 누구인지 그리고 무엇인지에 대해 확신하는 것이다. 풍부한 콘텐츠가 존재하는 디지털 시대에, 관건은 큐레이션, 즉 데이터를 수집·관리·배포하는 것에 있다.

싱가포르 관광청(2016)은 브랜드가 이야기를 서술하는 방식을 다음과 같이 세 가지로 간략하게 설명하였다.

1. 무엇: 브랜드의 본질이 무엇인지 기술한다. 스헤르토헨보스의 사례에서 보스500 브랜드는 보스의 출생지이자 고향이며 그의 작품에서 보여 주는 도시의 역할을 중심으로 만들어졌다.
2. 어떻게: 해당 재화가 소비자에게 어떤 이점을 제공하고, 어떤 것을 성취하도록 돕는지 설명한다. 보스500의 이야기는 사람들이 세상을 이해하고, 세상이 어떻게 변화했는지, 그리고 그 속에서 자신의 역할을 이해하는 데 도움을 줄 수 있는 보편적 가치에 바탕을 두었다. 또한 사람들이 보스를 주제로 하는 자신만의 이야기를 만들 수 있도록 문화 창작 콘텐츠도 제공했다.
3. 왜: 브랜드의 존재 가치와 브랜드가 하는 역할이 왜 중요한지 이유를 설

명한다. 브랜드의 비전, 가치, 목적에 관한 것으로, 이는 소비자와의 관계에서 신뢰와 진정성을 쌓는 것이다. 보스500프로그램은 전 세계에 보스의 유산을 보존하고 풍요롭게 한다는 목적을 추구했다.

도시 차원에서는 이러한 브랜드 이야기를 도시 내 다양한 이해관계자가 공유해야 하므로 복잡할 뿐만 아니라 단일한 구성으로 전달하기도 어렵다. 이는 스헤르토헨보스와 보스500 프로그램의 이야기를 개발하는 과정에서도 이해관계자 이슈는 핵심이 된 사안이었다.

스헤르토헨보스 이야기하기

스헤르토헨보스는 도시의 가장 유명한 인물인 히에로니무스 보스와 도시를 연결하는 것이 주된 관심사였다. 특히나 화가의 작품을 단 한 점도 보유하고 있지 않은 이 도시로서는 매우 도전적인 야망이었고, 이러한 배경으로 인해 수년 동안 도시와 주민들은 히에로니무스 보스와 그의 유산을 외면하였다. 마치 도시는 집단 열등감에 시달리는 듯했다. 보스는 스헤르토헨보스에서 가장 유명한 사람이었으나 그의 작품이 전 세계에 퍼져 있었기 때문에 그는 이 도시에서 '잃어버린 아들'과 같이 여겨졌다.

출생지로서의 권리 주장

2001년이 되어서야 사람들은 보스의 유산이 단지 그림만이 아니라 더 많은 것을 의미한다는 점을 깨닫기 시작했다. 그해에 로테르담에 있는 보이만스 판뵈닝언(Boijmans van Beuningen) 미술관은 유럽문화수도(ECOC) 기념의 일환으로 보스의 예술 작품 전시회를 추진하였다. 이러한 움직임은 스헤르토헨보스에서도 소규모의 보스 프로그램을 조직해 보고자 하는 잠정적 이니셔티브를 촉발하였다. 보스의 작품 주제인 천국과 지옥, 그리고 일곱 가지 대죄(Seven Deadly Sins) 등으로부터 영감을 받은 문화예술 활동이 포함되었는데, 이를 통해 화가와 그의 작품에서 드러나는 다면적 본질을 발견하는 계기가 되었다. 다시 말해 그의 영감과 상상력, 그리고 보스와 그의 시대(중세 후반)에 바탕을 둔 스토리텔링의 잠재력을 발견하였다. 또한 보스의 출생지에 대한 미디어의 예기치 않은 관심으로 인해, 2001년은 스헤르토헨보스의 시민들이 히에로니무스 보스를 이 도시로 되찾아올 용기를 얻는 티핑 포인트(tipping point)가 되었다. 이를 계기로 그의 사후 500주년이 되는 2016년을 맞아 이를 기념하는 첫 번째 아이디어가 탄생했다. 도시의 꿈이 드디어 뿌리를 내리기 시작한 것이다.

권리 주장의 복잡한 이슈

2016년에 보스를 기리기 위한 대규모 행사로 첫 번째 아이디어를 실현하기까지 상당한 준비 시간과 작업이 필요했다. 특히 큰 이슈로는 그의 예술 작품을 스헤르토헨보스로 가져오기 위해 작품을 보유한 전 세계의 많은 미술관으로부터 작품을 대여하는 데 여러 해가 소요된다는 점이었다. 그뿐만 아니라 보스의 작품이 스헤르토헨보스에 없더라도 이곳과 항상 연결될 수 있도록 보장할 무언가가 필요했다. 한 가지 방법으로는 현대 예술가들이 보스를 작품의 영감의 원천이 되도록 하는 프로그램을 개발해 매년 이곳에서 열리도록 하는 것이었다. 이는 많은 관중에게 보스와 그의 작품이 가진 다양한 면모를 경험할 기회를 주었다.

　10년 전만 해도 보스는 네덜란드 국민에게 비교적 잘 알려지지 않았고 큰 사랑을 받는 화가도 아니었다는 점에서 이와 같은 시도는 중요했다. 2006년 보스의 이미지에 대한 연구는 그가 구식이고, 답답한 중세 화가로 여겨진다고 평가했다(LAGroup 2006). 사실 대부분의 사람들이 여전히 보스와 그의 출생지를 엮어서 생각하지 않지만, 사실 그는 국제적으로는 매우 잘 알려져 있었다.

이런 점에서 보스와 이 도시의 연결고리를 만드는 것은 그의 작품이 이곳에 없을 뿐만 아니라 그의 이미지도 새롭고 의미 있게 변화시켜야 할 필요가 있었기 때문에 복잡한 과제였다. 다년간 진행된 문화 프로그램은 그에 관한 주제를 더욱 심화시키고 업데이트하는 기초를 제공하였다.

운 좋게도 이 도시는 보스 브랜드를 구축할 때 맨 밑 작업부터 시작할 필요는 없었다. 히에로니무스 보스 아트센터(Jheronimus Bosch Art Centre)와 같은 기관과 화가의 작품에 대한 연구에서 일부 진전이 있었다. 또한 이 도시에는 보스와 연결된 많은 물리적 장소가 있었다. 그의 작업실, 집, 성 요한 대성당(Saint John's Cathedral), 성모형제회(the Brothership of Our Lady), 시장(the Marketplace), 빈넨디저강(Binnendieze river) 등 이 모든 요소가 중세 말기에 보스와 이 도시에 대한 스토리텔링의 자료가 되었다. 아트센터를 비롯한 기관들은 이야기의 요소들을 보존해 왔고, 에프텔링(Efteling) 테마파크 덕분에 이 요소들은 현대의 멀티미디어 기법을 활용해 매력적인 경험을 선사하는 것으로 변모하였다. 이를 통해 방문객은 온전히 시간을 보내고 보스의 발자취를 느낄 수 있었다. 보스와 관련 있는 장소들을 연결함으로써 스헤르토헨보스는 독특하고 진정한 보스의 중심지이자 보스의 도시라는 점을 주창하였다. 그의 예술 작품은 전 세계에 흩어져 있을지라도 보스는 스헤르토헨보스에서 태어나고, 살고, 그리고 이곳에서 생을 마감했다는 점에서 반 고흐나 피카소와 같은 예술가들이 여러 다른 장소에서 살고 작업해 예술적 유산을 여러 곳에서 공유하는 것과는 대조적이다. 보스는 스헤르토헨보스에서 그림 그리는 법을 배웠고, 그의 전작(全作) 모두 이곳에서 창작되었다. 그와 도시의 연결고리가 상당히 강해서 히에로니무스 본인은 심지어 그의 성을 판 아컨(Van Aken)에서 보스로 바꿨고, 그의 고객들은 그를 어디에서 찾아야 할지 이미 알 수 있을

〈사진 6.2〉〈쾌락의 정원(Garden of Earthly Delights)〉 앞에서 놀이하는 아이들
(사진: Ben Nienhuis)

정도였다.

이 도시의 보스에 대한 권리 주장의 가장 중요한 요소는 아마도 보스 연구 보존 프로젝트(Bosch Research and Conservation Project)의 개발일 것이다. 그의 거의 모든 작품이 처음으로 조사되었고, 작품에 관한 새로운 지식을 발견하기 위해 가장 진보적인 기법이 사용되었다(4장 참고). 이러한 국제적인 연구는 스릴 넘치는 중세 탐정 소설처럼 읽혀졌으며, 엄청난 양의 국제적 언론 보도가 쏟아졌다. 보스의 미스터리한 작업에 대해 그 어느 때보다도 흥미롭고 독특하다는 반응이 넘쳐났으니 보스의 작품에 새 생명을 선사했다고 할 수 있다.

스토리텔링과 무료 홍보

무료 홍보는 디지털 시대에 마케팅 성공을 판가름하는 기준이다. 무료 홍보는 보스 이야기처럼 흥미로운 이야기가 만들어 내는 관심으로 유지된다. 보스 전시회, 다양한 문화 프로그램, 그리고 연구 성과는 지역, 국가, 특히 국제적으로 엄청난 양의 홍보를 이끌어냈다. 그에 대한 많은 관심은 네덜란드의 가장 위대한 예술 아이콘 중 한 명인 렘브란트에 대한 관심마저 잠시나마 무색하게 했다(〈그림 6.1〉 참고).

만일 우리가 마케팅에 투자해 얻은 홍보 효과를 측정한다면, 이러한 활동들은 상당히 효과적이라고 할 수 있다. 언론 보도는 이목을 끌고 무료 홍보를 이끌어 내기 위한 요소들의 특이한 조합에 강하게 연결되어 있다. 이 전시회는 500년 전에 작품이 창작된 그 장소에서 지금까지 열린 전시 가운데 가장 많은 수의 보스 그림을 선보였다. 현존하는 그림 24점 중 17점과 20점의 드로잉 중 19점이 포함되었다. 작품들이 10개국의 14개 미술관에서 왔다는 사실도 놀라운 성과라고 하겠다. 또한 전시회 구성에 따른 긴장감이 보스 연구가 진행되면서 더욱 고조되었다. 새롭게 드러난 비밀과 특징들, 그리고 거부된 작품들도 놀라움을 동반한 열띤 토론과 논란을 불러일으켰다. 스페인의 마드리드 소재 프라도(Prado) 미술관이 임대해 준 '보스'의 작품 중 일부가 진품이 아니라 그의 추종자들이 만든 위작(僞作)이라고 판명되면서 프라도 미술관이 불쾌해하며 마찰이 빚어졌다. 그러나 이러한 마찰도 결국 홍보 관점에서는 긍정적이었다. '히에로니무스 보스: 천재의 비전' 전시회에 두 점의 그림이 덜 전

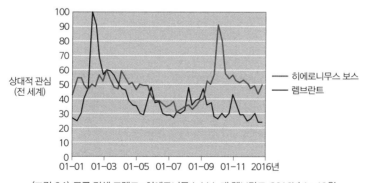

〈그림 6.1〉 구글 검색 트렌드: 히에로니무스 보스 대 렘브란트, 2016년 1~12월

시된다고 해서 관람객 수나 언론의 관심이 줄어들지는 않았다. 그리고 마드리드의 부정적인 대응과 오만한 자세는 오히려 스헤르토헨보스에 대한 동정심을 불러일으키는 데 일조하였다. 결국(프라도에 있는 작품이 정말 보스의 작품이든 아니든지 간에) 실체적 원형(artefacts)에 대한 의견 충돌보다도 무형의 이야기(작품의 귀환)가 전하는 중요성이 더욱 부각되었다.

웰컴 홈, 히에로니무스!

'웰컴 홈, 히에로니무스!' 캠페인은 보스 사후 500년이 지난 지금, 보스와 그의 작품들이 이 도시로 귀환한다는 점을 강조하였다. 이 캠페인은 2015년 11월에 네덜란드 관광청(Netherlands Board of Tourism and Conventions, NBTC), 런던의 홍보담당자 볼튼(Bolton)과 퀸(Quinn)의 지원으로 노르트브라반트(Noordbrabants) 미술관과 보스500 재단이 발족하였다. 2016년 2월 '히에로니무스 보스: 천재의 비전' 전시회의 개막을 전후로 언론 보도는 정점에 달했다. 이는 2015년 반 고흐의 해와 2013년 암스테르담 국립미술관(Rijksmuseum)의 재개관 소식보다도 전례가 없을 정도로 방대한 양의 언론 보도를 이끌어냈다. 대부분의 보도는 보스가 태어난 도시인 스헤르토헨보스의 맥락에서 제시되었다. 이로써 보스의 해에 가장 중요한 목표 중 하나인 보스와 도시 사이의 연결고리 만들기가 충분히 달성되었음을 의미한다.

보스500 프로그램은 7년에 걸쳐 추진된 비교 불가의 다차원적(multi-dimensional)인 이벤트였다. 총 170만 명이 직접 프로그램을 찾았는데, 2010~2015년에 30만 명 그리고 2016년에 140만 명이 방문했다. 화가에 대한 관심과 도시에 생겨난 자부심 덕분에 본 전시회와 다른 프로젝트에도 상당한 자원이 투자되었다. 이와 같이 프로그램에 대한 관심과 자부심의 증가는 이해관계자를 참여시키고 민간 부문의 추가적인 투자를 이끌어 내는 촉매제로 작용하였다.

보스500 프로그램은 기존에 '구식'의 중세 예술가라는 보스의 이미지에 새로운 이미지를 부여하였다. 특히 현대 예술가들과 프로그램을 연계함으로써, 도시는 보스의 이미지에 현대적인 감각을 입힐 수 있었다. 연구 프로그램, 에프텔링 테마파크와의 협력, 현대미술의 생산이라는 모든 전략은 이 화가가 남긴 유산의 범위를 확장하고 가치를 높이는 데 기여하였다. 여기에는 마케팅보다는 문화 생산에 훨씬 더 많은 투자가 이루어졌고, 소규모로 편성된 홍보 예산은 상당한 비용이 소요될 미디어 캠페인에 투입되었다. 네덜란드 관광청의 요스 프랑컨(Jos Vrancken) 청장이 말한 바와 같이(Box 6.2 참고), 스헤르토헨보스는 마케팅에 박차를 가하기 위해 피상적인 이미지 만들기에 노력을 쏟기보다는 도시 자체의 DNA를 활용하는 방식을 채택하였다.

무엇이 소도시를 위한 좋은 이야기가 되는가? 이상적으로는 도시의 다른 측면들을 연결할 수 있는 다차원적인 이야기여야 한다. 보스의 이야기는 이와 같은 많은 핵심 요소를 갖고 있다. 향수(작품들의 귀환, 잃어버린 아들), 마드리드나 로테르담에 비해 이 도시의 약자적 위치, 보편적 주제와의 연결고리, 도시 경쟁력 요소의 결여, 중세 DNA의 연결, 기념비적 도시, 현대문화와 창

Box 6.2

도시 아이콘과 DNA: 요스 프랑컨(Jos Vrancken)과
아트 스흐라베산더(Ad 's-Gravesande)

네덜란드 관광청(NBTC)의 요스 프랑컨 청장은 도시의 중요성이 역사, 즉 도시의 DNA에 상당한 영향을 받는다고 강조했다. 이 역사적 DNA는 지역의 지지와 참여를 만들어 낸다. 도시의 아이콘은 도시를 잘 알아볼 수 있게 하지만, 한편으로는 장점과 단점의 양면성을 갖는다. 네덜란드의 이미지를 튤립, 나막신, 풍차라고 한다면, 이 이미지들은 때로는 구식이고 융통성이 없는 것처럼 보일 수 있지만, 다른 한편으로는 이러한 이미지가 새로운 기회를 제공할 수 있다. 풍차는 유산(heritage) 그 이

상의 가치로 물과의 사투, 혁신에 관한 이야기에서 영감의 원천이기도 하다.

히에로니무스 보스와 같은 아이콘은 다른 차원, 다시 말해 인지, 매력, 결속, 자부심과 관련된다. 이러한 차원은 다른 것들을 엮을 수 있는 갈고리 역할을 할 수 있다. 때로는 아이콘이 너무 커서 마치 다른 모든 것을 덮어버리는 큰 나무와 같을 수 있는데, 이런 경우에는 그 외 다른 여지가 없을지도 모른다. 따라서 어떤 경우에는 큰 나무를 잘라서 새로운 아이디어에 더 많은 빛을 비춰 줄 필요가 있다. 강한 아이콘은 또한 내부 경쟁을 초래할 수도 있다.

오스트리아의 잘츠부르크(인구 15만 명)에서 모차르트에 집중하는 선택은 논리적이다. 도시 자체에는 다른 경쟁의 아이콘이 거의 없다. 그러나 국가 차원에서 보더라도, 모차르트는 상당한 가치를 지니고 있으며, 오스트리아의 가장 중요한 아이콘이라고 할 수 있다. 국제적으로도 모차르트는 오스트리아 방문객들의 방문 목적 중 하나로서 잘츠부르크의 상징 아이콘이라고 하겠다.

모차르트와 비교하면, 보스는 스헤르토헨보스의 국제적 상징물이지만 네덜란드에서는 하나의 잠재적 아이콘에 불과하다. 마치 거대한 합성사진과 같이 멀리서 보면 하나의 이미지인 것 같지만 가까워질수록 전체를 구성하는 많은 다른 이미지가 보이는 것처럼 말이다. 스헤르토헨보스와 같은 도시에서 우선순위는 지역적 맥락을 뛰어넘는 추상화와 인지의 다음 단계로 도시의 아이콘을 끌어올리는 것이다. 이것은 국제 무대에서 성공을 거둔 지역 화가라는 것 이상으로 보스에 관해 폭넓게 생각해야 한다는 점을 의미한다.

좀 더 구체화하자면, 보스500 프로그램의 예술적 리더인 아트 스흐라베산더(Ad 's-Gravesande)는 대상이 되는 아이콘과 이 아이콘을 물리적 실재로 상기시키는 진정성 있는(authentic) 장소로서의 도시 사이에 물리적 연결이 중요하다는 점을 강조한다. 가령 순례 장소, 생가, 작업장, 거주지를 생각해 보자. 보스의 경우 중세풍의 거리 양식은 그가 알고 있는 길을 따라 말 그대로 그의 발자취를 따라 걸을 수 있게 해 준다. 가장 성공적인 사례는 대학이나 연구기관과 연결고리를 만듦으로써 연구를 통해 이러한 아이콘과 장소를 연결하는 것이다. 아이콘은 또한 도시에 각종 문화 프로그램을 마련하는 데 영감을 주고, 특별 행사로 모차르트의 해, 루벤스의 해, 반 에이크의 해와 같은 테마를 갖는 해를 지정해 기념하기도 한다. 이런 행사들은 긴장감을 조성해 관심과 방문객을 끌어들이는 데 도움을 준다. 소도시의 경우에는 아이콘에 대한 소유권을 주장하는 데 다소 문제가 있기도 하다. 렘브란트를 예로 들자면, 그는 레이던(Leiden)에서 태어났지만 암스테르담에서 명성을 얻었다. 소도시 레이던은 렘브란트에 대해 권리를 주장할 수 없었던 데 반해 암스테르담은 그의 아틀리에가 있고 주요 전시회가 개최된다.

요스 프랑컨 청장은 예술가의 도시가 제공하는 지역적 가치 제안(value proposition), 즉 지역이 갖는 차별화의 지속을 통해 유산이 개발되고, 이러한 실행이 더 높은 추상화 단계로 연결될 필요가 있다고 보았다. 이는 보스500 프로그램에서 지금까지 부족했던 영역이다. 보스는 자신의 도시에서는 그 어느 때보다도 존재감 있게 자리 잡았지만, 세계적으로도 그러할까? 보스 이야기의 보편적 요소를 개발하고, 이 도시를 초월한 '유전자열(DNA string)'을 확대하는 과정을 통해 유산의 폭넓은 지속성을 보장할 수 있다. 이러한 연구 프로그램은 국제적인 지식 네트워크를 끌어들이고 참신한 보스 전시회를 개최할 수 있는 새로운 기회를 제공한다. 비록 우리가 모든 작품을 함께 전시할 수 없지만, 개별 작품들은 '단일 걸작(one masterpiece)' 전시회의 중심축으로 활용될 수 있다. '단일 걸작' 모델은 현대사회에서 무형 유산의 역할이 커지고 있음을 보여 주는 흥미로운 사례로, 많은 물리적 예술 작품을 전시하는 대신에 단일 예술 작품에 관한 큐레이션, 해석, 프레임, 새로운 지식의 제시에 중점을 두는 방식이다.

요스 프랑컨은 스헤르토헨보스가 보스와의 연결 짓기에 대한 연구를 두 차원에서 발전시켜야 한다고 주장한다.

1. 예술가로서의 히에로니무스 보스, 즉 그의 강렬한 시각적 작업과 그에 대한 연구 결과(2016년 가치 제안의 중요 요소임)
2. 도시 DNA의 일부이자 이례적 이야기인 보스. 도시 이야기와 개인을 연결해 깊이 내재된 가치를 창출할 수 있는 이상적 결합

이는 또한 보스가 NBTC의 '홀랜드시티(Holland City)' 접근과 같은 다른 이야기들과도 잘 들어맞기 때문에 협업 마케팅의 기회를 제공한다. 네덜란드는 서로 다른 이웃들이 저마다의 이야기와 색깔을 갖고 있는 하나의 도시라고도 생각해 볼 수 있다. 보스500 접근 방식은 이러한 이야기와 딱 들어맞는다. 보스는 도시에 색깔을 부여하고, 목적지로서의 무게를 더한다.

향후 이런 점은 두 가지 요소를 갖는 유산으로 바뀔 필요가 있다.

1. 당신이 유지하거나 구축할 필요가 있는 가치 제안
2. 스헤르토헨보스에서 잘되고 있지는 않지만, 유전자열과 다음의 고차원 단계를 연결하기

따라서 향후 더 많은 보스 전시회(단일 걸작 전시회)를 개발할 필요가 있으며, 이는 보스를 개인, 예술가, 그리고 한층 추상적이고 고차원의 요소들로 부각하는 것을 말한다. 이러한 추상적 요소들은 도시 이야기의 다른 부분과도 연결될 수 있다.

홍보 측면에서 보면, 효과는 외부에서 작용한다. 첫째, 이 도시에 관한 이례적인 것들에 대해 국제 언론의 관심이 있었고, 이후 전국 단위와 지역 언론에서 긍정적인 보도가 뒤따랐다. 이는 결과적으로 지역에 긍정적인 효과를 가져온다. 미용사, 신발가게와 술집 주인을 포함해 모두가 긍정적인 경제효과를 누리고, 지역에 대한 자부심도 높아졌다.

적절한 수준에서 개발된 도시의 DNA와 연결되는 이야기는 분명 매우 강력한 도구가 될 수 있다. 보스 이야기는 귀환, 구원, 천국과 지옥의 보편적 가치를 결합한 것이다. 도시는 이 이야기에 대해 논란의 여지가 없는 주장을 펼쳤고, 그 결과 2016년에 작품들을 스헤르토헨보스로 가져올 수 있었다.

무엇이 도시의 좋은 아이콘이 되는가? 아트 스흐라베산더는 역사적 인물이 도시의 아이콘으로서 이점이 있다고 보았는데, 그 이유로 우리가 역사적 인물에 관해 잘 알지 못하고, 그 인물의 삶을 중심으로 이야기가 창작되기 때문이다. 또한 그들은 현대의 아이콘보다 유행을 덜(혹은 느리게) 타기도 한다. 방문객들은 마이클 잭슨의 네버랜드를 보기 위해 지금은 몰려들지만, 이러한 유행이 얼마나 지속될 것인가?

아이콘으로서 인물은 종종 건축물보다 더 강력한 영향력을 발휘한다. 인물은 대개 상상력을 풍부히 하고, 그들의 삶은 이야기 구성하는 데 더 나은 토대가 될 수 있다. 특히 예술가의 경우에는 해당 인물 외에도 함께 다룰 예술적 유산이 있기 때문에 더욱 그러하다. 예술은 유행을 따르고, 심지어 가장 오래된 아이콘도 다시 재조명될 수 있다. 예상 밖의 성공을 거둔 1967년의 보스 전시회가 그러했다. 보스의 환상적인 이미지가 히피 문화의 시대 배경과 한데 어우러져 그의 예술은 딥 퍼플(Deep Purple) 3집 앨범(1969년 발매)과 같은 LP의 커버에 사용되었다.

의성과의 연결성 요소들이 그것이다.

이러한 원리는 다소 빈약한 이야기와 비교해 보면 더욱 분명해진다. 스헤르토헨보스는 이미 1990년대에 '만남의 도시(meeting city)'로 브랜드화를 시도한 경험이 있다. 만남의 도시 개념은 기본적으로 '무엇'에 대해서는 담고 있지만 의미, 다시 말해서 '어떻게' 그리고 특히 '왜'에 대한 설명이 부족하다. 왜 다른 장소도 많은데 하필 스헤르토헨보스에서 만나는가? 이 도시에서의 만남이 무엇을 성취하는 데 도움이 될 것인가? 이웃 도시인 브레다(Breda)도 최근 비슷한 문제에 직면했는데, 몇 달간 고심한 끝에 이 도시는 '국제적 연계 도시(international link city, 네덜란드어로 internationale schakelstad)'를 제시하였다. 브레다는 확실히 교통의 허브, 유통 센터와 파티를 위한 인기 명소라는 점에서 많은 종류의 연결고리를 제공한다. 그러나 이후 몇 달 뒤에는 '연계'의 개념에 큰 의미를 부여하지 않고 "브레다는 한데 모은다(Breda brengt het samen)"라는 표제로 대체되었다. 이 도시의 DNA가 다양성과 유대감의 결합에 기초한다는 주장을 증명해 준다.

> 우리의 새로운 도시 슬로건은 브레다의 위치(position)에 기초한다. 브레다는 독특한 입지(location)를 갖는데, 이곳은 사람들이 만나고 서로 관심을 갖는 친환경적이고 역사적인 환경에서 살고 일하기에 적합한 장소이다(Gemeente Breda 2017).

창의성 측면에서는 도시의 물리적 특징을 더욱 잘 활용하는 것은 분명하나 여전히 의미의 측면에서는 도시의 실제 이야기가 결여되었다는 점에서 아쉬운 부분이다.

도시 이야기의 여러 다른 차원에 관한 상기의 요스 프랑컨의 주장은 사회자본 개념과 일부 유사하다. 도시의 DNA는 도시에 사는 사람들이 공유하는 어떤 것, 즉 퍼트넘(Putnam 2000)이 말한 '결속적 사회자본'과 같이, 사람들을 하나로 묶어 주는 것이다. 마찬가지로 한층 추상적인 이야기(프랑컨의 용어로 말하자면 유전자열)는 '교량적 사회자본'이 그러하듯 도시 외부의 다른 사람들과 연결하는 기회가 된다. 이러한 지역에 뿌리내린 DNA는 공동체, 지역 자부심, 본능적인 이해의 감정을 공급하며, 보스500 프로그램에서 '도시의 비전(Visions of the City)' 부분이 여기에 해당한다. 이 이야기를 다른 차원과 장소들로 연결하는 것은 상이한 공동체 간에 아이디어의 교환과 이전 가능성을 다루며 한결 추상적인데, 이는 보스 프로그램의 '마음의 비전(Visions of the Mind)' 부분에 해당한다. 사람들이 마케팅에 대해 생각할 때 보통은 그 도시에 투영될 이미지를 떠올린다. 그러나 보스의 사례와 같이 이미지는 단지 이야기의 일부일 뿐이다. 도시의 DNA, 결속적 사회자본의 형성은 지역적 자부심을 갖고 프로그램을 활성화하고 지원을 보장하기 위해 필수적이다. 그러나 교량적 사회자본이 없다면, 도시 이야기의 다른 부분들과 사람들을 연결하지 못해 이야기는 거의 가치를 창출하지 못하게 된다. 또 다른 행위자나 장소가 갖는 각각의 연결고리는 잠재적으로 도시를 위한 부가가치를 가진다(4장의 네트워크 가치에 관한 논의 참고).

그러나 이야기의 물리적(도시의 비전) 측면, 인지적(마음의 비전) 측면과 더불어 이야기를 시작하고 이끌어 갈 무언가가 필요하다. 이에 보스500 프로그램의 세 번째 요소인 환상의 비전(Visions of Fantasy)이 포함되었다. 이것은 크리에이티브 제작자들과 관객에게 이미 알려졌거나 혹은 미지의 아름다움에 대한 호기심을 불러일으켰다. 창의성과 호기심은 과거와 현재, 거주자와 방문객, 도시와 지역의 연계 과정에 동인으로 작용한다.

보스에 대한 관심을 불러일으키기 위해 뉴미디어를 광범위하게 활용하기도 했다. 현재 새로운 기술을 통해 이용할 수 있는 많은 가능성에 대한 주요 도전 과제 중 하나는 사용 가능한 채널의 다양성에 있다. 하나의 잠재적 해결책으로 고려해 볼 수 있는 것은 좀 더 통합된 접근 방식을 갖기 위해 다양한 미디어를 통합하는 것이다.

스헤르토헨보스에서 보스가 일궈낸 작품들과 이미지는 많은 선택지를 제공했다. 예를 들어 프로그램의 일부인 마음의 비전을 통해 다른 대중의 호기심을 자극하려는 시도는 프로젝트를 위한 연구 과정과 다양한 멀티미디어 상품으로 가공된 지식의 개발에 관한 다큐멘터리를 포함한다. 피터르 판 하위스테이(Pieter van Huystee)가 연출한 〈히에로니무스 보스, 악마의 손길 (Jheronimus Bosch, Touched by the Devil)〉이라는 제목의 다큐멘터리는 보스 연구 보존 프로젝트 팀을 따라다니며 그들이 보스의 작품을 찾아 전 세계를 돌며 진행한 작업을 담아냈다. 이 영화는 네덜란드 전역과 해외 영화관에서 상영되었다. 이어 대화형 다큐멘터리인 〈히에로니무스 보스, 쾌락의 정원(Jheronimus Bosch, The Garden of Earthly Delights)〉이 제작되었는데, 이는 사운드, 음악, 비디오, 사진을 결합해 그의 가장 유명한 작품을 살펴보는 가이드 투어 형식의 다큐멘터리(Marketing Tribune 2017)로, 총 120만 명 이상

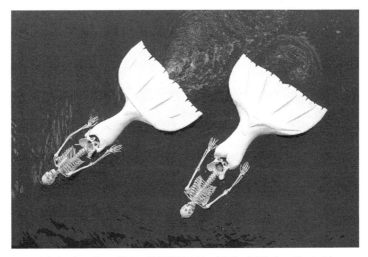

〈사진 6.3〉 스헤르토헨보스에서 펼쳐진 보스 퍼레이드 (사진: Ben Nienhuis)

의 관객이 관람하였다. 관람객의 상당수는 장기간 이 도시에 체류한 외국인 관객이었다. 다음은 가상현실 다큐멘터리 〈히에로니무스 보스, 올빼미의 눈 (Jheronimus Bosch, the Eyes of the Owl)〉으로 관람객들이 한가롭게 쾌락의 정원을 거닐 수 있게 만들어 주었다.

비전에서 브랜드로

좋은 이야기는 관심을 불러일으키고, 이해관계자들이 모여들 수 있는 관심사를 제공한다는 점에서 중요하다. 그러나 이야기는 강력한 브랜드로 전환될 필요가 있다. 맨체스터의 오리지널 모던(Original Modern) 브랜드 개발 사례를 통해 이러한 원리를 살펴보겠다.

맨체스터시를 위한 '오리지널 모던' 개념은 광고라기보다는 오히려 포부를 보여 주기 위해 고안되었다. "어떤 슬로건이나 표제로서 오리지널 모던을 생각한 것은 아니었고, 추구해야 할 정신(ethos), 어떤 활동 영역에서도 추구해야 할 기풍으로 생각했다"(Bayfield 2015: IV20, artist).

이 콘셉트는 새로운 아이디어를 도입하고, 진전시키고, 관습에 도전하고, 세계적으로 사고하고, 야망을 품음으로써 도시에 기여하도록 의도되었다 (Marketing Manchester 2009).

"당신은 원한다면 얼마든지 맨체스터, 맨체스터, 맨체스터라고 말할 수 있지만, 당신은 말할 이야기가 있어야 하고, 우리는 항상 과거의 이야기만을 말할 수는 없으며, 우리의 현재와 미래 역시도 이야기해야 한다"(IV14, Marketing Manchester employee). 이는 브랜드의 구체화, 도시에 대한 특별한 비전 제시, 새로운 대중에게 소개하는 것을 염두에 두어야 하고, 이를테면 맨체스터 국제 페스티벌과 연결한 스토리텔링에 역점을 두는 것이다(Bayfield 2015).

오리지널 모던 콘셉트는 누군가를 배제할 가능성을 갖는 동시에 다른 누군가에게는 기회를 만들어줌으로써 이름과 브랜드에 힘을 실어주었다. 베이필드(Bayfield 2015)는 "맨체스터 국제 페스티벌(Manchester International Festival)은 오리지널 모던 정신으로 요약되는 역사적 궤적과 잘 연계된 부분으로 지역의 문화 및 시민 엘리트들에 의해 자리매김해 왔다"고 결론지었다. 이처럼 맨체스터를 혁신적이고 지속적으로 의미 있게 자리매김하기 위해 '우리 시대의 긴요한(urgent) 이야기'를 하는 것이 강조되었다.

도시의 이야기는 여러 회차에 걸쳐 맨체스터 국제 페스티벌에서 전해져 왔다. "나는 사람들이 맨체스터다움(Manchester-ness) 때문에 좋아하는 맨체스터 국제 페스티벌의 요소들이 매회 행사에 있다고 생각한다." 이것은 공유 문화가 생겨날 수 있는 여건을 발전시키고, 페스티벌과 행사 참가자들의 활동에 의해 진전된다. 따라서 도시의 이름을 짓고 브랜드화하는 것은 도시를 유명하게 만들기 위해 요구되는 스토리텔링에서 매우 중요하게 고려된다.

루마니아 중부의 도시 시비우(Sibiu, 인구 15만 5,000명)는 2007년 ECOC에 선정되어 말 그대로 '유럽의 도시'로 브랜드를 구축하고 주목을 끄는 데 성공했다. 대부분의 사람들은 이 루마니아 도시가 유럽의 문화수도가 될 것이라고 생각하지 못했는데, 선정되자 많은 관광객이 몰려들었을 뿐만 아니라 언론으로부터도 상당한 주목을 받았다. 2007년에 루마니아가 유럽연합에 가입하는 것과 동시에 ECOC로 선정되었다. 이 행사를 개최하는 가장 큰 목표 중 하나는 이 도시를 유럽의 일부로 느끼게 하는 것이었다. 적어도 이 도시에 살고, 이 도시를 방문하는 사람들에게는 성공적이었던 듯하다. 2007년 ECOC 이후 매년 도시에서 실시한 조사 결과를 비교하면, 지난 10년 동안 이 도시가 '유럽 같다'는 인식이 꾸준히 높아졌다(Richards and Rotariu 2015). 또한 쇼핑과 화려한 이벤트에 대한 가치도 꾸준히 상승했고, 특히나 2011년과 2017년에 이 도시를 '업무도시(working city)'로 보는 사람이 크게 늘었다(〈그림 6.2〉 참고).

Box 6.3

포르투갈 기마랑이스(Guimarães)에 공동체 지원 모으기

포르투갈의 도시 기마랑이스(인구 5만 2,000명)는 2012년에 유럽문화수도(ECOC)에 선정되었다. 기마랑이스에서 ECOC는 다음과 같은 야심만만한 임무를 수행한다고 밝혔다. "기마랑이스에서 공동체를 긴밀히 참여시키고 그들이 세상을 보는 방식을 변화시켜 활기차고 창조적인 에너지를 생성하고, 이곳의 도시·사회·경제적 재생에 기여하며, 자원과 문화를 통합하고 사람들의 기억과 열망을 담아 새롭고 더 큰 문화적 경관을 창조하자"(Guimarães Strategic Plan 2010/2012).

유럽문화수도의 해로 선정되기 얼마 전에 소개된 "당신은 이곳의 일부다"라는 슬로건의 소통 캠페인은 지역 주민에게 큰 호응을 얻었고, 특히 G자형 하트 로고가 성공적이었다. 로고를 사용한 상품들이 시민들에게 큰 사랑을 받아 많은 기업(소기업과 대기업)에서 이 로고를 전시했다. 로고는 응용이 가능한 형태로, 이 로고를 어떻게 활용할지에 대한 워크숍이 열렸다. 시민들과 기업들은 로고를 개발하고 채택하도록 권장되었으며, 로고 키트가 지역 상점에 배포되었다. 그 결과 도시 전역에 로고의 다양한 변형이 제시되어 큰 성공을 거두었다. 기업과 시민들은 이 브랜드의 소유권을 갖게 되어 개인화해서 이것을 시내의 가게와 식당 창문에 전시했다. 그리고 행사가 끝난 다음 해에도 시내 중심부의 가게 앞과 식당은 여전히 이 로고로 가득했다. ECOC 방문객 가운데 약 87%가 기마랑이스의 2012년 로고를 안다고 언급하였다(Richards 2014). ECOC 때문에 이곳을 여행하는 경우는 극히 드물지만, 외국인 관광객도 상당한 비율(80%)로 이 로고를 인지하였다. 관광객들은 도시에 도착해서 금세 로고를 인지했는데, 이를 통해 로고 홍보에 지역 시민과 기업을 참여시키는 캠페인이 매우 효과적이었음을 알 수 있다.

도시의 프로젝트 기획자들은 의사소통과 마케팅 활동이 잘 조직되고 효과적이었다고 평가하였다. 그뿐만 아니라 지역 언론에서도 가시성이 높았고, 많은 이해관계자도 국가 홍보에 효과적이었다고 보았다. 포르투갈 미뉴 대학(University of Minho)의 평가 보고서에 따르면, 2012년 1월에 2,583건의 보도를 시작으로 개막 즈음해서 ECOC에 대한 관심이 최고조에 달했으며, ECOC의 총 미디어 가치는 3,500만 유로가 넘는 것으로 추산되었다(Universidade do Minho 2013).

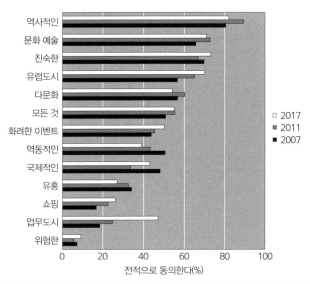

<그림 6.2> 루마니아 시비우(Sibiu)의 이미지에 대한 주민과 방문객 조사(2007, 2011, 2017년)

그라츠의 사례에서 본 바와 같이(Box 6.1 참고), 소도시를 브랜드화하는 문제 중 하나는 독특한 브랜드 콘셉트를 개발하기가 더욱 어려워졌다는 점이다. 사실 그 지역에 뿌리를 둔 무언가가 방문객에게는 아무런 의미가 없을지도 모른다. 한편 글로벌 아이디어도 문제가 될 수 있다. 도시들은 서로서로 아이디어를 베끼거나, '계속해서 재생산'함으로써 좋은 아이디어를 '빌리는' 경향이 있다(Richards and Wilson 2006). 보닝크와 리처즈(Bonink and Richards 2002)는 네덜란드의 지방정부를 살펴보니 많은 장소가 자연, 위치, 역동성과 같은 비슷한 주제를 중심으로 수렴한다고 확인하였다. 많은 경우에 이는 이미지를 발전시키기 위해 동일하거나 유사한 주제를 활용했기 때문으로, 일례로 4개의 다른 지방정부가 완전히 동일한 슬로건 −"놀라울 정도로 다채로운 (surprisingly multifaceted)"− 을 선보인 것으로 나타났다. 또한 자치단체 규모별로 투영되는 이미지에도 차별점이 나타났다. 최소 규모의 도시(인구 3만 명 미만)는 자연과의 연계를, 인구 3만에서 10만 명의 도시는 산업을 강조하며,

더 큰 규모의 도시(인구 10만 명 초과)는 지식과 문화의 중심지라는 점을 내세웠다.

유로시티(Eurocities 2013)에 따르면 독특한 이미지는 도시가 갖는 요소와 도시를 묘사할 때 다루는 구체적인 이야기를 결합한 '도시기호학(urban semiotics)'의 형태를 사용해 개발될 수 있다. 공통 요소는 다음과 같다.

- 사람, 무인(無人) 건물과 빈 도시경관으로 구성된 공식적 이미지는 다소 실망스럽다.
- 건축 및 건조 환경, 또는 '도시경관의 시학(poetics)'
- 구식과 신식의 도시 아이콘

루마니아의 도시 알바이울리아(Alba Iulia, 인구 6만 명)는 현대 루마니아의 건축에서 역사적으로 중요한 역할을 해 왔다는 점에서 도시의 장소 브랜딩으로 '영혼의 수도(spiritual capital)'를 표방했다. 알바이울리아시의 니콜라이 몰도반(Nicolaie Moldovan) 담당자는 이렇게 설명했다. "우리는 성채를 나타내는 로고를 디자인했다. 새로운 정체성은 모든 것에 적용되어 도처에서 반짝반짝 빛나고 있다. 하지만 더 중요한 것은 전략적 토대이다." 또 다른 사례로, 진기한 시장이 열리는 영국의 슈루즈베리(Shrewsbury, 인구 7만 1,715명)는 도시에 새로운 관심을 끌 수 있는 무언가가 필요했다. 이곳은 주요 랜드마크가 없기 때문에 그 대신 장소 마케팅 캠페인으로 "_____ 이후 슈루즈베리만의 무엇 (A Shrewsbury One-Off Since _____)"이라는 맞춤형 슬로건을 내걸고 장소의 개성에 초점을 맞췄다.

고무 우표와 스티커에 인쇄된 로고는 상점 주인들이 가게 물품에 맞게 슬로건을 맞춤화할 수 있도록 변화 여지를 주었다. 페이스트리 가게에서는 '오전 5시

15분 이후', 마을의 캐슬 방문센터에서는 '1552년 이후' 식으로 활용할 수 있게 하였다(Co,Design 2012).

미국 테네시주의 채터누가(Chattanooga, 인구 17만 3,778명)는 어떤 캠페인도 사람들로부터 비난을 피할 수 없다는 점에서 되레 자기 비하적 도시 브랜딩 접근 방식을 취했다.

채터누가의 귀여운 로파이(lo-fi) 노래와 춤은 '차차랜드(Cha Cha Land)' 주변의 실제 스타트업, 사람, 그리고 장소를 특징으로 한다. 사실 문자 그대로든 혹은 비유적이든, 어떤 도시도 완벽하지 않지만, 비디오 캠페인은 적은 예산에 과장된 슬로건으로 도시를 다소 우스꽝스럽게 보여 주었다. 사람들(특히 현지인)은 이 도시의 홍보 캠페인에 못마땅해할지 모르나, 어쩌면 채터누가가 그 농담에 동참하는 것이 최선일지도 모르겠다(Bliss 2017).

결론

소도시를 차별화하기 위해서는 장소 브랜드를 전략적으로 개발하는 것이 필수다. 이 과정에서 도시의 DNA를 이용해 지역과 세계를 연결하는 것이 중요하다. 이러한 연결 짓기는 글로벌 시각에서 도시의 잠재력을 개발하는 동시에, 그 자리에 있는 도시의 이미지와 이야기의 본질적 토대를 제공한다. 도시의 DNA에 확실히 뿌리박힌 강렬한 이야기는 세계화된 문화 요소들을 주장하고, 앞으로 경쟁하게 될지도 모르는 타 도시의 이야기나 주장을 극복할 수 있는 근거를 제공한다. 흥미로운 이야기는 또한 언론과 고객을 끌어들일 수 있기 때문에 홍보를 위한 기초를 제공한다. 이러한 이야기에서 특징으로 삼는 이상적인 인물들은 그들의 특성이나 작품에서 다채로운 면을 갖고 널리

인지될 것이며, 많은 이야기의 줄거리에 기초를 제공할 것이다. 소도시에서 네트워크가 더욱 중요해짐에 따라 네트워크의 공간에 대한 장소감을 부여하기 위해 장소기반(place-based)의 DNA와 정체성을 개발하는 것이 더욱 중요해지고 있다. 네트워크는 본질적으로 관계적이라는 점에서 이러한 장소기반의 이야기는 네트워크를 좀 더 구체화하는 데에 일조한다.

• 참고문헌 •

Bayfield, H. (2015). Mobilising Manchester through the Manchester International Festival: Whose City, Whose Culture? An Exploration of the Representation of Cities through Cultural Events. PhD, University of Sheffield.

Bliss, L. (2017). A Ridiculous City-Branding Campaign We Can Get Behind. Citylab, 12 Apr. www.citylab.com/equity/2017/04/a-ridiculous-city-branding-campaign-we-can-get-behind/522696.

Bonink, C., and Richards, G. (2002). *Imagovorming van gemeenten in Nederland. Een rapport voor het Cultuurfonds van de BNG*. The Hague: Bank der Nederlandse Gemeenten.

City of Tampere (2017). The Tampere of the Future Will Be Built on the Ideas of its Residents. www.tampere.fi/en/city-of-tampere/info/current-issues/2017/05/12052017_1. html.

Co.Design (2012). A British Town Tries to Reinvent Itself for Tourists, Via Branding. www. fastcodesign.com/1670339/a-british-town-tries-to-reinvent-itself-for-tourists-via-branding.

de Certeau, M. (1984). *The Practice of Everyday Life*. Berkeley: University of California Press.

Eurocities (2011). A Shared Vision on City Branding in Europe. www.imagian. com/kuvat/ eurocities_city_branding_final-smul%5B1%5D.pdf.

Eurocities (2013). Integrated City-Brand Building: Beyond the Marketing Approach. Reporting note on the City Logo-Eurocities thematic workshop Utrecht, 2-4 Oct.urbact. eu/.../CityLogo/.../reportOslo_citybrand_management-citylogo_tw01_01.pdf.

Evans, G. (2003). Hard-Branding the Cultural City: From Prado to Prada. *International Journal of Urban and Regional Research* 27(2): 417-40.

Gemeente Breda (2017). Breda presenteert nieuwe stadsslogan: 'Breda brengt het samen'.

https://www.breda.nl/breda-presenteert-nieuwe-stadsslogan-breda-brengt-het-samen.

Kavaratzis, M., and Ashworth, G. J. (2005). City Branding: An Effective Assertion of Identity or a Transitory Marketing Trick? *Tijdschrift voor economische en sociale geografie* 96(5): 506-14.

Kornberger, M. (2014). Open Sourcing the City Brand. In P. O. Berg and E. Björner (eds), *Branding Chinese Mega-Cities: Policies, Practices and Positioning*, 180-92. Cheltenham: Edward Elgar.

LAGroup (2006). *'s-Hertogenbosch*. Amsterdam: LAGroup Leisure & Arts Consulting.

Marketing Manchester (2009). *Original Modern*. Manchester: Marketing Manchester. www.marketingtribune.nl/media/nieuws/2017/03/[cross-media-innovatie-2017]-ingrid-walschots-over-de-interactieve-document/index.xml.

Marketing Tribune (2017). Ingrid Walschots over de interactieve documentaire Jheronimus Bosch, De tuin der lusten.

Pasquinelli, C. (2013). Competition, Cooperation and Co-opetition: Unfolding the Process of Inter-territorial Branding. *Urban Research & Practice* 6: 1-18.

Putnam, R. D. (2000). *Bowling Alone: America's Declining Social Capital*. New York: Palgrave Macmillan.

Rennen, W. (2007). *CityEvents: Place Selling in a Media Age*. Amsterdam: Vossiuspers.

Richards, G. (2014). *Guimarães and Maribor, European Capitals of Culture 2012*. Arnhem: ATLAS.

Richards, G., and Rotariu, I. (2015). Developing the Eventful City in Sibiu, Romania. *International Journal of Tourism Cities* 1(2): 89-102.

Richards, G. and Wilson, J. (2006). Developing Creativity in Tourist Experiences: A Solution to the Serial Reproduction of Culture? *Tourism Management* 27: 1209-23.

Ristilammi, P.-M. (2000). Cultural Bridges, Events, and the New Region. In P. O. Berg, A. Linde-Laursen, and O. Lofgren (eds), *Invoking a Transnational Metropolis: The Making of the Øresund Region*, 95-108. Lund: Studentlitteratur.

STB (Singapore Tourism Board) (2016). *STB Marketing Strategy: Of Stories, Fans and Channels*. Singapore: STB.

Universidade do Minho (2013). Guimarães 2012: Capital europeia da cultura. Impactos económicos e sociais. Relatório intercalar. Guimarães: Fundação Cidade de Guimarães.

Wood, L. (2000). Brands and Brand Equity: Definition and Management. *Management Decision* 38(9): 662-9.

7장

영향과 효과:
보상과 비용 산출

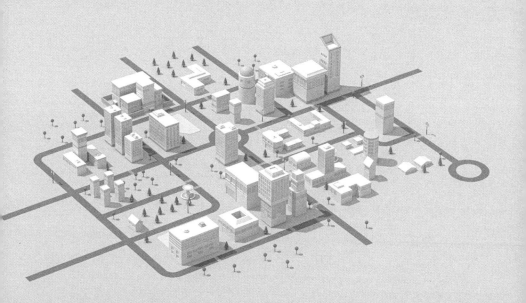

서론

정책에 대한 진정한 평가는 그것이 목표를 충족시키는 데 얼마나 효과적이냐 하는 것이다. 성공과 실패를 가늠하기 위해서는 측정과 분석이 이루어져야 한다. 그 때문에 모니터링과 평가는 개발계획의 일부가 되어야 한다. 실제로 평가라는 것이 미리 계획된 것이 아니라 나중에 덧붙인 것에 불과할지라도 이것이 본래의 의도이다. 대부분의 평가가 너무나 늦게 이루어지는데 이는 프로그램을 원활하게 진행시키는 데 오랜 시간이 걸리기 때문이다. 도시는 왜 아직 시작도 안 한 프로그램의 효과를 측정하는 데 신경을 써야 하는가? 이에 대해 간단히 대답하자면, 만약 프로그램이 시작된 뒤에 측정하면 측정에 필요한 기준점이라고 할 수 있는 프로그램의 사전 자료가 없는 상태로 일이 진행되기 때문이다.

대부분의 평가가 너무 적게, 너무 늦게 이루어질 뿐만 아니라 올바른 질문에 제대로 대답하지 못하는 경우가 많다. 많은 도시가 프로그램이 갖는 중대한 사회적·문화적 효과에 의기양양해하지만, 실제로는 방문객들이 지출한 금액만 산정하고 프로그램 평가가 끝난다. 많은 정치인이 경제효과를 중시하는 것은 그것이 투자를 정당화해 주기 때문이지만, 그들의 지역구에 미치는 사회적·문화적 효과는 단기간의 자금 투입보다 훨씬 중요하고 장기간 지속된다.

프로그램 평가에서 또 하나의 문제는 언어다. 우리는 프로그램이나 이벤트가 미치는 영향이라는 아이디어에 매우 익숙하다. ─이벤트로 인해 얼마나 많은 돈을 벌고 유명세를 얻게 될까? 하지만 영향이란 단기간의 효과일 뿐이다─ 그 프로그램의 즉각적 결과로 나타나는 것이다. 사회통합을 강화하고, 자부심을 느끼게 하고, 그곳에 대한 대중의 관심을 높이고, 새로운 투자자를 끌어들이며, 그 지역에 살고 싶게 만드는 그런 장기적 효과가 최종 분석에서는 무엇보다 중요하다.

기대 효과 설정

한 도시가 새로운 프로그램에 착수할 때는 그것을 통해 과연 무엇을 얻고자 하는지 명확히 해두어야 한다. 프로그램을 통해 성취하게 되는 것은 직접적이고 단기적인 영향뿐만 아니라 한층 일반적이고 장기적인 효과이다.

스헤르토헨보스의 보스500 프로그램(Bosch500 programme)이 목표한 바는 다음과 같다.

- 잘 구축된 파트너십과 네트워크를 통해 보스500 프로그램의 경제효과를 최대화한다.
- 도시의 문화적·사회적·물리적 구조를 개선한다.
- 사회통합을 강화한다.

- 도시 이미지를 고양시킨다.
- 장기간에 걸쳐 도시에 변화와 개선이 이루어지도록 한다.

이러한 목표를 달성하기 위해 내부 이해관계자(주민, 사업가, 근로자, 문화 분야 등)를 외부 이해관계자(방문객, 정치인, 매스컴 등)와 연결하는 정교한 프로그램이 만들어져야 한다. 이때 프로그램의 목표는 단기적일 수도 장기적일 수도 있으며, 이해관계자들은 사회적·문화적·경제적 측면에서 프로그램과 상호작용을 할 수 있다.

또한 이러한 다양한 측면은 여러 이해관계자를 대상으로 장기간에 걸쳐 조사할 수 있다. 프로그램이 가져다주는 영향이란 '천재의 비전(Visions of Genius)' 전시회를 찾아 도시를 방문한 사람들과 같이 조직적인 행위의 직접적인 결과로 발생한 것인 반면, 효과나 결과란 프로그램의 간접적 영향으로 인한 장기간의 변화, 즉 도시에 대한 외부의 관심이 늘어나고, 보스와 그의 작품이 전 세계적으로 알려지고, 주민들의 자긍심이나 소속감이 높아지는 것과 관련된다(〈표 7.1〉 참고).

이벤트나 프로그램의 영향에 관한 연구 대부분은 관광객들의 지출액, 티켓 판매액과 같이 측정하기 쉬운 단기간의 영향에 초점을 맞추고 있다. 이러한

〈표 7.1〉 프로그램의 영향과 효과

영향	효과/결과
소득 증가	지속적인 경제발전
방문객 수 증가	장기의 관광산업 발전, 주민 유입
미디어 노출량	전 세계적으로 널리 알려지고 관심을 받게 됨
매출액 증가	자부심과 소속감
도시의 활기	사회자본의 증가
예술품 전시회	많은 예술가가 도시로 몰려듦
이벤트 개최	조직 자본의 증가
이벤트 투자, 임시직	새로운 기업과 정규직

것들은 쉽게 산출될 수 있는 데다가 숫자나 그래프처럼 쉽게 이해할 수 있는 형태로 제시된다.

하지만 이러한 영향은 일회성인 경우가 많다. 대규모 이벤트를 보러 온 사람들이 또다시 방문하지는 않는다. 장기적으로 보면 적더라도 방문객 수의 성장세가 지속적으로 유지되는 것이 낫다. 사회통합이나 자기 지역에 대한 자부심, 문화적 활력이 늘어나는 효과 역시 그렇다. 하지만 이러한 다차원적 효과는 숫자로 표현하기가 쉽지 않을 뿐더러 더 오랜 기간이 지나야 명확해진다.

돈 게츠(Don Getz 2017: 588)가 지적한 바와 같이 프로그램의 가치에 대한 내적 접근 방법과 외적 접근 방법은 다음과 같다.

이벤트와 포트폴리오는 모델에 따라 달리 평가된다. 관광, 장소 마케팅, 경제발전에 의해 정의되는 외적 가치를 강조하는 모델의 경우 이벤트는 자산이고 투자수익률은 높게 창출되어야 한다. 내적 평가 모델의 경우 이벤트와 포트폴리오는 외적 혹은 양적 기준에 따르는 것이 아니라, 사회·문화·환경에 대한 기여로 가치가 매겨진다.

이러한 관점에서 가장 중요한 것은 지속가능성을 확보하는 것이다. 즉 '최종 단계라기보다는 진행되는 과정'이라는 것이다(Getz 2017: 588). 그러므로 측정 대상을 선택하는 것이 무엇보다 중요하다.

프로그램의 효과 측정

효과를 측정할 때 프로그램의 목표에 대해 명확히 해 둘 필요가 있다. 그래야만 그것이 달성되었는지 파악할 수 있다. 프로그램의 효과를 측정할 때 도시와 도시민들에게 실질적으로 중요한 것을 중심으로 해야 한다.

2001년 로테르담 유럽문화수도 행사 기간에 총 200만 명 이상의 방문객을 끌어모은 대규모 이벤트가 여럿 조직된 바 있다. 하지만 문화 분야 종사자들을 대상으로 어떤 프로그램이 마음에 들었는지 물어본 결과, '다른 교구에서 하는 설교(Preaching in Another Person's Parish)'와 같은, 상대적으로 작은 이벤트에 관심을 보였다. 방문객 수나 경제적 영향력은 적었지만, 이벤트에 참가한 사람들에게 깊은 울림을 주었고 사람들은 수년 후에도 이를 기억해 냈다. 이벤트가 사람들에게 어떻게 기억되는가 하는 것은 관람객 규모나 매출액의 크기만큼이나 중요하다.

하지만 대상이 명확한 프로젝트에서조차 효율성과 효과성의 차이를 인지해야 한다. 로테르담 2001(Rotterdam 2001)에서도 시 인구의 절반을 차지하는 소수민족 집단을 대상으로 수많은 이벤트가 기획되었다. 조사에 따르면 소수민족은 자신들을 대상으로 한 이벤트에 참여하는 경향을 보였고, 이는 프로그램이 목표로 한 관중을 포섭하는 데는 효율적이었다. 하지만 이들은 다른 이벤트에는 참가하지 않았기 때문에 사회통합을 진작하는 데 거의 효과가 없었다(Hitters and Richards 2002).

공동체 혹은 전체로서 시민이라는 정체성을 만들어 내는 데도 프로그램은 중요하다. 스헤르토헨보스의 경우 80% 이상의 시민이 히에로니무스 보스가 그들 도시의 아이콘이라는 점에 동의를 표했다. 이러한 공통의 정체성은 장소만들기의 또 다른 효과인 사회통합의 증진을 보여 준다. 보스500 프로그램을 개발하는 과정에서 (통계적) 척도는 주민들(표본)이 가진 사회자본의 다양한 측면으로 구성되었다. 이는 사회자본의 수준과 프로그램에 대한 지원 그리고 참여 의사가 서로 연관되어 있음을 보여 준다. 사회자본의 수준이 높을수록 화가와 도시 간의 연계를 지속시키려는 프로그램에 동의할 가능성이 높았고, 프로그램에 참여할 가능성도 높았다(Dollinger 2015).

하지만 자료에 따르면 사회자본의 수준과 프로그램의 참여 정도에 지리적 영향이 크다는 점도 밝혀졌다. 리처즈(Richards 2017)의 연구에 따르면, 새롭게 개발된 교외 지역이나 최근에 스헤르토헨보스에 편입된 도시의 주변부는 사회자본과 정체성이 낮고, 실제로 프로그램 참여율도 낮았다. 이러한 사실은 보스가 시의 최고 아이콘으로 받아들여지더라도 실제 참여도를 높이는 것은 어려운 일이라는 점을 보여 준다. 스헤르토헨보스 사례처럼 인센티브를 통해 주변부 집단을 참여시키려고 할 수 있겠지만, 인센티브가 사라진 뒤에도 참여가 지속될 것인지는 확실치 않다.

유산과 지렛대 효과

프로그램의 장기적인 효과에 대해 논의할 때 보통 유산(legacy)이나 지렛대 효과(leverage effects)라는 개념을 사용한다. 골드와 골드(Gold and Gold 2017)에 따르면, 유산 개념이 최근 올림픽에서 중요한 부분이 되었다고 한다. 2002년 로잔(Lausanne)에서 진행된 한 회의석상에서 유산 개념이 비공식적으로 등장했다고 한다. 그곳에서 힐러(Hiller 2003: 102)는 유산 개념을 도시에 혜택을 가져다주는 긍정적인 결과로 볼 수 있다고 주장했다. 기본적으로 유산 개념은 지속가능성이라고 하는 세대 간 평등 원칙과 동일시된다. 이벤트는 미래 세대를 위해 무언가를 남겨놓아야 한다. 하지만 힐러의 주장에 넌지시 암시되어 있는 '긍정적인 무언가'는 명확하지 않다. 누구를 위해 무엇을 남겨놓아야 하는가?

계획된 유산(planned legacy)이라는 개념은 찰립(Chalip 2006)이 적극적으로 만들어 낸 것이다. 그는 이벤트의 결과를 레버리지(leverage)라는 용어로 표현할 수 있다고 했다. "레버리지화된 결과란 관련된 전략과 전술이 없었더라면 일어나지 않았을, 미리 계획된 것이다"(p.112). 레버리지는 '작동(activation)'이라는 개념과 관련될 수도 있다. 원하는 효과를 달성하기 위해 이벤트와 관련된 긍정적인 조치들이 취해져야 한다. 이는 무언가를 남긴다고 하는 수동적인 유산 개념보다 좀 더 적극적이고 능동적인 관점이다.

이벤트 유산에 대해 적극적으로 접근한 것은 2004년 릴(Lille)의 유럽문화수도 행사 때부터다. 이 행사를 기회로 프랑스 북부의 탈(脫)산업도시인 릴은 현대적 대도시로 도시 이미지를 탈바꿈하고자 했다. 이 행사는 첫날부터 사람들을 동원하는 데 성공했다. 첫날 개회식에 73만 명이 운집해 도시 전체를 놀라게 만들었다. 이러한 대중적 인기를 감지한 디디에 푸실리에(Didier Fusillier)가 이끄는 조직위원회는 1년짜리 프로그램을 계속 이어지는 상설 이벤트로 확장시켜 '릴 3000(Lille 3000: The Voyage Continues)'이라고 명명했다(Paris and Baert 2011).

> 릴 3000은 이러한 역동적인 자극을 지속시키고 유럽에서 두각을 나타낸 릴이라는 도시의 문화적 역할을 분명히 하기 위해 릴 2004의 후속으로 탄생하였다. 미래를 향해 열린 문으로 묘사되는 릴 3000의 목표는 미래 세계의 풍요로움과 복잡성을 탐험하는 것이다. 비엔날레도 페스티벌도 아닌 릴 3000에서는 전 세계의 현대미술을 통해 다양한 문화를 발견할 수 있다. 이는 시민 모두가 공유하고 있다(Douniaux 2012).

릴 3000 프로그램은 2004년 행사가 낳은 사회적·문화적·경제적 영향력을 활용하기 위한 노력의 일환이었다. 이 프로그램은 정기 이벤트가 아니라 오히려 산발적인 문화적 자극으로 설계되었다. 릴 3000에는 지금까지 매우 성공적인 행사가 네 번 있었다. 1회(2006/2007년)에는 100만 명의 관광객을 끌어들였고, 4회에는 관광객 수가 150만 명에 육박했다. 이 행사가 성공을 거두게 된 이유 중 하나는 지속성이었다. 2004년 행사의 총연출자이던 디디에 푸실리에가 2015년까지 계속 관여했고, 당시 시장 마르틴 오브리(Martine Aubry) 역시 16년간 시장직을 유지했다. 귄체바 외(Guintcheva et al. 2012: 62)에 따르면, 2004년 유럽문화수도 이후 8년간 응답자들은 그들을 릴의 문화정책에 헌

신한 상징적 인물이라고 보았다.

릴 대도시 지역으로부터 극심한 저항에도 불구하고 릴 3000 프로그램이 조직되었다. "성공이 계속되자 반대의견은 누그러들었고, 이후 릴 3000은 더는 지역의 의사결정자들로부터 비난받지 않게 되었다"(Paris and Baert 2011: 41). 릴 2004의 장기적 효과는 이외에도 많다. 이를테면 파리와 베르트(Paris and Baert 2011)가 보기에 이전에는 절대 가능하지 않았던 이웃 지역 정부와 전략적 협조 과정 같은 것으로, 인근인 인구 3만 6,000명의 랑스(Lens)시에 루브르 박물관 지점이 새로이 들어섰다.

유산 개념이나 지렛대 효과에 대한 사전계획 없이 성공한 프로그램 역시 중요한 장기적 효과를 가질 수 있지만 그런 계획이 있었다면 더 큰 효과를 누릴 수 있었을 것이다. 보스500 프로그램은 여러 지역에서 관광산업의 확대, 매스컴의 주목, 사회통합이라는 엄청난 성공을 거두었다. 사전적으로 그 효과를 극대화하는 데 필요한 조치들이 취해졌더라도, 장기간의 효과를 확보하기

〈사진 7.1〉 보스 전시회 개막식에 참석하기 위해 스헤르토헨보스를 방문한 네덜란드 국왕 빌럼 알렉산더르(Willem-Alexander) (사진: Ben Nienhuis)

위해 취할 수 있는 조치들은 매우 적었다. 보스500 프로그램을 조직한 재단은 프로그램의 일부인 천국과 지옥 유람선(Heaven and Hell Cruise)이나 보스 체험(Bosch Experience)이 2016년 이후에도 지속될 것이라는 점을 명확히 했다.

하지만 보스가 미래를 위한 창조적인 영감의 원천으로 도시에 단단히 뿌리를 내리기 위해서는 훨씬 많은 일이 진행되어야 했다. 유산 계획이 우연히 생기는 경우는 거의 없다.

특히 소도시의 경우 레버리지 문제는 시 예산이 아닌 다른 재원에서 나오는 기부금과 관련이 있다. 2015 유럽문화수도의 경우, 벨기에의 몽스(Mons)는 필요한 7,000만 유로 중 300만 유로만 조달할 수 있었다. 이는 총예산의 5%에도 미치지 못하는 금액이었다. 나머지 금액은 중앙정부(5,000만 유로)나 도시의 파트너들(1,200만 유로)로부터 조달했다. 즉 몽스는 필요 자금의 95% 대부분을 시 외부에서 끌어온 것이다. 스헤르토헨보스 역시 보스500 프로그램에 필요한 자원을 시 외부에서 끌어왔다. 예산의 30%는 시에서 냈기 때문에 필요한 재원의 70%는 밖에서 끌어와야 했다. 이러한 사실은 네트워크를 구축하고 서로 협력하는 것이 경제적 레버리지를 위해 필수적임을 시사한다.

변화의 측정

위에서 언급한 바와 같이, 일단 프로그램이 시작된 후에야 비로소 평가 프로그램이 진행된다. 효과를 충분히 밝히기 위해서는 변화에 대한 기준이 설정되어야 한다. 이상적으로는 프로그램이 시작되기 1년 전에 기준이 마련되어야 하고, 이벤트 행위와 관련된 자료가 이 시기부터 수집되어야 한다. 어떤 사항들은 사후에도 측정될 수 있지만(사업 수익률이나 문화 참여율 등 정기적으로 수집된 도시에 대한 통계), 다른 사항들은 이벤트 그 자체에 관련되기 때문에 기초조사를 통해 사전에 측정되어야 한다.

경우에 따라 총평을 통해 도시 여러 분야의 발전을 측정할 기준을 제공하기도 한다. 인구 7만 5,529명의 아일랜드 골웨이(Galway)에서는 2020년 유럽문화수도 선정 전에 경제적 기준에 대한 연구를 진행했다. 이 연구에서는 사회적 배경과 경제의 여러 부문, 특히 관광산업, 식품산업, 창조산업, 소매업에 대해 검토했다. 골웨이의 해외 관광객 수가 2013년에서 2014년 사이에 10% 이상 증가할 것이라고 보았다. 이는 유럽문화수도와 같은 이벤트가 관광산업의 성장과 관련 있기 때문이지만, 이 연구가 시사하는 바는 유럽문화수도와 상관없는 건강한 경제성장이 이미 나타나고 있다는 것이다. 따라서 2020 유럽문화수도를 평가할 때는 그 이벤트가 이미 예상된 것 이상으로 관광산업의 성장을 이끌었는지를 고려해야 할 것이다. 최근 평균이 대략 8%대로 떨어지긴 했지만, 유럽문화수도 행사로 인해 해당 도시에 1박 이상 체류하는 관광객이 10~12% 증가한다는 주장이 널리 받아들여지고 있다(Falk and Hagsten 2017). 하지만 유럽문화수도 행사 기간에 일어나는 관광산업의 성장을 유럽의 도시 관광 증가율과 관련시키는 연구는 거의 없다. 관광산업은 매년 4% 정도 성장하고 있기 때문에 유럽문화수도 관련 관광산업의 추가적인 성장은 현재 4%에 못 미친다고 볼 수 있다.

기준 설정과 관련된 연구를 통해 좀 더 상세한 정보를 얻을 수 있다. 이는 행위의 목표와 관련될 수 있기 때문이다. 2016년 타이틀을 놓고 경쟁한 네덜란드의 다섯 도시인 브라반쉬타트(Brabantstad)의 유럽문화수도 유치를 위한 용역 보고서에서 가능성이라는 개념을 제시하고 있다(van Bommel et al. 2011). 제안된 프로그램의 목표 중에는 문화 분야의 활력과 그에 대한 참여 증진, 문화적 네트워킹 확대가 있다. 이러한 측면은 여러 도시의 문화적이고 창조적인 행위자들이 보이는 행태와 태도를 살펴보는 특별한 연구를 통해 검토되었다. 이를 통해 프로그램 제안으로 문화 수행자들 사이의 연계, 특히 지역 외부의 문화 수행자들과의 연계가 강화되었다는 사실이 드러났다. 네트워크에 속한 문화 수행자의 4분의 3이 새로운 프로젝트로 이어졌다. 적어도 처음에는 프로젝트에 대한 주민들의 지지 수준 역시 높았다. 평가로 드러난 문제점은 사람들이 노르트브라반트(Noord Brabant)주라는 공식 행정구역에 대해서는 강한 일체감을 보였으나, 브라반쉬타트의 추상적인 도시 네트워크에 연결되어 있다고 생각하지는 않았다는 것이다. 이러한 결과는 추상적인 아이디어보다는 구체적인 상징을 통해 장소 브랜딩을 시도하는 것이 훨씬 쉽다고 주장한 파스퀴넬리(Pasquinelli 2013)의 연구와 궤를 같이한다.

지표 찾기

프로그램의 효과를 살펴보는 데 가장 중요한 것은 어떤 지표를 사용해야 하는지다. 대부분의 경우 그것은 프로그램의 다양한 요소를 파악하고 난 다음, 방문객이 얼마나 와서 얼마나 많은 돈을 썼는지, 지역 주민들이 그 점을 마음에 들어 하는지를 측정하는 단순한 과정인 듯하다. 하지만 실제로 어떤 프로그램의 효과는 중요한 이론적 쟁점을 가지고 있다. 예상되는 효과란(측정하려고 계획한 효과란) 프로그램의 작동 메커니즘에 대한 각각의 이론과 아이디어의 주장이라고 할 수 있다. 관광산업 분야에는 관광객을 유치함으로써 나타날 수 있는 경제적 영향을 설명하는 수많은 연구가 있다. 사회적 효과 측면에서 프로그램이 지역사회의 사회자본과 사회통합 수준을 높인다는 주장을 하는 수많은 연구가 있다(Richards et al. 2013). 하지만 다양한 행위와 예상되는 효과를 가진 큰 프로젝트를 맡게 된다면, 평가 연구를 설계하는 과정에서 여러 이론적 관점을 다루어야 한다.

2장에서 이미 대강 살펴본 바와 같이, 사코와 블레시(Sacco and Blessi 2007)는 개발된 다양한 자본에 기초해 프로그램의 효과를 측정하는 모델을 개발한 바 있다. 2004년 유럽문화수도 행사를 개최한 프랑스의 릴(Lille)과 이탈리아의 제노바(Genoa)를 연구한 그들은 센(Sen)이 제시한 능력의 발전 정도, 포터(Porter)의 연구에 기초한 경쟁력의 발전 정도, 리처드 플로리다(Richard Florida)의 아이디어에 기반한 도시의 매력도를 평가했는데, 이러한 여러 효과를 측정하기 위해 12가지 지표를 개발해 지역의 질, 분위기, 매력, 사회성, 연결성 등 다섯 범주로 나누었다(〈표 2.1〉 참고).

이 모델은 브라반쉬타트의 기초연구에도 적용되었으며(van Bommel et al. 2011) 이후 유럽문화수도 유치 과정에서 리처즈와 마르케스(Richards and Marques 2016)에 의해 전체적으로 고려되었다. 이 모델은 문화 프로그램 투자를 위한 개념적 모델로 개량되었는데(Richards 2014), 특정 프로그램을 통해 문화 투자가 이루어지면 다양한 형태의 자본(자연 자본, 물리적·인적·사회적·문화적 자본)이 증가할 수 있음을 보여 준다(〈그림 7.1〉, Box 7.1 참고). 이러한 다양한 자본을 하나의 프로그램으로 통합해야 하기 때문에 관련 도시의 조직화

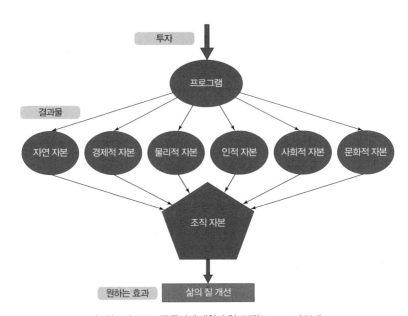

〈그림 7.1〉프로그램 투자에 대한 수익 모델(Richards 2014)

Box 7.1

2016년 보스500 프로그램의 영향

보스500 프로그램은 〈그림 7.1〉에 제시된 여러 가지 자본을 증가시켰다. 2016년 보스500 프로그램 이벤트에 140만 명이 추가적으로 방문했다. 이는 '천재의 비전 (Visions of Genius)' 전시회를 방문한 42만 2,000명과 외국인 관광객 18만 5,000명을 포함한 수치다. 방문객 규모는 엄청났는데, 이는 스헤르토헨보스를 방문하는 연간 관광객의 2배였다(Rekenkamercommissie 2016). 2016년 방문객은 1억 5,000만 유로를 직접 지출했고, 스헤르토헨보스는 5,000만 유로 정도의 국내외 홍보 효과를 누렸다. 보스500 프로그램으로 조직된 이벤트들로 인해 이 도시에 수많은 '다채로움(eventfulness)'이 생겨났고, 주민 천 명당 이벤트 방문객 수가 네덜란드에서 가장 많았다(Respons G50 Evenementenmonitor 2016).

이렇게 사람들이 쇄도해 들어옴으로써 여러 영향이 나타났다. 첫째, 도시가 국제적 관심을 받고 있다는 느낌과 함께 거리에 외국인 관광객이 눈에 띄게 늘어났다. 관광객들이 레스토랑이나 술집, 호텔, 상점을 가득 메웠고, 이는 상당한 경제효과를 낳았다. 2016년 상반기 레스토랑이나 술집, 호텔의 매출은 2015년 같은 기간에 비해 10% 상승했다. 상점의 매출은 3% 상승했다. 보스500 프로그램이 가져다줄 혜택에 회의적이던 비즈니스 분야에서는 이와 같은 눈에 보이는 효과로 인해 그 혜택에 대해 확신하게 되었다. 수많은 기업가가 앞으로 진행될 이벤트 프로그램에 투자하기로 약속할 정도였다.

관광객들은 만족스러운 경험을 했다. 프로그램의 모든 요소가 10점 만점에 8점을 받았다. 재방문 의사도 높았다(국내 관광객의 92%, 외국 관광객의 64%가 재방문 의사를 표했다). 이벤트 역시 네덜란드 국민에게 큰 인상을 남겼다. 2016년, 네덜란드 인구의 20%가 이곳을 방문했는데, 그중 16%는 그 다음 해에도 꼭 재방문하겠다고 답했으며, 36%는 재방문 가능성을 비쳤다. 이는 장래 관광산업의 성장 가능성을 강력히 뒷받침하는 것이라고 볼 수 있다.

더욱 중요한 점은 화가 히에로니무스 보스가 고향인 스헤르토헨보스와 떼려야 뗄 수 없게 되었다는 것이고 이는 도시와 예술 분야 모두에 지속적인 유산이 되었다. 프로그램 개최 경험으로 스헤르토헨보스 주민들은 보스를 도시의 아이콘으로 자랑스러워하게 되었고, 이는 사회통합을 증진하는 효과를 낳았다. 주민의 58%가 프로그램 덕에 스헤르토헨보스에 대한 자부심이 높아졌다고 했으며, 절반에 가까운 주민들이 자신이 2016년 이벤트의 일원이 된 것처럼 느꼈다고 했다. 주민 3분의 2는 프로그램으로 인해 도시에 문화적 분위기가 가득하게 되었다고 했다.

프로그램이 수상한 수많은 상 -the Global Fine Art Awards 2016, the title EuroNederlander of the Year, the Apollo Award 'Exhibition of the Year 2016', Dutch Public Event of the Year 2016, The Dutch Data Prize, the Gouden Giraffe 2016, The Network City Marketing Award 2016, the Europa Nostra Award 2017- 은 프로그램의 홍보 효과를 높여 주었다.

네트워크 구축 역시 보스500 프로그램의 중요한 효과다. 왜냐하면 그것은 다양한 분야로부터 수많은 사람과 조직을 한데 모았기 때문이다. 보스500에 의해 만들어진 네 가지 주요 네트워크 외에도 비공식적 만남이 도시의 문화적 분위기 고양에 큰 역할을 했다. 한 인터뷰 대상자에 따르면, "보스500으로 우리는 연계를 강화할 수 있었다. 사람들이 서로 연계를 강화하자 열광적인 반응이 터져 나왔다"(Afdeling Onderzoek and Statistiek 2017: 34).

유산도 지속적으로 만들어 낼 것이다. 히에로니무스 보스 아트센터(Jheronimus Bosch Art Center)는 보스 하우스(Bosch House)를 운영할 것이고, 보스의 생가이자 작업실이었던 곳에 새로운 통역 센터가 마련될 것이다. 보스500 프로그램의 성공에도 불구하고 시 당국과 정치인들은 유산 보전의 중요성을 잊어버렸다는 느낌이 든다. 톤 롬바우츠(Ton Rombouts)가 시장 임기를 시작하면서 프로그램 완료 이후에 나타날 격차가 더욱 커질 것이다.

이는 잘 조직된 프로그램이 얼마나 다양한 결과를 낳을 수 있는지 보여 주는 것이다. 장기간에 걸쳐 나타난 영향을 평가하기 위해 장기적인 평가가 필요하다.

능력이 높아지게 되고, 도시는 늘어난 다양한 형태의 자본을 삶의 질을 개선하는 데 사용할 수 있게 된다. 이는 프로그램 투자에 대한 수익률과 그것이 삶의 질에 미치는 궁극의 효과를 보여 주게 된다.

경제활동의 증가

지방 도시에서 개발된 프로그램은 관광객들을 끌어들여서 경제활동을 늘리고, 분위기를 고양시키고, 창조산업이 진작되도록 한다. 소도시 방문객 수가 주민 수보다 더 많을 때도 있다. 팔크와 하그스텐(Falk and Hagsten 2017)은 유럽문화수도 행사가 미치는 장기적 효과에 대한 조사에서 특정 유형의 도시들이 가장 큰 혜택을 누리고 있다고 결론지었다.

> 유럽 문화수도의 장기적 효과는 역사적·문화적 매력이 덜한 소도시에서 나타나고 있다. 그 이유에 대해서는 좀 더 심층적인 분석이 필요하지만 관광산업에 대한 해당 도시의 잠재력이 유럽문화수도 행사를 통해 드러난 결과라고 추정해 볼 수 있다. 전통적인 역사·문화 도시나 수도에는 그와 같은 숨겨진 비밀이 많지 않다.

관광산업으로 거둬들인 이익의 규모는 차상위 소규모 문화도시(독일의 바이마르, 에스토니아의 탈린, 포르투갈의 기마랑이스, 스페인의 살라망카, 오스트리아의 그라츠)가 대규모 산업도시보다 더 컸다.

지역에 대한 자부심과 사회통합

보스500 프로그램이 불러일으킨 주목할 만한 효과는 스헤르토헨보스 주민이 느끼는 자부심이 커졌다는 것이다. 이 행사로 인해 지역에 대한 자부심이 높아졌는지 묻는 질문에 대해 2015년에는 21%가 그렇다고 대답했는데, 2016년에는 58%가 동의를 표했다. 이러한 결과는 영국 블랙번(Blackburn)에서 이루어진 우드(Wood 2005)의 연구에서도 이미 동일하게 나타났다. 그 연구에서는 지역 문화 행사에 참여한 후 주민들 사이에 자부심이 크게 높아졌으며, 행사 프로그램이 지속될 경우 지역에 대한 자부심도 지속적으로 높아질 것이라고 주장하고 있다.

지역에 대한 자부심이 높아졌다는 연구 결과는 네덜란드 북동부의 드렌터(Drenthe)주에서 열린 부엘타 아 에스파냐 사이클경기(La Vuelta a España cycle race) 개막 조사에서도 보고되었다(van Gool et al. 2009).

주민들은 이 행사가 자신들이 사는 지역에서 개최되는 데 대해 자부심을 느끼고 이를 지지하려는 움직임을 보였다. 그들은 이 행사로 인해 큰 기쁨을 누렸으며 경제적·심리적으로 이 행사가 중요하다고 생각했다.

2012년 지로디탈리아(Giro d'Italia)라는 또 다른 사이클경기가 개막되자 이 역시 덴마크의 소도시인 헤르닝(Herning)과 호르센스(Horsens)에 중요한 영향을 미쳤다. 호르센스 시장인 피터르 쇠렌슨(Peter Sørensen)은 다음과 같이 말했다.

2012년 호르센스에서 개막한 지로디탈리아 행사를 통해 스포츠 이벤트가 동유틀란트 반도(East Jutland)에서 수천 명의 관중을 동원하고 사람들의 참여를 이끄는 인기 있는 축제라는 것을 알 수 있다. 대규모 행사가 유치되자 전 주민이 함께하고, 수많은 부수적인 행사나 사교 모임이 열렸다. 이 행사로 인해 호르센스가 콘서트 도시로 유명세를 얻게 되었다(Horsens Kommune 2012).

일본에서 개최된 예술 축제에서도 개최지는 유명세를 얻고 지역사회의 통합을 이끌며 주민들의 자부심을 고양시킬 수 있었다. 세토우치 트리엔날레(Setouchi Triennale)는 세토내해 주변에서 개최된 기념비적인 예술 축제이다. 2010년 개최된 트리엔날레는 일본 전역으로부터 수많은 관광객을 끌어들였다. 2016년 행사에는 100만 명 이상이 몰려들었는데, 그중에서 13만 명은 외국인 관광객이었다(Setouchi Triennale Executive Committee 2016). 세토내해는 오랫동안 인구가 감소하던 곳으로, 이곳의 바닷가나 섬에 멋진 예술품을 배치했다. 주민의 70% 이상이 이 행사가 지역에 새로운 활력을 가져다주었다고 보았다. 이는 지역 주민들이 다양한 배경을 가진 수많은 외부인과 접촉하게 된 결과이다. 2016년 행사에는 자원봉사자 7,000명이 함께했다. 트리엔날레 덕분에 젊은이들이나 새로운 가족들이 이 지역에 정착하고 있다.

크레스피-발보나와 리처즈(Crespi-Vallbona and Richards 2007)는 스페인의 카탈루냐(Catalonia) 지방의 여러 도시에서 벌어진 문화 이벤트를 연구하면서 그런 이벤트가 가져다주는 사회통합 효과에 주목하였다. 그들은 이러한 지역 행사가 세계화의 물결 속에서 지역 정체성을 강화시켜 외부의 힘에 압도당하지 않게 만들어 준다고 보았다.

도시 이미지

소도시들이 직면한 문제는 외부 세계에서 보기에 강력한 이미지가 없다는 것이다. 심지어 외부 사람들은 그런 지역이 있는지조차 모른다. 그래서 프로그램을 조직한다는 것은 '도시의 이름을 알리는' 작업이기도 하다. 문제는 이미지란 것이 경제적 효과보다 훨씬 측정하기 어렵다는 데 있다. 프로그램의 목적이 외부 세계에 영향을 미치는 것이라면 더더욱 그러하다. 왜냐하면 그런 프로그램이 목표로 하는 대중은 그곳을 방문한 적도 심지어 들어본 적도 없기 때문이다.

많은 연구가 보스500과 같은 프로그램이 중요한 이미지 효과를 갖고 있다는 주장을 뒷받침한다. 네덜란드 관광청(Netherlands Board of Tourism and Conventions)의 연구에 따르면 보스500 프로그램은 4,700만 유로에 해당하는 홍보 효과를 낳았는데, 이는 기사 수나 TV, 인터넷 노출 수를 측정한 결과다. 6장에서 밝힌 바와 같이 이러한 미디어 노출은 히에로니무스 보스에 대한 전 세계적인 관심을 촉발해, 《뉴욕타임스》나 《가디언》 같은 유수의 신문에도 기사가 실리게 되었다. 하지만 이러한 미디어 노출이 스헤르토헨보스에 대한 외부의 전반적인 인식 수준을 높였는지는 의문이다. 벨기에와 영국에서는 스헤르토헨보스에 대한 인식이 약간 높아졌다. 2014년 동안 자연스럽게 언급된 네덜란드 도시에 대해 순위를 매겼을 때, 벨기에에서 13위, 영국에서 17위를 차지했다. 하지만 독일의 경우 훨씬 덜 언급되어 2014년 25위이던 것이 32위로 내려앉았다(Afdeling Onderzoek and Statistiek 2017). 2016년 '천재의 비전(Visions of Genius)' 전시회 방문객 중 5번째로 많았던 독일에서 스헤르토헨보스에 대한 인식이 더 낮은 이유는 알 수 없다.

특히 외부 세계에 투영된 이미지를 평가할 경우 도시 이미지의 변화는 측정하기 어렵다. 이미지 변화는 언론 노출 빈도와 같이 종종 간접적으로 평가되기 때문이다. 가르시아(Garcia 2005)는 1986~2003년에 걸쳐 글래스고(Glasgow)의 도시 이미지와 정체성을 둘러싼 미디어와 개인들의 담론에 대해

〈사진 7.2〉 스헤르토헨보스에서 펼쳐진 보스 퍼레이드(Bosch Parade)를 구경하는 방문객들
(사진: Ben Nienhuis)

장기간에 걸친 질적 연구를 실시하였다. 이 연구에서 1990년 글래스고에서 개최된 유럽문화수도 행사로 인해 글래스고는 매우 긍정적인 이미지를 얻을 수 있었고, 그로 인해 관광산업이나 경제적 부흥이 나타났다는 것이 밝혀졌다. "글래스고와 같은 성공담이 전 세계적으로 알려지자 프로그램의 위신이 올라갔고 다른 도시에서도 그런 효과에 대한 기대감이 커졌다"(Garcia 2005, 863).

리처즈와 로타리우(Richards and Rotariu 2015)가 연구한 바에 따르면, 루마니아의 시비우(Sibiu)도 2007년 유치한 유럽문화수도 행사로 상당히 지속적인 이미지 효과를 누렸다고 한다. 주민 조사 결과, 주민 대다수가 이 행사로 도시가 다방면으로(이미지의 개선, 경제활동의 증가, 사회통합, 삶의 질 향상 등) 혜택을 누렸다는 점에 동의하고 있다(〈표 7.2〉 참고).

주민 대다수는 이 행사를 개최한 결과 시비우에 대한 미디어의 관심이 증가했다고 보고 있다. 2017년 절반 이상의 시비우 주민들은 이 행사로 인해 도시에 대한 미디어 노출 빈도가 상승했다는 점에 동의하고 있으며, 특히 외국 관광객의 경우 이 숫자가 더 컸다(68%). 시비우에 대한 조사에서 나온 자료를 통

〈표 7.2〉 2007~2017년에 걸쳐 나타난 2007년 시비우 유럽문화수도 행사의 영향
(주민들만을 대상으로)

'2007년 유럽문화수도'	2007	2010	2017
시비우 이미지 개선 정도	98	93	91
시비우가 벌어들인 돈	94	82	81
문화시설 개선	89	72	76
사회통합 증진	67	55	59
삶의 질 개선	53	48	63
유럽 사람들이 시비우를 얼마나 친숙하게 느끼는가		84	78
전체적으로, 시비우가 유럽문화수도를 잘 활용했다		79	81

동의 정도(%)

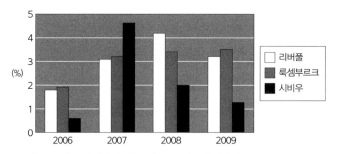

〈그림 7.2〉 유럽 관광객들은 시비우를 5대 문화 관광지 중 하나로 보았다
(룩셈부르크 2007, 리버풀 2008과 비교)

해 프로그램과 그로 인한 미디어 관심은 유럽 전역에 걸쳐 측정 가능한 효과를 가짐을 알 수 있다. 아틀라스 문화관광 조사보고서(ATLAS Cultural Tourism Surveys, Richards 2010)에 따르면, 2007년 5대 문화 관광지의 하나로 시비우를 꼽는 유럽 관광객의 비율이 크게 상승했다(〈표 7.2〉 참고). 비록 시비우의 순위가 계속 내려가고는 있지만, 2007년 프로그램보다 2009년 프로젝트에서 순위가 여전히 높았다. 비슷한 패턴이 2007년 룩셈부르크나 2008년 리버풀에서 개최된 유럽문화수도 행사에서도 나타났다.

도시 공간의 재생

이 책에서 주장하는 바와 같이 이미지와 관광산업의 효과는 장소만들기 프로그램이 소도시의 전반적인 삶의 질이나 현실에 미치는 효과보다 작은 것 같다. 오늘날 도시는 이벤트를 공공공간을 개선하기 위한 전략으로 활용하고 있다. 마커슨과 니코디머스(Markusen and Gadwa Nicodemus 2010: 3)는 '소도시의 전통적인 문화적 실천이나 문화경관이 특정 문화센터나 페스티벌로 바뀌어 공동화된 도심을 활성화하고 지역 방문객을 끌어들이는 과정'을 살펴보았다. 이들은 인구가 1,057명에 불과한 루이지애나의 아노드빌(Arnaudville)

이라는 작은 마을에서 펼쳐진 물과 불 페스티벌(Fire and Water Festival)과 기타 이벤트로 인해 소도시임에도 문화적 활기를 되찾게 되었다는 점을 강조하고 있다.

미국에 이와 같은 예가 무수히 많은데, 수많은 소도시가 문화 행사를 통해 더뷰크는 대학도시로도 유명하며, 문화와 교육 중심지로 거듭나고 있다. 예술문화 자문위원회(Arts and Cultural Advisory Commission)는 그간 예술 부문에 상당한 자금을 제공해 왔으며, 이는 지역사회에 큰 영향을 미쳤다. 예술 활동은 연간 약 4,700만 달러의 경제효과를 낳고 있으며, 매년 120만 명 정도가 이벤트에 참가하고 있다.

더뷰크는 2010년 경제지 《포브스》에 최고로 살기 좋은 소도시로 이름을 올렸고, 2013년에는 전미 도시 시상식(All-American City Awards)에서 3등을 차지했으며, 2014년 일간지 《유에스에이 투데이(USA Today)》에 미국 최고의 수변공간 중 4위에 이름을 올렸다. 2000~2016년 사이에 더뷰크시 인구는 9% 가까이 늘어나 9만 7,000명에 달했다.

도심지를 성공적으로 활성화했다.

문화적 효과

보스500 프로그램의 주요 목표 중 하나는 스헤르토헨보스에 문화적 분위기를 더하는 것이었다. 톤 롬바우츠(Ton Rombouts) 시장은 문화 분야를 강화시킴으로써 문화활동 참여, 경제활동 및 웰빙의 증가와 같은 다른 효과를 누릴 수 있다고 주장했고, 스헤르토헨보스의 문화기관들은 프로그램의 문화적 영향력이 국내외의 협조를 이끌어 낼 것이라고 보았다. 국내외적으로 연계를 증가시켜 새로운 경제적 이익과 예술적 기회를 제공했다. 보스를 업데이트하는 과정에서 예술적 가능성이 높아졌다. 이 프로그램으로 인해 더 많은 자원이 공급되었고 협업이 활발하게 이루어졌다.

보스500은 문화적 참여에도 큰 역할을 했다. 보스500이 문화적 참여를 이끌었다고 보는 주민들의 비율도 2008년 17%에서 2016년 38%로 늘었다. 시의 전반적인 문화적 분위기 조성에 보스500이 기여했다고 보는 사람이 2008년의 84%보다는 낮았지만 2016년에도 66%를 기록했다(Afdeling Onderzoek and Statistiek 2017). 프로그램 중 어떤 것이 앞으로도 지속되어야 하는지 묻는 설문에서 주민들은 기타 전시회(60%)와 천국과 지옥 유람선(Heaven and Hell Cruise, 59%)을 지목했다. 보스 퍼레이드(Bosch Parade, 49%) 역시 열렬한 지지를 받았는데, 이는 이벤트가 사회통합을 높이는 데 도움이 된다는 아흐테베르(Agterberg 2015)의 연구 결과를 반영하는 것이다.

노르웨이의 소도시 스타방에르(Stavanger)는 2008년 유럽문화수도 프로그램을 통해 세계적인 아티스트들을 장기적으로 초청하고, 도시를 배후 농촌 지역과 연계하는 혁신적인 이벤트를 도입함으로써 시의 문화적 분위기를 달라지게 만들었다. 이벤트를 질적으로 평가하기 위해 연출자인 메리 밀러(Mary Miller)와 동료들은 그 효과를 되짚어 보았다.

> 우리의 우선순위는 협업을 공고히 하는 것이었다. 프로·아마추어, 국제·지역, 기성·신인 아티스트들을 한데 모아 창조적 집단을 만들어 내면, 거기서 모든 이들은 탁월함을 추구하고, 아이디어와 이야기를 서로 나누며 함께 일하게 될 것이다(Miller et al. 2009).

59개국에서 실연자와 아티스트를 불러 모아 협업을 추진했다. 이는 지역 문화 조직과 국제 문화 조직 사이에 개별적으로 이루어진 협업 계약과 문화계 및 지역사회와 소통하기 위해 스타방에르에 선도적인 다국적기업을 불러 모은 레지던시 프로그램를 통해 이루어졌다. 목적은 미래를 위한 플랫폼 건설이었다. 이에는 프로들의 공동 작업뿐만 아니라 지역 젊은이들의 네트워크를 개발하는 것도 포함된다. 젊은이들에게 강조점을 두고 있다는 것은 스헤르토헨보스의 문화와 교육을 반영한다는 것이며, 또한 프로그램의 콘텐츠 측면을 중시한다는 것이다.

아마도 우리는 색을 발견한 꼬마, 반짝이는 법을 알게 된 젊은이, 개막 퍼레이드에서 느낄 자부심, 스키장에서 펼쳐지는 예술제 못 힘랄레터(Mot Himlalete)에서 첫 성화를 들 꼬마의 터질 것 같은 심장, 리버풀 동료가 하느님을 향해 느낀 감정과 같은 것을 발견한 젊은이, 오랜 침묵을 깨고 노래를 부른 치매 노인과 같이 꼭 측정해야 할 효과를 포착하지는 못할 것이다(Miller et al. 2009).

베르그스가르드와 바센덴(Bergsgard and Vassenden 2011)은 스타방에르 유럽문화수도 행사가 개최된 후 몇 년간의 상황을 평가하면서 프로그램이 콘텐츠 측면에서 중요한 성취를 이루어냈다고 결론지었다. 이 정도의 프로젝트를 완수했으니 시는 앞으로 더 큰 일도 해낼 수 있을 것이다. 어떤 예술가들은 기존의 틀에서 벗어날 수 있었고, 새롭고 낯선 방식으로 작업함으로써 혁신을 만들어 낼 수 있었다. 베르그스가르드와 바센덴은 유명한 예술가들이 더 큰 혜택을 얻는 경향이 있다고 했지만, 네트워크와 협업이 늘어났다. 많은 이들이 시의 문화적 삶이 향상되었다고 생각했지만, 다른 이들은 많은 것이 이루어졌음에도 불구하고 기대가 충분히 충족되지는 않았다고 생각했다. 그렇기는 하지만 전반적으로 기대가 높아지는 것은 문화 분야에 긍정적인 효과가 있다. 기량이 출중해지고, 새로운 아이디어와 방법론이 나타나고, 사회자본이 늘어나게 되는 것이다. 베르그스가르드와 바센덴은 사회자본을 축적하는 것이 제로섬 게임은 아니라는 점을 강조했다. 소도시에서 누군가를 위해 사회자본이 증가하는 것은 다른 사람이 희생한 결과가 아니다.

결국 프로그램에 대한 어렵지만 중요한 질문은 "당신은 무엇을 자랑스럽게 생각하는가"이다(Stavanger 2008, 2009). 스타방에르 2008(Stavanger 2008) 행사의 연출자였던 메리 밀러(Mary Miller)는 다음과 같이 답했다.

- (경제성장이나 이미지 변화가 아닌) 문화에 진실로 기반을 둔 프로그램
- 주변 경관과 자연을 배경으로 열린 놀랄 만한 프로젝트
- 창조성을 자극하고 유럽문화수도를 국제화한 레지던시 프로그램
- 전문가와 남녀노소, 모든 세대가 함께하는 프로젝트

　아마도 가장 중요한 점은 스타방에르 행사가 자신들만의 방식으로 진행됐다는 점이고, 밀러는 이 점을 가장 뿌듯해했다. 남들이 아닌 우리의 꿈을 좇았다고 말이다.

비용 산출

도시를 변화시키는 프로그램에 자금을 대는 것은 쉽지 않은 일이다. 시간과 노력, 창조성이 필요할 뿐만 아니라 틀에 박힌 사고방식에서도 벗어나야 한다. 스헤르토헨보스의 경우 재정적 돌파구는 내부가 아닌 외부에서 만들어졌다. 보스의 이야기에 처음 믿음을 보이기 시작한 것은 외부 후원자들로, 이는 정치가들이 더 많은 지원을 하는 이유가 되었다.

　800만 유로를 투자하면서 일이 본격적으로 시작됐다. 놀라운 점은 이런 큰 금액을 비축하자는 결정이 만장일치로 이루어졌다는 것이다. 이러한 정치적 결과가 가능했던 이유는 이 자금이 명확한 목표와 측정 가능한 결과를 갖춘 논리정연한 다년도 계획에 근거를 둔 데 있다. 정치가들은 투자를 통해 무엇을 만들어 낼지 알 수 있었다. 전시회가 실제로 조직될 때만 자금을 쓸 수 있고 그렇지 않으면 시로 다시 돌아간다. 이 자금은 완전히 새로운 것으로, 시의 주요 마케팅 혹은 문화 재원으로부터 나온 것이 아니었다. 이는 기존의 기관이나 이벤트들이 보스500을 경쟁자로 볼 필요가 없다는 것을 의미한다.

　프로그램이 시작된 원년에 노르트브라반트주는 브라반쉬타트 예산으로 자

금을 조성해(4장 참고) 매칭펀드로 개별 프로젝트에 120만 유로를 제공했고, 더 많은 금액을 유럽문화수도 자금 형태로 브라반트의 5개 시에 제공했다. 스헤르토헨보스가 가장 큰 몫을 차지했는데(80만 유로), 이미 매칭펀드를 확보해 준비했기 때문이었다.

2013년 9월 유럽문화수도 유치에 실패한 후(Richards and Marques 2016), 시는 이 이벤트를 위해 비축해 둔 자금을 요청할 수 있었다. 시와 보스500 당국은 보스500 프로그램에 대한 주의 투자를 500만 유로까지 늘려달라는 로비를 집중적으로 벌였다. 이는 중앙정부로부터 투자받은 금액과 맞먹는 액수였다. 스헤르토헨보스 시장의 영리한 로비를 통해 중앙정부의 투자금이 확보되었다. 그는 내각 해산과 선거 요구 시점을 활용했고, 그가 속한 정당은 전기 예산에서 남은 자금을 배분할 수 있었다.

자금을 확보하기 위해 주 정부와 중앙정부가 보조금 프로그램 같은 일반적인 채널을 사용할 필요는 없었다. 이런 특별한 이벤트에 소요되는 예산은 정상 채널을 통해 확보할 수 있는 금액을 훨씬 초과하기 때문에 자금을 조달해야 했다. 그래서 시는 다른 시나 이벤트, 기관과 경쟁할 필요 없는, 일회적이고 예외적인 투자금을 확보하기 위해 로비를 한 것이었다. 이를 통해 시의 자금조달과 관련해 벌어지는 통상적인 정치적 문제를 피할 수 있었다.

공적 자금과 관련해 부딪히는 큰 난관은 정치가들과 행정가들이 극도로 위험을 회피한다는 사실이다. 보스500과 같은 대규모 이벤트는 위험이 크고 외부 충격에 취약하다. 일단 프로그램이 진행되고 상당한 성공 가능성을 입증하고 나서야 비로소 외부의 공적 자금이 들어왔다. 첫 자금은 국립복권(National Lottery, 100만 유로), 에너지 기업인 에센트(Essent, 100만 유로), 라보은행(Rabobank, 50만 유로) 같은 대규모 후원사들로부터 들어왔다. 시에서 800만 유로를 약속하고 보스 연구 보존 프로젝트(Bosch Research and Conservation project)에서 첫걸음을 떼었기 때문에 이들이 기꺼이 투자한 것이다. 후원자들은 히에로니무스 보스의 작품이 확보되고 전시회가 개최될 것이라는 확신을 충분히 갖게 된 것이다. 후원자들에게는 주 정부나 중앙정부보다 보스의 귀환이라는 큰 꿈이 훨씬 중요했다. 공공 분야의 경우 정치는 더욱 중요했다. 주 정부의 경우 스헤르토헨보스를 편애하는 것으로 비치지 않길 바랐다. 중앙정부는 다른 도시들이 따라할 선례를 만들지 않길 바랐다.

그런 큰 자금을 관리하는 것은 복잡한 일이었다. 왜냐하면 각기 다른 자금 조달 조건이 붙은 여러 재원에서 모은 돈이었기 때문이다. 자금의 대부분은 일단 프로그램이 진행되어야 쓸 수 있었다. 이 때문에 시로부터 선금을 받아야 했고, 각 자금을 조심스럽게 배분해 프로그램 부문별로 할당해야 했다.

예를 들면 중앙정부는 자금이 전시회, 리서치 프로그램, 국제 공동 작업에만 투자되길 원했다. 주 정부는 보스 그랜드투어(Bosch Grand Tour)를 개최하거나 음악 그룹들과 협업하기 위해 유럽문화수도 유치나 주에 있는 대규모 미술관과 협력 사업을 벌이는 등 다른 지역과의 협업에 훨씬 관심을 두었다.

스헤르토헨보스의 경우 충분한 수의 보스 작품이 전시회에 선을 보여야 한다는 것이 중요했다. 시민들의 지지 역시 지역 정치인들에게 중요했기 때문에 프로그램은 다양하고 시민들이 접근하기 쉬워야 했다. 시민들에게 전시회를 무료로 개방하자는 제안까지 나왔다. 중앙정부는 이벤트의 국가적, 특히 국제적 역할에 더 방점을 찍었다. 결국 타협이 이루어졌는데, 18세 이하 네덜란드 국적의 어린이들은 무료로 전시회에 입장할 수 있을 뿐만 아니라 전국의 모든 학교는 가이드가 딸린 무료 투어에 신청할 수 있게 되었다. 결과적으로 어린이 1만 5,000명이 전시회를 무료 관람했다. 주민들을 위해서 만들어진 보스500 특별 복권의 경우 당첨자에게는 전시회를 미리 단독으로 관람할 기회가 주어졌다.

보조금이나 후원금의 경우 국내외에서 활동하는 게티 재단(Getty Foundation) 같은 큰 재단이나 후원자들을 주목해야 한다. 이들은 전시회나 리서치

〈사진 7.3〉 프랑스 예술가인 올리비에 그로스테트(Olivier Grossetête)와 함께하는
공동체 미술 프로젝트 (사진: Ben Nienhuis)

프로젝트에 관련된 노출에 특히 관심을 두는데, 이는 광범위한 국내외 매스
컴 보도를 가능케 하는 요소이자, 지역 이벤트 후원자들과의 경쟁을 피할 수
있는 이점을 가지고 있기 때문이다.

　일반적으로 큰 비전과 관련된 프로그램이나 재정적으로 기대가 큰 기획은
성과를 내야 한다. 큰 비전을 실현하고 국내외 자금 파트너들의 규모에 맞추
기 위해서는 대규모의 자금이 필요하다. 프로젝트 자금조달과 그에 수반되
는 재정적 위험은 특별 설립된 보스500 재단(Bosch500 Foundation)이 책임져
야 했다. 시의 기존 기구는 이런 재정적 책임을 질 수 없었다. 노르트브라반트
미술관(Noordbrabants Museum) 역시 최종 비용을 댈 자금이 부족했기 때문에
책임질 수 없었다. 스헤르토헨보스시 정부는 자금을 조달하고 재정적자를 피
할 수 있는 독립 기관을 만들어야 한다고 생각했다. 시는 재정준칙에 따라 후
원금을 받지 못하며, 시 정부에서 프로그램의 예술적 내용 관리에 책임을 지
는 것이 적절치 못하다고 보고 있다. 대규모 이벤트는 종종 실질적인 적자를
보게 되어 국고로 손실을 메워야 하는 경우가 있다(1976년 몬트리올 올림픽이나

잘츠부르크 페스티벌 초기, Waterman 1998). 하지만 보스500의 경우 전시회의 성공과 그로 인한 수입으로 흑자로 마무리되었다. 40만 유로의 흑자는 보스 유산 프로그램에 재투자될 수 있었다.

〈표 7.3〉에 따르면, 천재의 비전 전시회가 지출액 중 가장 높은 비중(43%)을 차지하고 있음과 더불어 2016년 경제에 직접적으로 미친 영향(57%)을 설명하고 있음을 알 수 있다. 지식 창출(보스 연구 보존 프로젝트)과 네트워킹(보스 도시 네트워크)에 상당한 액수가 지출됐고, 이는 마케팅비를 훌쩍 뛰어넘는 금액이다. 이것이 시사하는 바는 프로그램이 주로 콘텐츠와 지식 개발에 집중되

〈표 7.3〉 보스500 프로그램 재무 사항에 대한 개요(2010~2016)

프로그램	투자(=지출)(€)	%
천재의 비전(Visions of Genius) 전시회	11,500,000	43
보스 연구 보존 프로젝트(Bosch Research and Conservation Project)	3,000,000	11
보스 관련 연구교수 초빙 프로그램(Bosch Professorship)	300,000	1
보스 체험(Bosch Experience)	1,200,000	4
보스 그랜드 투어(Bosch Grand Tour)	500,000	2
도시의 비전(Visions of the City)	3,500,000	13
보스 도시 네트워크(Bosch Cities Network)	2,000,000	7
국제 프로그램	1,000,000	4
마케팅 및 홍보비	2,000,000	7
유산 투자	600,000	2
간접비(5%)	1,400,000	5
총 지출	27,000,000	100
재원	수입(€)	%
스헤르토보르헨시	8,000,000	30
노르트브라반트주	5,100,000	19
중앙정부	5,000,000	19
유럽연합	900,000	3
보조금과 후원금	5,000,000	19
자체 수입	3,000,000	11
총수입	27,000,000	100

었고, 그 결과 도시에 대한 여러 가지 무료 홍보, 언론의 집중 보도, 찬사가 이어지게 되었다는 것이다.

많은 이들이 보스 프로그램에 그렇게 많은 투자가 이루어져야 할 필요가 있었는지 의문을 표했다. 보스500의 총예산은 2,700만 유로로 시민 한 명당 180유로에 해당하는 금액이다. 이는 소도시에는 상당히 큰 투자라 할 수 있다. 시 외부에서 투자 금액 대부분이 조달되었다는 사실을 놓고 볼 때, 시 정부가 투자한 800만 유로(혹은 시만 한 명당 53유로)로 주민들이 큰 혜택을 보았다고 할 수 있다. 하지만 소도시는 이런 종류의 프로그램에 대도시보다 더 높은 비율로 더 많이 투자해야 한다. 〈그림 7.3〉이 보여 주는 바와 같이 인구 20만 명 이하의 소도시들은 100만 명 이상의 대도시에 비해 1인당 약 15배 더 많은 금액을 유럽문화수도 프로그램에 투자했다. 이러한 도시 규모로 볼 때 스헤르토헨보스는 상당히 절약했다고 볼 수 있다.

소도시가 대규모 프로그램을 진행하기 위해서는 1인당 지출 비용이 더 높다는 사실을 놓고 볼 때, 프로그램에 내재한 위험을 더욱 신중하게 평가해야 한다. KEA의 평가(2016)에 따르면, 2015년 벨기에 몽스(Mons)에서 열린 유럽

〈사진 7.4〉 지역 양조 맥주인 히에로니무스 맥주(Jheronimus beer) (사진: Ben Nienhuis)

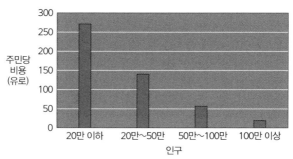

〈그림 7.3〉 유럽문화수도 행사에 들어간 주민 한 사람당 총비용, 1995~2015, 인구 규모별 도시

문화수도 행사의 문화 투자 위험은 매우 잘 관리되었다. 여기에 포함된 핵심 내용은 다음과 같다.

- 예산이 사전에 확보되어 이해관계자들의 확신이 높아짐
- 장기개발전략에 통합된 문화정책
- 정치가와 예술가 간의 밀접한 관계로 상호 신뢰가 싹틈
- 가능한 한 많은 사람이 문화에 쉽게 접근할 수 있도록 함
- 건전한 재무 모델과 경제운용 모델을 시행하고, 예술적 책임과 재무적 책임을 분리함
- 모든 형태의 혁신과 창조성에 가치를 부여한 생태계 조성

성공적인 유럽문화수도 프로그램 덕분에 몽스는 2025년 유산 프로그램(Mons 2025 legacy programme)에 550만 유로의 예산을 확보할 수 있었다. 몽스 2025(Mons2025)의 과제에는 유럽문화수도의 자산을 확대하기 위한 문화 프로젝트 제작, 문화적 네트워킹, 문화를 통한 경제 재생, 문화수도로서 몽스 브랜드 확립이 포함된다. 미식과 예술 이벤트를 조직하고, 몽스에 공통의 문화 소통 전략을 갖춘 연합 문화기관을 새롭게 만드는 것도 포함된다.

주민들이 프로그램에 대해 여러 가지로 평가했는데, 주민의 72%가 "몽스

2015(Mons2015)로 인해 지역이 활기를 되찾았다"는 데 동의했다. 주민의 3분의 2 역시 몽스2015로 인해 소속감과 자부심이 높아졌다는 데 동의했다. 하지만 '주민 모두가 몽스2015로 혜택을 누렸다'라는 것에는 회의적인 반응을 보였고, 오직 7%만이 '강하게 동의'를, 16%는 '그럭저럭 동의'했다. 평가 보고서의 결과는 다음과 같다.

> 몽스2015가 모든 면에서 완전한 성공을 거둔 건 아니다. [⋯] 이브 바세르(Yves Vasseur) 위원장은 이렇게 말했다. "몽스2015는 친밀한 접촉과 사회적 유대에 대한 강한 요구가 있음을 보여 주었다. 주요 전시회들은 방문객들을 끌어들일 뿐만 아니라 그들이 몽스를 방문하는 것을 정당화해 주어야 했다. 하지만 문화 관계자들은 자신들의 모델에 대해 재고할 필요가 있고, 교환과 공유라는 이러한 요구에 부응할 수 있는 좀 더 작은 규모의 프로젝트에 대해 고민해야 한다" (KEA 2016: 11).

프로그램 유치 비용

프로그램 예산에서 종종 간과되는 비용 중 하나가 외부적으로 입증된 프로그램을 유치하는 비용이다. 이는 올림픽과 같은 스포츠 프로그램에서 흔한 일인데, 최근에는 다른 프로그램에서 더욱 흔한 일이 되고 있다(McGillivray and Turner 2017). 유럽문화수도 행사를 두고 후보 도시들 간에 치열한 유치 경쟁이 벌어진다. 세계디자인수도(World Design Capital), 유럽녹색수도(European Green Capital), 영국 문화도시(UK City of Culture), 스페인 미식수도(Spanish Capital of Gastronomy), 캐나다 문화수도(Canadian Capital of Culture)와 같은 프로그램이나 타이틀도 마찬가지다. 이런 프로그램이나 타이틀이 풍부한 자원을 이유로 대도시의 몫이 되는 경우가 많지만, 소도시들도 이런 유치전에 대거 뛰어들고 있다. 최근 몇 년간 유럽문화수도 타이틀은 소도시(인구 15만 8,000명의 포르투갈의 기마랑이스, 인구 6만 명의 이탈리아의 마테라, 인구 100만 명 남짓의 네덜란드의 레이우아르던)에 돌아갔다.

유럽문화수도 유치 과정을 분석한 연구에서 리처즈와 마르케스(2015)는 유치비용이 증가하고 있다는 점을 강조했다. 이는 여러 타이틀을 두고 경쟁이 극심해지고 있다는 사실과 관련이 있다. 2018년 네덜란드의 유럽문화수도 타이틀을 놓고 벌어진 경쟁에서, 최종 유치를 위해 4개 시가 들인 유치 예산은 한 도시당 평균 300만 유로에 달했다. 유치전이 3년 가까이 진행되고 그사이 두 차례의 선발전이 치러졌는데, 그 과정에서 홍보, 로비, 문화 프로그램 등에 상당한 금액이 지출되었다. 그러나 유치전에 많은 돈을 쓴다고 해서 반드시 유치에 성공하는 것은 아니다. 타이틀은 결국 가장 늦게 참가해 가장 적은 예산을 쓴 가장 작은 소도시인 레이우아르던에 돌아갔다.

성공에 대한 보장이 없는 상황에서 유치비용이 많이 들게 되자 각 도시는 그 나름의 프로그램을 만들려고 하고 있다. 이는 도시들이 남들의 꿈이 아닌 자신의 꿈을 좇을 수 있다는 것을 의미한다.

프로그램에 들어가는 무형의 비용

프로그램을 조직하고 개최하는 경제적 비용과는 별도로 다른 무형의 비금전적 비용이 늘어나고 있다.

프로그램은 일시적인 혼란과 소음 혹은 젠트리피케이션 같은 장기적 효과를 갖는 각종 사회적 비용과 관련된다. 문화 행사 혹은 스포츠 행사에 대한 반대는 대부분 도시재생에 반대하는 사람들 사이에서 나온다. 대규모 프로그램을 조직하는 과정에서 생활비나 주거비가 상승한다. 재산 가치 상승이란 도시 지역의 문화적 도시재생에서 기대되는 당연한 혜택의 하나이다. 가격 상승은 구매력이 높은 상류층을 끌어들인다. 하지만 이로 인해 그 지역에 살던 원주민들이나 이전에 낮은 임대료에 끌려 유입되었던 예술가들은 쫓겨나게 된다. 이것이 바로 컨(Kern 2016)이 말한 지역사회에 가하는 젠트리피케이션의 '묵직한 반격(slow violence)'이다. 오클리(Oakley 2015) 역시 젠트리피케이션 과정이 소도시에도 영향을 미치고 있다고 본다. 젠트리피케이션 연구는 연구 대상을 주거지역에서 상업지역으로 확대하고 있다. 기존의 가게나 술집이 트렌디한 바나 카페로 바뀌는 현상, 혹은 주킨(Zukin 2009)이 명명한(가게나 건물이 화려하게 바뀌는) '부티크화(boutiquing)', 세계화 과정에서 특정한 종류의 공간에 대한 소비자의 취향이 만들어지면서 문화관광과 젠트리피케이션이 연결되는 현상(Oakley 2015: 6)이 그것이다. 하지만 스턴과 시퍼트(Stern and Siefert 2010)는 창조적인 장소만들기가 지역사회에 사회적 연계를 만들어 낼 수 있다면 젠트리피케이션의 부정적 효과 없이도 지역사회에 혜택을 가져온다고 주장한다.

이를 위해서는 큰 행사나 대형 건물을 짓는 대신 경제발전과 사회정의가 하나로 어우러지도록 하는 데 노력을 기울여야 한다. 5장에서 언급한 바와 같이, 이는 공공부문의 리더십과 계획을 기반으로 해야 한다. 특히 상업화나 젠트리피케이션에 대한 반작용으로 축제 공간의 잠재력에 기초한 새로운 공간 정책의 가능성이 커졌다. 흐름의 공간과 장소로서의 공간을 하나로 묶는 앞선 장소 감각이 필요하다. 광범위한 지역 거버넌스와 결합된, 장소에 기반한 소규모 예술 조직이 생겨나야 한다. 다양한 분야의 성장에 반영될 수 있는 기초 자원으로서 지식 창출에 대해 폭넓게 생각할 필요가 있다. 수많은 소도시에서 입증된 바와 같이, 프로그램과 네트워크를 통해 창출된 지식은 그 지역에 단단히 뿌리를 내리고, 내부의 이해관계자와 외부의 네트워크를 견고하게 연결해 창조적·경제적 활동을 자극하는 데 쓰일 수 있다. 이를 위해서는 오픈소스–공동 창조 원칙에 기반한 효과적인 플랫폼을 개발해야 한다. 보스

500 프로그램은 사람들이 직면한 어려움을 잘 헤쳐나갈 수 있는 새로운 지식을 만들어 내는 것이 중요함을 보여 주었다. 이때의 지식은 예술적 지식 외에도 자기 자신에 대한 이해, 정체성이나 최신 트렌드, 창조적인 가능성에 대한 지식을 의미한다.

소도시에서 주요 프로그램을 유치할 경우 도시 체계에 대한 추가적인 스트레스와 관련된 비용 그리고 프로그램을 운영하는 사람들과 관련된 비용이 든다는 사실을 알게 될 것이다. 노르웨이의 스타방에르 사례에서 밀러 외(Miller et al. 2009)는 프로그램 개최 과정에서 발생하는 문제는 '실행 불가능한 관리 구조(unworkable management structure)'에서 초래된다고 보았다. 지역신문은 그런 상황을 "위기나 다름없다(nothing short of a crisis)"고 묘사했다. 프로그램 조직 자체 외에도 문화 제작자 혹은 콘텐츠나 프로그래밍에 책임이 있는 사람들의 초과 노동도 문제가 된다. 베르그스가르드와 바센덴(Asle Bergsgard and Vassenden 2011)은 1년간 계속되는 연중 프로그램을 개최하기 위해 필요한 강도 높은 노동으로 인해 번아웃 증후군을 겪은 행사 운영자들의 사례를 들고 있다. 시 역시 즉각적으로 파악되거나 산정되지 않는 추가적인 업무를 처리해야 한다.

스헤르토헨보스의 경우 보스500 프로그램에 필요한 지원 정책에 포함된 계획 업무가 엄청났다. 예를 들면 방문객들의 편의를 위해(장애인의) 접근 가능성을 높이는 시설, 거리 포장, 안내 표지판, 소규모 기반시설을 설치하는 것이다.

어떤 프로그램들은 '축제화(festivalization)'를 통해 지역 문화에 부정적인 영향을 끼친다는 이유로 비난을 받았다. 대규모 프로그램은 방문객 수를 늘리려고 하기 때문에 유명한 프로그램을 선호하는 경향이 있다. 그런 이벤트들은 문턱이 낮아 방문객을 많이 모을 수 있지만, 지역 문화계와는 유리된 것으로 지역 예술가나 지역사회의 작업에 거의 도움이 되지 않는다.

평가의 문제

앞서 프로그램의 비용편익분석을 살펴본 결과, 평가 시에 고려해야 할 요소가 무척 많다는 것을 알 수 있다. 프로그램의 필수 불가결한 부분으로 평가체계를 잘 수립하는 것이 중요하다. 하지만 이러한 평가체계를 잘 갖추고 있어도 많은 문제가 잠재한다. 몽스의 유럽문화수도 개최 경험이 시사하는 바는 다음과 같다(KEA 2016).

- 평가의 시간 범위는 종종 제한적이다. 평가 보고서는 프로그램의 공식적인 종료 후 몇 달 뒤에 만들어진다. 반면 경제적·사회적 효과는 수년이 흐를 때까지도 파악하기 힘들다.
- 지방정부는 마지막 단계의 평가에만 관심을 둔다.
- 국가 혹은 지역 수준의 공식 자료는 불충분하다.
- 문화기관은 공공의 문화적 실천이 어떻게 변화하는지 잘 이해하기 위해 문화 이벤트 참여에 관한 사회인구학적인 정보를 모으는 데 더 많은 노력을 기울여야 한다.
- 시는 문화 투자가 여러 분야의 파트너십, 사람과 기관의 네트워킹, 유럽문화수도가 만들어 낸 새로운 형태의 참여에 미치는 영향을 측정하기 위해 자원을 사용해야 한다.

이런 문제를 피하기 위해 시에서는 신중하게 평가해야 하고 미리 계획을 세워야 한다. 시는 프로그램보다 더 오래 존속해 프로그램이 끝난 후에도 모니터링이 지속되는 구조를 만들어야 한다.

유럽문화수도를 개최하는 것은 직업과 직무 기술을 서로 강화시키는 생태계를 만들어 내는 하나의 단계이자, 공동의 목표를 향해 시민사회·공동체·기업·기관이 함께 일하게 만드는 거버넌스의 한 형태다. 시의 이익을 위해 전체 지역사회의 집단지성이 활용되기 전에 이러한 협력 움직임이 일어난다. 그런 고로 문화 투자란 사회적 혁신 −사회의 행동력을 높이는 혁신− 을 추진하는 힘이라고 할 수 있다(KEA 2016: 22).

결론

이 장에서 우리는 평가에 대해 좀 더 전체론적이고 신중한 접근이 필요하다는 의견을 피력했다. 프로그램의 영향을 평가할 때, 장기간의 효과뿐만 아니라 단기간의 영향을 고려해야 하고, 사회적 효과와 문화적 효과 이외에 '연성적인(soft)' 효과뿐만 아니라 '경성적인(hard)' 경제적 영향도 살펴보아야 한다. 이는 경제적 영향을 무시해야 한다고 주장하는 게 아니다. 수입과 일자리를 창출하는 것은 프로그램을 떠받치는 가장 중요한 기둥이다. 하지만 돈을 벌어들이는 것은 프로그램 전체 목표의 한 측면에 불과하다. 우리가 사는 지역을 더 나은 곳으로 만드는 일의 한 부분에 불과하다.

프로그램이 시에 미치는 효과를 전체적으로 평가하기 위해서는 조직 능력을 배양하고 궁극적으로 삶의 질을 높이는 다양한 사회적·인적·문화적 자본 축적 과정을 고려해야 한다. 관련 요소들이 어떤 문제와 관련되어 있는지 파악하는 것도 매우 중요한 일이다. 도시에 나타나는 영향이나 효과가 프로그램 때문인가 아니면 다른 요소들 때문인가? 인과관계를 잘 파악하기 위해서는 장기적 관점을 채택해야 한다. 수년간에 걸쳐 일련의 지표들을 살펴봄으로써 단일 이벤트의 단기적 영향을 프로그램의 장기간에 걸친 누적 효과와 분리해 측정해 볼 수 있다. 프로그램의 시간 범위는 다음 장의 분석에서 핵심 사항이다.

· 참고문헌 ·

Afdeling Onderzoek & Statistiek (2017). *Eindevaluatie manifestatie Jheronimus Bosch 500, 's-Hertogenbosch 2016.* 's-Hertogenbosch: Gemeente 's-Hertogenbosch.

Americans for the Arts (2012). Arts & Economic Prosperity IV. www. americansforthearts. org.

Asle Bergsgard, N., and Vassenden, A. (2011). The Legacy of Stavanger as Capital of Culture in Europe 2008: Watershed or Puff of Wind? *International Journal of Cultural Policy* 17(3): 301-20.

Chalip, L. (2006). Towards Social Leverage of Sport Events. *Journal of Sport & Tourism* 11(2): 109-27.

Crespi-Vallbona, M., and Richards, G. (2007). The Meaning of Cultural Festivals: Stakeholder Perspectives in Catalunya. *International Journal of Cultural Policy* 13(1): 103-22.

Dollinger, L. (2015). A Study about Social Cohesion in 's-Hertogenbosch. BA thesis, NHTV Breda.

Douniaux, V. (2012). Lille 3000 Happening. http://www.shift.jp.org/en/archives/2012/12/lille_3000.html.

Falk, M., and Hagsten, E. (2017). Measuring the Impact of the European Capital of Culture Programme on Overnight Stays: Evidence for the Last Two Decades. *European Planning Studies* 25(12): 2175-91.

Garcia, B. (2005). Deconstructing the City of Culture: The Long-Term Cultural Legacies of Glasgow 1990. *Urban Studies* 42(5-6): 841-68.

Getz, D. (2017). Developing a Framework for Sustainable Event Cities. *Event Management* 21(5): 575-91.

Gold, J., and Gold, M. (2017). Olympic Futures and Urban Imaginings: From Albertopolis to Olympicopolis. In J. Hannigan and G. Richards (eds), *The SAGE Handbook of New Urban Studies*, 514-34. London: SAGE.

Guintcheva, G., and Passebois-Ducros, J. (2012). Lille Metropolitan Art Programme: Museum Networking in Northern France. *International Journal of Arts Management* 15(1): 54-5.

Hiller, H. H. (2003). Toward a Science of Olympic Outcomes: The Urban Legacy. In M. De Moragas, C. Kennett, and N. Puig (eds), *The Legacy of the Olympic Games 1984-2000*, 102-9. Lausanne: International Olympic Committee.

Hitters, E., and Richards, G. (2002). Cultural Quarters to Leisure Zones: The Role of Partnership in Developing the Cultural Industries. *Creativity and Innovation Management*

11: 234-47.

Horsens Kommune (2012). Giro Start 2012 i Horsens i international finale. http://horsens. dk/Nyheder/2012/Oktober/Nyheder/Giro-Start-2012-i-Horsens-i-international-finale

KEA (2016). *Mons 2015—European Capital of Culture: Demystifying the Risk of Cultural Investment*. Brussels: KEA.

Kern, L. (2016). Rhythms of Gentrification: Eventfulness and Slow Violence in a Happening Neighbourhood. *Cultural Geographies* 23(3): 441-57.

Markusen, A., and Gadwa Nicodemus, A. (2010). *Creative Placemaking*. Washington, DC: National Endowment for the Arts.

McGillivray, D., and Turner, D. (2017). *Event Bidding: Politics, Persuasion and Resistance*. London: Routledge.

Miller, M., Tjomsland, N., Hansen, M. E., Robberstad, K. H., Aae, B., and Wrapson, A. (eds) (2009). *Our Story*. Stavanger: Stavanger2008. www. tram-research.com/Our%20 Story%20Stavanger%202008.pdf.

Oakley, K. (2015). Creating Space: A Re-evaluation of the Role of Culture in Regeneration. http://eprints.whiterose.ac.uk/88559/3/AHRC_Cultural_ Value_KO%20Final.pdf.

Palmer, R. (2004). *Palmer Report on the Capitals of Culture from 1995-2004*. Brussels: European Commission.

Paris, D., and Baert, T. (2011). Lille 2004 and the Role of Culture in the Regeneration of Lille Métropole. *Town Planning Review* 82(1): 29-44.

Pasquinelli, C. (2013). Competition, Cooperation and Co-opetition: Unfolding the Process of Inter-territorial Branding. *Urban Research & Practice* 6: 1-18.

Ramsey, D., Eberts, D., and Everitt, J. (2007). Revitalizing Small City Downtowns: The Case of Brandon, Canada. In B. Ofori-Amoah (ed.), *Beyond the Metropolis: Urban Geography As If Small Cities Mattered*, 221-44. Lanham, Md.: University Press of America.

Rekenkamercommissie (2016). *Onderzoek beleid en ontwikkeling city-marketing en eventementen maart 2016*. 's-Hertogenbosch: Gemeente 's-Hertogenbosch.

Respons. G50 Evenementen Monitor (2016). www.respons.nl/monitoren-online-databases/ g50.

Richards, G. (2010). The Traditional Quantitative Approach. Surveying Cultural Tourists: Lessons from the ATLAS Cultural Tourism Research Project. In G. Richards and W. Munsters (eds), *Cultural Tourism Research Methods*, 13-32. Wallingford: CABI.

Richards, G. (2014). Evaluating the European Capital of Culture that Never Was: The Case of Brabantstad 2018. *Journal of Policy Research in Tourism, Leisure and Events* 6(3):

1-16.

Richards, G. (2017). From Place Branding to Placemaking: The Role of Events. *International Journal of Event and Festival Management* 8(1): 8-23.

Richards, G., de Brito, M., and Wilks, L. (2013). *Exploring the Social Impacts of Events*. London: Routledge.

Richards G., Hitters, E., and Fernandes C. (2002). *Rotterdam and Porto: Cultural Capitals 2001. Visitor Research*. Arnhem: ATLAS.

Richards, G., and Marques, L. (2016). Bidding for Success? Impacts of the European Capital of Culture Bid. *Scandinavian Journal of Hospitality and Tourism* 16(2): 180-95.

Richards, G., and Rotariu, I. (2015). Developing the Eventful City in Sibiu, Romania. *International Journal of Tourism Cities* 1(2): 89-102.

Sacco, P. L., and Blessi, G. T. (2007). European Culture Capitals and Local Development Strategies: Comparing the Genoa and Lille 2004 Cases. *Homo Oeconomicus* 24(1): 111-41.

Saylor, D. (2016). CITY of NIGHT and the Impact of Placemaking. *Forum Journal* 30(3): 37-45.

Setouchi Triennale Executive Committee (2016). *General Report*. Takamatsu: Setouchi Triennale Executive Committee.

Smith, A. (2014). Leveraging Sport Mega-Events: New Model or Convenient Justification? *Journal of Policy Research in Tourism, Leisure and Events* 6(1-3): 15-30.

Stern, M., and Seifert, S. (2010). Cultural Clusters: The Implications of Cultural Assets Agglomeration for Neighborhood Revitalization. *Journal of Planning Education and Research* 29(3): 262-79.

van Bommel, M., du Long, K., Luijten, J., and Richards, G. (2011). *Brabant-Stad's candidacy for European Capital of Culture 2018. Baseline Study: The Main Conclusions*. Tilburg: PON.

van Gool, W., Oldenboom, E., Ratgers, L., and van Schendel, A. (2009). *La Vuelta Drenthe Holanda: Beleving en economische impact*. Breda: NHTV.

Visit Denmark (2012). Evaluering af Giro-starten 2012: Tilskueroplevelse, turismeomsætning og markedsføringseffekter. www.visitdenmark.dk/sites/default/files/vdk_images/PDF-and-other-files/Analyser/2013/evaluering_ af_giro-starten_2012.pdf.

Waterman, S. (1998). Carnivals for Elites? The Cultural Politics of Arts Festivals. *Progress in Human Geography* 22(1): 54-74.

Whitaker Institute (2015). *Economic Baseline Summary Overview Galway City*. Galway: Whitaker Institute, NUI Galway.

Wood, E. H. (2005). Measuring the Economic and Social Impacts of Local Authority Events. *International Journal of Public Sector Management* 18(1): 37-53.

Zukin, S. (2009). *Naked City: The Death and Life of Authentic Urban Places.* Oxford: Oxford University Press.

8장

속도 조절:
좋은 '장소만들기'를 위한 기다림

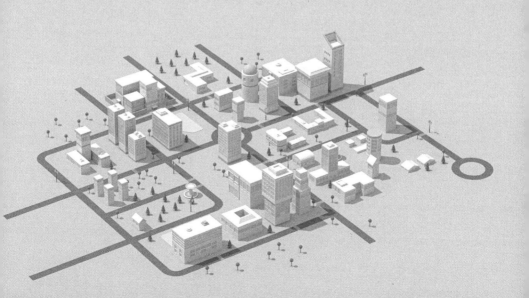

서론

'히에로니무스 보스(Hieronymus Bosch) 프로그램'의 아이디어는 2001년 스헤르토헨보스('s-Hertogenbosch)에서 시작되었다. 그해 로테르담의 보이만스 판뵈닝언 미술관(Bojimans van Beuningen museum)은 유럽문화수도 프로그램의 일환으로 보스 전시회를 개최했다(Richards et al. 2002). 이 전시는 관람객 22만 명(그중 해외 방문객만 40%)이라는 큰 성과를 거두었다. 톤 롬바우츠(Ton Rombouts) 스헤르토헨보스 시장은 당시 "보스의 고장에서 못 할 것이 무엇인가"라는 말로 자신감을 피력한 바 있다. 하지만 프로그램의 독창성에도 불구하고 '보스'라는 인물이 고향인 스헤르토헨보스에서 대표 아이콘으로 자리 잡기까지 5년의 세월이 흘렀고, 시 차원에서 관련 프로그램에 공적자금을 지원하기까지는 또 8년의 세월이 더 흘러야 했다. 보스의 사례를 통해 우리는 큰 프로그램이 성공적으로 안착하기까지는 시간이 오래 걸린다는 점을 알 수 있다. 시간은 도시가 꿈을 실현하기 위한 중요한 자원이다.

장기 프로그램을 평가할 때의 문제점 중 하나는 사람들이 성공(또는 실패)의 기준을 특정 이벤트의 결과로만 판단한다는 데 있다. 스헤르토헨보스의 경우 많은 사람이 15년이나 걸릴 것을 예측하지 못하고, 2016년 당시의 전시 프로그램만을 중요하게 생각한다는 데 문제가 있었다. 게다가 대다수는 프로그램의 특정 지점이나 하이라이트에만 집중한다. 이는 프로그램 전체가 가져오는 변화가 종종 하나의 단일 이벤트로 인한 효과로 여겨질 수 있음을 의미한다. 바르셀로나에서 변화가 시작된 것은 1992년 올림픽부터이고, 빌바오의 지역 재생은 1997년 구겐하임미술관 개관 등에 기인한다고 믿는 일들이 그렇다.

　그러나 성공적인 개발 프로그램을 자세히 분석해 보면, 대부분은 변화가 일어나려면 시간이 훨씬 더 오래 걸리고 복잡하다는 것을 알 수 있다. 스페인 빌바오(Bilbao)의 경우 1997년 이 상징적 건물이 개관하면서 '구겐하임 효과'에 많은 관심이 쏠린 바 있다. 그러나 도시의 진정한 변화는 1980년 수십 년 동안 남아 있던 금속 제련업의 흔적을 지우면서 이미 시작되었다고 할 수 있다. 1992년에는 도시의 30년 비전을 담은 전략계획이 채택되었다. 그러한 계획을 통해 구겐하임 미술관이나 새로운 지하철 건설 같은 다른 계획들이 성공할 수 있었다(Box 8.1). 리처즈와 팔머(Richards and Palmer 2010)는 이와 같이 변화가 완전한 효력을 발휘하기까지는 적어도 한 세대를 거쳐야 한다고 설명한다.

　이처럼 '장소'에는 변화의 시간이 필요하다. 정치인들은 자신의 임기 내에 즉각적인 결과가 나오길 바라기 때문에, '신속한 정책(fast policy)'을 강조하곤 하지만 시간은 늘 부족하다(Peck 2005). 단시간 내 성공해야 한다는 압박을 이기고 장기적 성과를 가져오는 것이 성공적인 프로그램의 가장 중요한 특징 중 하나이다. 물론 단기적인 결과를 통해 사람들의 지지를 계속해서 끌어낼 필요도 있기는 하지만, 그러한 시도가 장기적인 목표를 방해해서는 안 될 것이다.

빌바오 개발을 위한 총체적인 접근법

빌바오는 작은 규모의 도시개발에서 속도 조절이 중요한 이유가 무엇인지 보여 준다. 1989년에 도시와 그 주변 지역에 활력을 불어넣기 위한 프로그램이 시작되었고, 이후 30년 동안 장기적 비전을 통해 계획이 확장되었다. 이는 프랑코 정권 시대 말기의 깊은 불황과 인구 감소, 경제 구조조정에 의해 야기된 문제들을 해결하기 위한 것이었다. 이 계획은 오랫동안 물리적·사회적으로 외면해 오던 여러 요소와 함께 '문화적 중심성(Cultural Centrality)'을 강조하는 8개 핵심 분야를 다루었다. '교통' '기업과 주민을 유치할 수 있는 소규모 도시개발' '환경 재생', 도시를 매력적으로 만드는 '도시재생' 등이다. 문화의 중심적 역할은 노먼 포스터(Norman Foster)가 디자인한 새로운 지하철 시스템과 프랭크 게리(Frank Gehry)가 디자인한 구겐하임 미술관을 통해 잘 표현되었다. 이른바 '구겐하임 효과'에 많은 관심이 쏠렸음에도 불구하고 빌바오의 재생 접근은 주요 이벤트 개최에 기반하여 프로젝트 주도 도시재생 계획을 개발한 바 있는 바르셀로나, 마드리드, 세비야 등으로부터 큰 영향을 받았다(Plögger 2007). 빌바오 사례에 대한 플뢰거(Plögger)의 평가는 단순히 새로운 박물관이 아닌, 다른 요소들의 조합이 성공에 얼마나 중요한지 잘 보여 준다. 이러한 요인에는 다음과 같은 사항이 포함되었다.

> EU 가입과 그에 따른 경제 호황 등 여러 가지 요인도 중요하다. […] 빌바오의 회복은 확고한 공공 부문 통솔력과 기존의 기업가적 문화 등 여러 가지 요인에 의해 촉진되었다. 이를 통해 위기가 나타났을 때 대응할 수 있는 특별한 기관들이나 정책의 설계가 이루어질 수 있었다. 구겐하임, 새로운 지하철 시스템, 그리고 수질 위생 사업 등에 대한 주요한 투자는 전략적으로 중요한 요소들이었다(Plögger 2007).

빌바오의 예는 도시개발자들을 위한 통합 프로그램의 중요성을 강조한다. 이러한 프로그램을 구축하려면 다양한 이해관계자의 협력이 필요하다. 다른 스페인 도시들이 1990년대 초에 대규모 행사를 통해 이를 달성했다면, 빌바오는 이벤트가 된 건물 '구겐하임'을 통해 성공을 이루었다(Richards 2010). 도시의 경제적·사회적 재생에서 박물관의 역할이 논란이 되고 있기는 하지만, 구겐하임은 건축 전후에 빌바오의 랜드마크로서 엄청난 상징적 가치를 갖게 되었다.

변화를 위한 시간

실현할 가치가 있다면, 그것은 그 꿈에 시간을 투자할 가치가 있다는 뜻이기도 하다. 좋은 프로그램을 기획하고 실행하고 구축하는 데는 많은 시간이 걸린다. 하나의 조직으로서 도시는 학습하는 과정을 거쳐야 하고, 외부 환경에서 효과적인 운영에 필요한 기술을 습득해야 한다. 사람들과 마찬가지로 도시가 학습하는 과정에는 시간이 필요하다. 리처드 세넷(Richard Sennett 2009)은 사람들이 기술을 익히려면 약 1만 시간이 필요하다고 주장했는데, 이는 전통적인 훈련 기간 7년에 해당하는 것이다. 개인에게 이러한 시간은 시작을 위한 투자가 될 수 있으나, 도시에는 지식과 기술의 지속적인 상실, 인구 유출이라는 뼈아픈 손실을 주기도 한다. 작은 도시의 경우 이 문제는 숙련된 인구의 숫자가 상대적으로 적기 때문에 훨씬 더 심각할 수 있다. 우리가 살펴본 많은 작은 도시의 성공 요인 중 하나는 핵심 구성원들이 보유한 능력이었다. 이벤트 기반 프로그램의 잠재적 위험요소가 여기에 있다. 왜냐하면 도시들이 큰 행사를 진행할 때, 이벤트가 끝나면 떠나갈 사람들을 고용하기도 하기 때문이다. 이것이 다년도 프로그램이 일회성 프로그램보다 종종 더 효과적인 이유이다. 다년도 프로그램을 높은 수준으로 기획하고 성공하기 위해서는 성공에 기반을 두고 오류를 수정할 시간이 필요하며 프로그램이 점점 더 높은 수준에 도달할 수 있어야 한다. 이 단계가 프로그램 개발에 포함되어야 한다. 예를 들어 보스500 프로그램은 도시에 대한 아이디어가 전국 차원, 세계 차원으로 빠르게 옮겨진 경우이다(Box 8.2 참고).

하지만 때론 시간이 걸림돌이 되기도 한다. 벤트 플뤼비아(Bent Flyvbjerg 2014)는 주요 프로젝트 10개 중 9개가 예산을 초과한다고 추정했다. '예산초과, 시간 초과, 반복'은 메가 프로젝트의 불문율이다. 이처럼 프로젝트 대부분은 완성되기까지 예상보다 훨씬 더 오랜 시간이 걸린다. 이것은 반드시 '부적응자들의 생존(survival of the un-fittest)*이라는 결과를 초래한다. 건설 대비 비용-이익을 매우 낙관적으로 예측하는 프로젝트들이 그것이다.

> 프로젝트를 추진하는 사람들은 종종 무지로 인해 혹은 훌륭한 거버넌스, 투명
> 성, 정치 및 행정적 의사결정 등의 기존 관행이 프로젝트를 시작하는 데 역효
> 과를 내는 것으로 보기 때문에 이를 피하고 따르지 않는다(Flyvbjerg, Bruzelius
> and Rohtengatter 2003: 5).

실제로 특히 주요 인프라가 포함된 경우, 프로젝트가 순조롭게 시작되려면 더 많은 시간이 걸린다. 예를 들어 2011년 미국의 고속도로 사업에 대한 환경 영향평가서 작성 시간은 평균 8년이 넘었는데, 법이 통과된 2년이라는 시간과 매우 비교되는 수치이다(1969년의 국가환경정책법).

지역계획협회(Regional Plan Association 2012)에 따르면, 이러한 사업 지연의 주요 원인은 다음과 같다.

- 기획 단계 프로젝트의 근본적 측면에 대한 이해관계자의 공감대 부족
- 직원 역량 및 교육이 부족한 기관 내 관리의 병목현상 및 오래된 절차

이러한 문제들 때문에 프로젝트가 형편없는 프로그램으로 바뀔 가능성이 매우 크다. 프로젝트 추진자들은 종종 초기 단계에 어려운 처지에 놓이게 된다. 그들은 프로젝트를 믿기 때문에 성공할 것이라고 확신하지만, 성공하기 위해서는 다른 사람들을 설득해야 한다. 여기에는 보통 일련의 사업 계획과 타당성 조사가 포함된다. 리처즈와 팔머(Richard and Palmer 2010)도 시사한 바와 같이 잠재적인 이익을 부풀려 프로젝트 자금을 지원받고자 하는 유혹도

---

* 영국의 철학자 허버트 스펜서가 사용하고, 찰스 다윈에 의해 널리 사용된 '적자생존(適者生存, 영어 Survival of the fittest)'에 빗대어 사용된 용어이다.

여기에서 생겨난다.

그동안 많은 사례가 주요 이벤트나 인프라 사업이 약속한 수익을 창출하지 못했다. 예를 들어 1991년 셰필드에서 개최된 세계학생대회(World Student Games)도 처음에는 도시의 주요 경제 부양책으로 기대되었지만 결국 엄청난 빚을 지게 되었고, 그 책임은 불쌍한 납세자들에게 돌아갔으며 아직도 진행형이다. 브람웰(Bramwell 1997)은 셰필드 사례 관련 전략적인 계획과 연구의 부족, 광범위한 개발계획과의 연계성 미흡, 참여 부족 등을 주요 실패의 원인으로 규정한 바 있다. 그는 해당 프로젝트에 장기적 관점으로 접근해야 한다고 강조한다. 비록 대회가 예상보다 비용도 많이 들고 효과가 즉시 나타나지는 않았지만, 장기적으로는 셰필드가 주요 스포츠 이벤트의 중심지로 자리매김하는 데 이바지했다는 것이다. 지나치게 낙관적인 가정은 사람들이 프로젝트에 자금을 지원하도록 설득할 수 있지만, 그로 인해 실망감을 초래할 수도 있고, 도시의 신뢰도에 해를 끼칠 수도 있음에 주목해야 한다.

적절한 타이밍 찾기

시간을 들이는 것은 중요하다. 왜냐하면 속도가 관건이 아니라 지식과 통찰력의 '타이밍'이 중요하기 때문이다. 타이밍의 중요성에 대한 몇 가지 중요한 교훈을 축구선수 요한 크루이프에게서 찾아볼 수 있다.

> 속도란 무엇인가? 스포츠 신문들은 종종 속도와 통찰력을 혼동한다. 내가 다른 사람보다 조금 일찍 달리기 시작하면, 내가 더 빠른 것 같다고 생각한다. 하지만 제시간에 도착할 수 있는 시간은 단 한순간뿐이다. 당신이 거기 도착하지 못했다면, 너무 이르거나 너무 늦었기 때문이다(sgxl 2017: 111).

박자를 맞춘다는 것은 시간을 쓸 때 정확한 타이밍을 맞추는 것을 말한다. 프로젝트의 박자 맞추기는 긴급한 상황에 처했을 때 이해관계자들을 단합하게 하거나 참여자들에게 '지금'이 아니면 안 된다는 생각이 들게 한다는 점에서 매우 중요하다. 이벤트의 빈도나 이벤트 사이사이 간격을 좁히거나, 이벤트 정보를 늘려 속도를 올리는 것은 그런 면에서 의문을 가져볼 필요가 있다.

시간은 프로그램과 이벤트의 필수요소다. 이벤트는 정의에 따르면 특정한 시간대에만 일어난다. 그리고 이벤트가 일어날 수 있는 한순간이 종종 존재한다. 기념일은 관심을 집중시킬 수 있는 유용한 도구이지만, 반드시 그 기념일에 행사를 치러야 하므로 관련 조직들은 압박을 받게 된다.

이러한 협력을 할 때는 사람들의 안건을 각기 다른 속도로 처리해야 한다는 문제가 있다. 스헤르토헨보스시의 경우를 예로 살펴보면, 보스 500주년 축하 행사는 보스의 사후 500주년인 2016년에 열렸어야 했다. 그러나 스헤르토헨보스시는 4장에서 언급한 바와 같이, 브라반쉬타트(Brabantstad)와 같은 맥락에서 다른 도시와 협력해야 했고, 유럽문화수도(European Cities of Capitals of Culture, ECOC)가 2018년 네덜란드에서 선정된다는 이유로, 급히 행사 시기를 2018년으로 변경해야만 했다.

전체 도시들이 2018년에 맞춰 유용한 다년도 프로그램들을 만들어내긴 했지만 2018년에 초점을 맞춘 것이 스헤르토헨보스시에는 문제였다. 시는 2016년 보스 기념행사에 예산의 상당 부분을 사용하길 원했기 때문에 자금 지원을 놓고 협력자들과 협상을 벌여야 했다. 결과적으로 스헤르토헨보스시와 관련된 유럽문화수도 문제는 그 시도가 수포로 돌아가면서 오히려 해결되었다.

이는 주요 프로그램을 장기간 운영했을 때 해결해야 할 문제가 무엇이며, 또 어떻게 해결되는지를 보여 주는 사례라고 할 수 있다. 프로그램을 조직하는 사람들은 문제의 긴박함을 잘 인식해야 하고, 다양한 이해관계자의 요구에 어떻게 귀 기울여야 할지 배워야 한다. 브라반쉬타트 유럽문화수도의 주요 문제 중 하나는 시민이나 다른 주요 이해관계자들이 아닌, 정치에 너무 관심을 쏟았다는 것이다.

보스500의 예술감독 아트 스흐라베산더(Ad 's-Gravesande)에 따르면 다른 곳에서 선점하기 전에 보스가 탄생한 도시에서 가장 큰 보스 기념 전시회를 개최해야 한다는 사실과 타이밍, 특히 마드리드의 프라도 전시회 이전에 전시회를 개최해야 한다는 것이 중요했다. 이는 2016년 2월 '천재의 비전(Visions of Genius)' 전시회를 개최하는 주요한 동기가 되었다. 이를 통해 언론과 시민들의 관심이 높아졌고, 이후에 열릴 이벤트에도 긍정적인 영향을 미쳤다 (Box 8.2 참고).

Box 8.2

보스500 프로그램의 추진

보스500 프로그램의 경우 처음 아이디어가 나온 것은 본 프로그램이 시작되기 15년 전인 2001년이었다. 그러나 더욱 구체적인 계획은 2006년에야 만들어졌고, 초기 자금은 2009년에야 완전히 확보될 수 있었다. 이 과정에서 아이디어를 비전으로 전환하고 다른 이해당사자들을 참여시키는 데 많은 시간이 필요했다. 복잡한 프로그램의 구성과 실행에는 시간이 걸린다. 스헤르토헨보스시의 경우 예술 작품이 없는 상태에서 예술도시를 목표로 해야 하는 불리한 상황이었기 때문에 특히 많은 의미를 던져준다. 도시는 보스의 작품을 대대적으로 전시한다는 희망을 품었지만, 현실은 그의 그림 한 점 보유하지 않은 상황이었다. 이것은 도시의 아이콘으로 히에로니무스 보스를 내세우면서 너무 '일찍' 프로그램을 시작하는 것이 어떠한 의미가 있는지 보여 준다.

첫 번째 단계 중 하나는 타당성 조사를 하는 것이었다(TRAM 2007). 먼저 유사 프로그램에 대한 검토를 시작했는데, 특히 렘브란트나 루벤스 같은 유명한 화가들의 프로그램에 집중했다. 타당성 조사의 목적 중 하나는 그러한 숫자가 프로그램 개발과 장기적 효과의 상징으로 어느 정도 작용할 수 있는지 분석하는 것이었다.

타당성 조사는 만약 프로그램이 잘 조직된다면, 보스가 도시에 상당한 이익을 제공할 잠재력이 있다고 결론지었다. 이 보고서의 가장 중요한 결론 중 하나는 다년 프로그램이 단일 연도 이벤트보다 훨씬 더 장기적인 이익을 창출할 잠재력이 있다는 것이었다. 유사한 프로그램 분석에 기초해, 이 연구는 다년 프로그램이 연간 5% 더 많은 방문객을 끌어들일 수 있는 잠재력이 있다고 결론지었다. 관련 상품 개발의 잠재력 제고, 현대적이고 창의적인 도시의 창조적 삶, 도시의 아이콘으로서의 보스라는 브랜드 강화 등 다양한 부가가치 기여 요인이 다양하게 제시되었다. 그러나 보스의 잠재력을 충분히 실현하기 위해서는 많은 노력이 필요하다는 점도 보고서는 강조했다. 특히 도시 안에서 주민들과 방문객들이 보스와 다양한 방법으로 만날 수 있도록 하는 것이 중요했다.

프로그램의 기대효과 측면에서 다년도 프로그램으로 인해 2010년과 2020년 사이에 약 60만 회의 추가적인 방문이 기대되었고, 다양한 방문자의 특성에 따라 최대 4,600만 유로의 추가 수익이 발행할 것으로 추정되었다. 이는 460만 유로의 시 예산을 투자했을 경우 약 10배의 투자 수익이 발생하는 것을 의미했다.

물론 당초 예상과는 달리 프로그램을 실제로 실행하기 위해 10년 동안 많은 상황이 바뀌었다. 그러나 최종 분석 결과 2016년 한 해에만 약 1억 5,000만 유로의 방문자 관련 직접 지출을 유발했으며, 이는 전체 프로그램에 대한 예상 지출의 5배 이상이었다. 이러한 효과는 지자체가 훨씬 더 많이 투자(800만 유로)한 것을 근거로 했음에도 불구하고, 직접 지출과 관련된 프로그램의 수익이 거의 20배에 달하는 것으로 조사되었다(Afdeling Onderzoek and Statistiek 2017).

당초 계획과 비교해 또 문제가 되는 것은 핵심적 매력 요소의 부재였다. 원래 계획에서는 보스가 살고 일했던 집을 관광객들을 위한 명소로 개발하면 장기적으로 프로그램의 영향력이 더 커질 것으로 예상했다. 하지만 실제 보스의 거주지와 아틀리에로 추정되는 집을 확보하는 데 상당한 문제가 있었다. 집주인들과 협상하는 데 5년 이상 걸렸고, 일단 거래가 성사되려 하자 옆집이 붕괴하는 사고가 발생했다. 그러나 이러한 사건이 오히려 소유자들에게는 압박 요소로 작용하면서, 실제로는 협상 과정에 속도가 붙게 되었다.

필요한 것들을 준비하는 데 가장 많은 시간이 소요된 때는 2010년이었으며, 그 내용은 다음과 같다.

- 6년 단위 문화 프로그램의 첫해
- 보스 연구 보존 프로젝트 형태의 과학 프로그램(6년): 지속 연구와 보존 작업 방식
- 다양한 국가 및 국제 네트워크 형성을 통한 협업, 공동 생산 및 연구 기반 마련
- 프로그램의 다양한 요소(연구, 문화 프로그램 등)를 바탕으로 히에로니무스 보스를 둘러싼 스토리텔링 프로젝트, '보스의 이야기'와 특히 무료 홍보 기반 구축은 마케팅과 커뮤니케이션 자료의 원천으로 꾸준히 활용
- 후원 및 보조금 프로그램 개시. 대부분 이는 2016년 '보스의 해'를 포함한 다년간 프로그램의 후원 또는 자금 지원을 목표로 시행됨

프로그램을 개발하는 데는 또한 매우 신중한 재정 계획을 세워야 했다. 7년 프로그램의 총예산은 2,700만 유로였다(7장 참고). 다양한 요소를 포함하는 다년도, 다차원 프로그램은 매우 복잡했다.

첫해에 많은 외부 자금이 약속되기는 했지만, 제때 조달된 것은 아니었다. 지원금은 또한 보통 특정 목적을 위해 배정되었는데, 가장 두드러진 것은 연구나 전시였다. 준비 시간에도 큰 차이가 있었다. 예를 들어 연구 프로젝트가 시작되기는 했지만, 7년 동안 지속적으로 자금이 필요한 반면, 소규모 프로젝트는 더 빨리 구성되었다. 프로그램 비용은 2010년부터 2014년까지 연평균 260만 유로 정도였으나 2015년과 2016년에는 전체 예산의 절반 정도가 지출되었다.

이것은 콘텐츠를 조직하고 개발하기 위해서뿐만 아니라 재정을 조달하고 조직하는 차원에서도 프로그램에는 적절한 시간이 필요하다는 사실을 보여 준다.

문제 상황에서 끈기 있게 버티기

주요 프로젝트의 가장 큰 과제는 정반대의 상황에서도 꿈을 잃지 않아야 한다는 것이다. 그런 면에서 꿈을 믿는다는 것은, 대중의 지지를 받는다는 것과 마찬가지로 매우 중요하다. 생각과 실행 사이의 시간 간격은 매우 길 수 있으므로, 이러한 도전을 받는 상황은 종종 과정 전체를 흔들 수도 있다.

보스500 프로그램에서도 몇 가지 문제가 발생했다. 첫 번째는 자금조달 관련 문제였다. 시 당국은 문화 부문과 경제 전반의 경기 자극을 위해 800만 유로를 투입해 프로그램을 적극적으로 지원했다. 하지만 이를 비판적으로 바라보는 시각도 있었다. 특히 미디어는 전 세계적 경제위기 상황에서 자원이 풍족하지 못한 점을 지적했다. 한편에서는 이러한 시도가 사회 관련 프로그램이 축소되는 현실에 비추어 문화 엘리트들의 과대망상이라고 보기도 했다. 이로 인해 불만의 기류가 강하게 형성되었고, 미디어들은 이후 주요 문화기관에 대한 불만 사항을 보도했다.

필요한 자금을 활용하는 방법의 하나는 보스500에 대한 관심을 높이는 것이었다. 이를 위해 시장은 2016년 '보스를 위한 국가 행사의 해'라는 타이틀을 획득하기 위한 새로운 계획을 주도했다. 네덜란드 관광청(Netherlands Board for Tourism and Conventions)이 부여하는 이 타이틀은 예전 '렘브란트의 해'와 '반 고흐의 해'와 같은 행사에도 붙었기 때문에 보스의 국제적 위상을 인정받은 것이기도 했다. 타이틀 자체가 돈을 가져다주지는 않았지만, 나중에 시가 국비 지원금을 신청할 수 있는 근거가 되었다. 시장은 거대 정당 중 하나가 도시에서 출마 선언을 하는 시기를 선택해 프로젝트를 추진했기 때문에 타이밍의 중요성이 다시 부각되었다.

마드리드에 있는 프라도 미술관과의 관계 회복은 또 다른 도전 과제였다. 2009년 당시에는 스헤르토헨보스시의 보스500 프로그램을 신뢰하는 분위기가 아니었다. 경제위기는 점점 심화되고 있었고 사람들은 문화가 아닌 일자리를 원했다. 전시회에 필수적인 프라도와 BRCP(보스 연구 보존 프로젝트)의 협력 작업도 성과가 거의 없었다. 프라도와의 문제를 풀 돌파구를 찾고자 시장과 그의 팀은 카를로스 데 암베레스 재단(Carlos de Amberes Foundation) 등을 통해 스페인 내 협력자들의 풀뿌리 네트워크를 개발하기 시작했다. 그 또한 효과는 없었지만 시장은 네덜란드 총리 발케넨더(Balkenende)가 스페인을 방문한다는 소식을 들었다. 시장은 보스를 의제로 삼고, 국가적 프로젝트에서 국제적인 프로젝트로 발전되기를 희망했다. 시장은 대표단과 함께 마드리드를 방문해, '천재의 비전' 전시회와 BRCP를 둘러싼 협력에 관한 스페인과 네덜란드의 양해각서에 보스와 관련된 한 단락이 삽입되도록 노력했다. 두 총리는 선언문에 서명할 준비가 되어 있었지만, 마지막 순간에 시장은 작은 문제가 있다는 사실을 듣게 된다. 네덜란드 로테르담에 있는 보이만스 판뵈닝언 미술관(보스의 작품을 소장하고 있음)이 해당 전시회 개최를 원한 것이다. 그러나 마드리드에 시장이 함께 있었다는 사실이 네덜란드 총리의 관심을 끄는 데 성공했고, 스헤르토헨보스의 꿈이 이루어지게 되었다. 때론 적당한 시간에 적절한 장소에 있으면 된다.

2013년 브라반트의 스헤르토헨보스와 다른 4개 도시가 참여한 유럽문화수도 유치 경쟁은 또 다른 전환점이 되었다. 유럽문화수도가 되기 위한 경쟁 과정은 복잡했는데, 왜냐하면 문화수도라는 타이틀이 주어지는 것은 2018년이었고, 따라서 2016년 보스500 프로그램에 일종의 '연결장치'가 필요했다. 유럽문화수도를 위한 자금조달 메커니즘은 또한 각 도시가 1,000만 유로를 기부하도록 요구했는데, 이것은 보스500 프로그램을 위해 이미 800만 유로를 할당한 스헤르토헨보스시로서는 기부하는 것 자체가 불가능한 일이었다. 또한 주 정부가 보스 전시회에 투자할 것으로 기대한 예산이 당시 유럽문화수도에 묶이게 되었고, 이는 자금 지원이 지연되는 것을 의미했다. 결국 유럽문화수도 유치에 성공하지 못했는데, 당초 비판을 받았던 문화 프로그램에 대한 투자 문제가 더 심각하게 불거지는 상황을 낳았고, 타 도시와 협력해야 하는 계획도 수정되어야 했다. 그러나 결국 실패한 유럽문화수도 유치전은 보스500 프로그램에 투자하기 위해 주 정부와 협상할 새로운 기회를 제공했다고 볼 수 있다.

아마도 더 중요한 것은 2013년 주요 문화기관 감독들이 해당 도시와 보스

500 프로그램에 가한 비판이었을 것이다. 여기에는 보스 전시장인 노르트브라반트 미술관이 포함됐다. 프로젝트 개발 초기 단계에 이와 같은 비판이 매우 큰 영향을 끼쳤을 것이다. 2013년까지 거의 모든 예산과 전시 작품들이 확보되었지만, 이러한 비판으로 프로그램은 내부 커뮤니케이션과 지역 이해관계자의 관계에 더 많은 관심을 기울이게 되었으며, 프로그램의 방향을 바꿀 수밖에 없었다. 매달 열리는 '보스 카페'의 조직과 '보스 로또 프로그램'의 개발은 이러한 비판에서 나온 직접적인 결과였다.

BRCP 프로젝트 자체도 연구에 대한 다큐멘터리를 통해 여러 그림을 연구한 결과가 대중과 언론에 공개되자 진행에 차질을 빚게 되었다. 연구팀은 어떤 그림들은 보스 자신이 그린 것이 아니라 그의 추종자 중 한 명 이상이 그린 것이라는 새로운 증거를 찾아내 보여 주었다. 이로 인해 마드리드에 있는 프라도 미술관과 갈등이 빚어졌고, 그 후 전시회에서 작품들을 철수했다. 그러나 궁극적으로 이러한 소동은 관련 프로그램과 작은 도시의 성과에 더 영향을 끼치는 홍보 효과로 작용하기도 했다.

또한 2016년 2월 '천재의 비전' 전시회가 열린 지 불과 며칠 만에 스헤르토헨보스시 광장에 있던 중세 건물이 붕괴하면서 '보스 체험' 행사는 개막이 연기되는 일이 발생했다. 보스500의 경험은 좌절이 또한 자극을 줄 수 있다는 것을 보여 준다. 그들은 또한 도시와 외부 세계의 네트워크에서 권력관계가 얼마나 중요한지 강조한다. 시가 내부적으로 필요한 이해당사자를 모으거나 외부 네트워크에서 중요한 직책을 차지한다고 하더라도 어느 하나 당연시되는 것은 아무것도 없었다.

시가 운영하는 프로그램에 반기를 든 도시 내 문화기관들의 행동은 다른 행위자들이 장기 프로그램보다는 단기적 이익을 반영하는 태도를 취하는 경우가 많다는 것을 보여 준다. 그러한 권력투쟁은 내부적인 연대가 약한 프로그램에 치명적일 뿐만 아니라 조직으로서는 시간, 관심 및 자원 측면에서 비용

〈사진 8.1〉 스헤르토헨보스 극장에 있는 보스500 카페 (사진: Ben Nienhuis)

〈사진 8.2〉 보스의 옛집과 스튜디오 옆에 있는 무너진 건물 (사진: Marc Bolsius)

이 더 많이 드는 결과를 초래할 수 있다.

이처럼 만일의 사태에 대한 계획을 세우는 것은 매우 어려운 일이다. 비록 그것이 일어날 것이라고 거의 확신한다고 해도 말이다. 크루이프(Cruyff)가 "모든 단점에는 장점이 있다"라고 이야기한 바와 같이 작은 도시를 위해 기본 전략을 세우는 것은 각각의 도전을 기회로 바꾸는 것이어야 한다. 그러나 단점을 장점으로 돌리는 과정에도 시간이 오래 걸린다. 이를 위해 전략, 전술 또는 계획의 내용을 변경해야 하는 경우가 많다.

계획 과정은 보통 행동을 위해 당신이 어떤 순간을 선택해야 할지 질문하는 과정이지만, 결국엔 시간이 당신을 선택하게 된다. 이는 프로그램이 수시로

Box 8.3

당신이 만약 처음에 성공하지 못했다면

인내심은 도시 이해관계자들에게 중요한 자질이다. 프로젝트와 프로그램을 구현하는 데 필요한 과정과 시간이 오래 걸린다는 것은 그 과정에서 차질이 불가피함을 의미한다. 프로젝트가 실패하거나 프로젝트 선정 과정에서 탈락했을 때, 이는 종종 프로젝트를 지지하는 당사자들의 패배로 보인다. 그들이 어떻게 반응하는지가 성패를 좌우한다. 많은 사람은 조용히 잊고 싶은 유혹을 느낄 것이고, 다른 사람들은 실패의 경험을 모아 다시 한번 싸워보고 싶은 전투 의지를 갖는다. 이는 많은 올림픽과 유럽문화수도 유치 실패와 같은 사례로부터 얻을 수 있는 중요한 교훈이다. 영국에서 맨체스터는 2002년 영연방 경기대회(Commonwealth Games)를 유치하기 전에 올림픽 유치에 세 번 도전했다. 이 행사의 성공은 후에 그 도시가 호평을 받은 맨체스터 국제 축제를 포함한 더 많은 프로그램을 개발하는 데 자극제가 되었다. 영국 뉴캐슬시도 2008년 리버풀을 상대로 한 유럽문화수도 유치 과정에서 실패를 맛보아야 했다. 그러나 뉴캐슬시는 이 행사에 들어갔을 자금 중 일부를 '문화10'이라고 하는 자체 문화 프로그램을 준비하기 위해 사용했다. 스페인 북부의 부르고스 역시 유럽문화수도 유치 경쟁에서 실패했고, 2013년 이 경험을 살려 '스페인 미식수도(Spanish Capital of Gastronomy)'가 되었다. 이러한 성공은 7% 이상의 관광객 증가로 이어졌고 (유럽문화수도 측의 예상과 거의 비슷함), 그해의 미디어 효과는 750만 유로가 넘을 것으로 추정되었다. 대부분의 경우 일련의 제안, 거절, 재시도에는 수년이 걸린다. 그 증거는 큰 도시가 작은 도시보다 더 큰 인내력을 가지고 있음을 암시한다. 그러나 그러한 일련의 과정으로부터 교훈을 얻고, 팀을 함께 유지하기 위해 노력하고, 자본을 조직하고, 가능한 예산의 일부라도 계속 유지·관리하는 것이 중요하다고 할 수 있다.

변화하는 상황에 대해 유연성을 가져야 한다는 것을 의미한다(Box 8.3 참고). 통상 문제를 수습하기 위해 정해져 있는 전략을 가진 재난 계획과 달리 이런 사태의 대응책은 현장에서 짜야 하는 경우가 많다.

다년도 문화 프로그램의 구성

보스500의 약점을 보완하기 위해 보스와 고향 도시 사이의 관계를 제대로 정립할 필요가 있었다. 여기에는 두 가지 요소가 결정적이었다. 즉 최초 그림들이 그려진 곳으로 작품이 돌아왔다는 것과 연구 프로젝트를 통해 보스의 일생에 대한 정보가 축적된 것이다. 하지만 그것만으로는 충분하지 않았다. 보스와 시의 유대관계를 공고히 하기 위해 문화사업을 통한 콘텐츠 개발이 필수적이었다. 이는 보스 이야기에 깊이를 더하고 작품에 대한 현대적 해석을 발전시키는 계기를 마련해 주었다. 여기에는 문학, 무용, 음악, 연극, 시각예술, 현대 시청각 기법을 포함한 다양한 학문이 포함되었다.

　다년도 프로그램은 다양한 분야에 걸쳐 보스와 관련된 많은 다른 주제를 다룰 수 있는 시간과 공간을 제공했다. 도시 전체가 보스를 다양하게 체험하고, 보스의 이야기가 펼쳐지는 캔버스가 되었다. 주민들과 방문객들은 말 그대로 500년이 지난 보스의 발자취를 밟을 수 있었다. 다양한 미디어와 문화유산의 다원적 복합을 통해 보스와 그의 시대를 물리적으로 상기시킴으로써 보스의 도시라는 주장에 중요한 근거를 제공했다. 자원(무형유산), 가치/의미(생가와 일터), 창의성(보스와 그의 작품에서 영감을 받은 여러 가지 다양한 문화 연출)의 결합은 스헤르토헨보스시의 장소만들기 과정에 필수 요소였다.

보스 이야기
콘텐츠를 만들어가는 오랜 과정이 보스 이야기의 근간이 되었다. 여기에는

〈사진 8.3〉 스헤르토헨보스 시장 광장에 있는 방문객들이 '밤의 보스(Bosch by Night)' 쇼를 관람하는 모습 (사진: Ben Nienhuis)

문화 프로그램, 연구, 복원 등이 포함되었는데, 이는 도시 마케팅과 커뮤니케이션 활성화에 독특한 원천이 되었다. 강력한 스토리 요소들은 국내외적으로 엄청난 홍보 효과를 창출해냈다(6장 참고). 문화 프로그램을 진행하는 7년 내내 보스는 미디어에서 인기 있는 주제였고, 2016년의 피날레 즈음에는 그 인기가 최고조에 달했다. 연구 프로젝트와 관련된 감질나는 뉴스 보도는 역으로 도시에 대한 끊임없는 관심을 불러일으키기에 충분했다.

꿈을 실현하기 위한 연구 프로젝트 투자

가장 큰 난제는 보스의 그림 전시회를 그가 태어난 도시에서 개최하는 것이었다. 이 꿈을 실현하는 데는 많은 시간이 필요했다. 유럽과 미국의 유명 미술관들이 소장하고 있는 그림을 스헤르토헨보스라는 작은 도시에 선뜻 빌려주도록 설득할 수 있는 좋은 계획이 필요했다. 스헤르토헨보스가 보스 그림을 대여해 오는 대가로 제공할 수 있는 중요한 예술 작품을 가지고 있지 않다는 것이 문제였다. 그래서 보스의 전작들을 복원하고 연구할 대규모의 연구 프로그램에 많은 시간을 쏟게 되었다. 보스 연구 보존 프로젝트는 2010년에 시작되어 2016년에 끝났다. 보스를 연구하는 대표적 전문가인 요스 콜데르베이(Jos Kolderwij)는 연구와 보존에 대한 아이디어를 처음 제시한 사람이다. 그는 보스의 작품을 소장하고 있는 미술관들이 종종 작품 자체와 작품 보존에 대한 전문 지식이 부족하다는 사실을 알고 있었다. 그래서 그는 현대적 기법과 모든 작품의 비교연구를 통해 새로운 내용을 만들어낼 수 있는 비교연구 프로젝트를 생각해냈다.

전문가들은 유럽과 미국의 박물관을 방문해 그곳의 상주 전문가들과 함께 그림에 대한 현장 연구를 수행했다. 이러한 초기 현장 연구 이후 총 9점의 그림이 복원되었다. 모든 작품에 대한 연구는 2016년 2월 전시회 개막 직전 완료됐다. 이 프로젝트는 캔자스시티의 넬슨 앳킨스 미술관에서 새로 발견된 보스의 작품 〈성 안토니오의 유혹〉의 발표로 막을 내렸다. 보스의 전 작품에 대한 첫 번째 연구 프로젝트 완성의 꿈은 그의 작품뿐만 아니라 그의 작품에 대한 우리의 이해와 지식을 확장하는 데 도움이 되었다고 할 수 있다.

시간이 필요한 네트워킹

보스 도시 네트워크를 구축하는 데도 시간이 많이 소요되었다. 연락을 취하고 파트너를 찾고 네트워크를 유지·관리하는 일은 큰 이벤트가 시작되기 바로 직전에 하는 일이 아니다. 네트워크 구성원들을 이해시키고 필요한 계획을 준비하는 데는 많은 시간이 걸린다. 네트워크를 유지하기 위해서도 많은 일을 해야 하는데, 예를 들어 연구 프로젝트의 결과 어떤 그림이 보스가 아닌 프라도 미술관으로 가야만 하는 결과가 나왔을 때도 네트워크 관계는 유지되어야 했다.

염두에 두어야 하는 초과 예산 조달

보스500(Bosch500) 프로그램에 필요한 실질적 예산의 기초는 지자체가 처음으로 800만 유로를 지원하기로 표결하고, 국가 행사의 해(National Event Year) 타이틀이 부여된 2008년에 마련되었다. 이러한 지역의 투자는 후원자들이 해당 프로그램에 더 기꺼이 자금을 지원할 수 있는 계기가 되었고, 국가 행사의 해 타이틀 부여는 중앙정부의 자금조달을 위한 일종의 지렛대가 되었다. 후원자들은 그들의 지원이 다년간 확산되는 과정을 통해 프로젝트에 도움이 되는 지점을 확인할 수 있었고, 이는 상대적으로 큰 기여로 이어졌다.

시간의 압박

이벤트는 시간의 규율을 적용해 이해관계자들의 마음을 한곳으로 집중시킨다는 점에서 도움이 되기 때문에 유용한 도구가 될 수 있다. 중요한 것은, 해당 프로그램이 보스 사후 500주년인 2016년에 개최되는 전시회에 맞추어 마무리되어야 했다는 사실이다. 모든 작품이 1년 전이나 1년 후가 아닌 정확히 2016년에 준비되어야 했다. 이에 따라 예산을 지원하기로 결정한 해와 2016년 전시회 사이의 기간은 사실상 7년으로 한정되었다. 따라서 프로그램은 자체적으로 시간의 압박을 받을 수밖에 없었다. 이러한 사실은 스트레스를 주는 일이기도 했지만, 모든 사람이 제시간에 일을 처리하도록 집중하는 데 도움을 주기도 했다.

추진 동력에 대한 고려

피날레보다 몇 년 먼저 시작하는 것도 좋기는 하지만, 상대적으로 빠르게 시작하는 것에는 단점도 존재한다. 처음부터 끝까지 긴 운영 시간(프로그래밍 7년)이 소요되면 이해관계자, 특히 주민들의 관심을 끌기에 이러한 시간은 너무 긴 것으로 여겨진다. 2010년 프로그램을 처음 시작했을 때 지역의 분위기는 긍정적이었으며, 주민의 약 83%가 문화 프로그램을 통해 보스와의 관계를 발전시키는 것이 좋다고 생각했다. 그러나 이후 경제위기가 분위기를 바꾸었다. 지역신문으로부터 촉발된 불만이 시민들 사이에서 불처럼 번져나갔다. 처음에는 도시를 위한 기회로 여겨졌지만, 이후에는 "왜 우리는 이 프로젝트에 돈을 낭비해야 하는가?"라는 반응이 나타났다. 프로그램을 위한 국제

〈사진 8.4〉 스헤르토헨보스 극장에서 펼쳐진 보스 댄스 (사진: Ben Neinhuis)

적인 네트워크 구축에 매진하고 있을 때 일어난 이러한 반응을 통해 프로젝트팀과 시민들의 우선순위가 어떻게 달라졌는지 알 수 있다.

정치적 문제에 대한 고려

경제위기로 인해 문화 투자가 줄어드는 흐름이 큰 문제였다. 기본적인 사회 서비스에 필요한 돈이 부족한 상황에서 언론과 일반 대중은 문화 프로젝트에 지원해야 하는지 의문을 제기하기 시작했다. 2013년 유럽문화수도 유치가 무산되면서 비판이 거세지고, 주요 문화기관의 기관장들도 비판적 목소리를 내기 시작하자 프로젝트 준비 조직은 여론의 흐름을 뒤집기 위해 긴급한 조치를 취해야 했다. 지역 프로그램 코디네이터가 임명되고 주민을 위한 보스500 카페가 만들어졌으며 보스500 토론 그룹이 생겨났다.

프로젝트 수행에는 일반적으로 사업을 시작하기 위해 재정과 정치적 후원이 필요하다. 정치인들은 직접적으로 돈이나 자원을 제공하며, 프로젝트의 자금조달자가 될 수도 있고, 촉진자가 될 수도 있다. 정치인들은 보통 "비용은 얼마나 듭니까?"(그것을 감당할 수 있을까?) 혹은 "어떤 혜택을 제공할 것입니까?"(지역민들에게 도움이 되거나 내게 표를 확보해 줄 수 있습니까?)라고 물을 것이다. 어떤 경우에는 주요 프로그램을 준비하는 동안 새로운 정부가 들어서면서 큰 혼란이 일어나기도 한다. 2009년 리투아니아 빌뉴스(Vilnius)와 2010년 헝가리 페치(Pécs)의 유럽문화수도 경우가 그러했다(Palonen 2010). 많은 프로그램의 경우 처음 개념을 마련하고 실행하기까지 긴 시간이 걸리는 것을 고려해 보면, 그러한 문제들을 예상하는 것이 합리적이다. 2018년 유럽문화수도에 선정된 몰타의 '발레타 2018(Valletta 2018)' 주최 측은 이런 문제를 성공적으로 해결했다. 그들은 몰타의 두 주요 정당이 그 당시 누가 권력을 잡는지에 상관없이 그들이 계획한 대로 사업을 시행하기로 합의했다. 이러한 합의는 유럽문화수도 선정에 도전했던 국민당이 2013년 노동당에 패배하면서 매우 유용했던 것으로 판명되었다. 발레타 2018 프로그램의 거버넌스에 변화가 있었지만, 원래의 개념은 크게 영향을 받지 않았다.

미디어 활용

미디어는 프로그램에 대한 대중적·정치적 지원을 동원한다는 측면에서 매우 중요하다. 그러나 미디어의 지지를 받지 못한다면 프로그램은 타격을 받을 수도 있고, 방향을 벗어날 수도 있다. 많은 경우에 프로그램이 주목을 받기 1~2년 전을 시작으로 상대적으로 짧게 국제 미디어의 관심을 끌게 된다. 지역, 또는 때에 따라 전국 미디어에 장기적으로 대응해야 한다. 그들은 초기 구상(비전의 힘)부터 개발 단계(어떻게 하고 있는가)에서 실행 단계(무슨 일이 일어나고 있는가)와 프로젝트 이후 단계(칭찬과 비난)까지 프로젝트의 모든 단계에 관심을 가질 것이다. 작은 도시의 경우 주요 미디어는 지역 언론과 방송 미디어가 될 것이며, 이들은 가장 큰 팬이 될 수도 있고(아이디어를 좋아하는 경우), 최악의 적이 될 수도 있다(아이디어를 싫어하는 경우). 많은 경우에 미디어는 프로젝트의 비전을 설명하기도 전에 기존의 정치적 입장에 기반하여 어떤 태도를 가지고 있다.

보스500 프로그램의 경우 미디어는 문화 투자에 관해 도시와 국가의 부정적인 분위기를 만들어냈고, '좌파 취미'라며 전국적으로 다양하게 공격을 해 댔다. 미디어에서 유럽문화수도와 보스500과 같은 프로그램에 대한 자금 지원의 필요성에 대해 많은 논의가 있었다. 그러나 결국 그 스토리가 너무 강력하고 설득력이 있었기 때문에 보스500 프로그램에는 거의 영향을 미치지 못했다.

대중의 지지를 받는 법

대중이 새로운 아이디어나 비전에 익숙해지려면 종종 시간이 걸린다. 작은 도시에서는 특히 뚜렷한 문제가 없을 때 '변화가 왜 필요하지?'라는 태도가 있을 수 있다. 사람들이 새로운 프로그램의 요소를 경험하기 시작하거나, 도시가 외부의 관심을 끌기 시작할 때, 아이디어나 비전에 대한 열정이 장기간에 걸쳐 점진적으로 커지게 된다. 이것은 프로그램과 그 목표를 가시화하기 위해 도시 내 많은 사람의 참여가 필요함을 의미한다. 사람들이 쉽게 참여할 수 있는 이벤트를 준비하고, 프로그램에 대한 아이디어를 창출하기 위해 지역 사람들을 개입시키는 것이 이 단계에서 중요할 수 있다.

보스500의 경우 보스와 도시를 연관시키기 위한 콘텐츠와 시간을 준비하는 데 7년의 프로그램 기간이 필요했다. 보스의 명성을 쌓고 이미지를 새롭게 하는 시간도 필요했다. 프로그램을 구축하고 개발하는 데 또한 시간이 필요했다. 덜 성공적이고 대중에게 어필되지 않는 요소들은 제거되었고, 궁극적으로 검증되고 테스트된 프로젝트만 마지막 해에 '채택'되었다. 예를 들어 도시 내 이웃들 간의 보스 다이너 요리 경연대회는 성공적이었지만, 더 많은 대

〈사진 8.5〉 보스의 해에 스헤르토헨보스를 찾은 방문자 (사진: Ben Neinhuis)

중에게는 흥미가 덜한 것으로 나타났다. 보스 영 탤런트 쇼(Bosch Young Talent Show)도 젊고 혁신적인 예술가들을 위한 플랫폼으로 충분한 잠재력을 가지고 있지 않아 두 행사 모두 프로그램에서 제외되었다.

주요 프로젝트에도 불가피한 지연이 발생해, 일부 프로젝트는 프로그램에서 제때 실현되지 못했다. 피터 그리너웨이(Peter Greenaway)의 히에로니무스 보스에 관한 국제적인 장편 애니메이션 영화와 보스에서 영감을 얻은 필립 글래스 오페라는 제시간에 완성되지 못했다.

프로그램의 개발과 구성은 조정과 거부, 때로는 잘못된 선택이나 타이밍의 문제, 좋지 않은 결과 등이 계속되는 과정이라고 결론 내릴 수 있다. 그러나 그러한 도전에 대한 인내와 적절한 반응을 통해 충분히 성공을 거둘 수도 있음을 알 수 있다.

프로그램의 사이클

프로그램 개발에 대한 이러한 각기 다른 모든 영향을 종합해 보면, '프로그램 사이클'이 나타나는 것을 알 수 있다. 모든 이해당사자가 수년간 프로그램에 집중하도록 하는 것은 사실상 불가능하며, 관심사가 변하는 것은 어찌 보면 당연하다. 그러나 프로그램의 생성, 조정, 관리에 관심을 갖는 것은 매우 필요한 일이다.

관심사를 효과적으로 관리하려면 프로그램의 각 개발 단계에 대한 서로 다른 이해관계자들의 반응을 이해해야 한다. 〈그림 8.1〉은 일반 대중과 미디어의 관심이 프로그램이 운영되는 기간에 어떻게 달라지는지에 대한 일반적 특징을 잘 보여 준다. 프로그램의 개념을 잡는 초기 단계에서는 소수의 내부자들만이 계획에 대한 완전한 정보를 가질 수 있고, 외부 사람들과 의사소통할 수 있는 구체적인 정보가 거의 없기 때문에 상대적으로 사람들이 주의를 기울이지 않는다. 하지만 처음 개념에 대한 핵심 내용이 완성되고, 주요 이해관계자와 충분한 자금이 마련되면 프로그램과 그 목적에 관심을 가질 수 있도록 대중에게 프로그램을 선보이게 된다. 그다음은 내부에서 조정하는 단계가 이어진다. 이 과정에서는 프로그램을 준비하기 위해 프로그램의 중요한 요소들이 정리되고, 계약이 체결되며, 프로세스와 구조가 확립된다. 마침내 프로그램이 구체화되면, 대중의 관심을 불러일으킬 만한 유용한 정보 – 보스500 프로그램의 경우 보스 연구 보존 프로젝트에서 활용할 만한 – 가 공개될 수 있다. 프로그램 공표 후 프로그램이 실제로 시행될 때까지는 보통 대중과 미디어의 많은 관심을 끌 수 있는 중요한 요소가 있기까지 상대적 소강상태가 지속된다.

보스500 프로그램의 경우 2016년 행사의 준비 단계로 2010~2015년에 행사가 진행되었으나, 대부분의 사람들에게 실제 행사는 2016년 2월 '천재의 비전' 전시회가 시작되면서부터라고 할 수 있다. 이로 인해 엄청난 양의 미디어 보도가 이어지면서 티켓 구매를 서두르게 하는 요인이 되었다. 방문 시간이 넉넉지 않아 전시회 개장 시간을 늘려야 한다는 요구도 증가하게 되면서 전시회 내내 높은 관심도를 유지할 수 있었다. 그 후 프로그램 시작에서부터 촉발된 관심에 이어 추가적인 수요를 발생시키기 위해 메인 프로그램이 열리는 동안 추가로 다른 이벤트들을 개발하기도 하였다.

포스트 프로그램 또는 사후 관리 단계는 외부에서 볼 때 프로그램이 이미 종료되었기 때문에 관심도를 관리한다는 측면에서 아마 가장 어려운 기간이라고 할 수 있다. 프로그램의 유용성은 급락하고, 프로그램은 잊혀 기억 속에서 사라진다. 하나의 유용한 대안은 프로그램에 대한 다른 차원의 시간 적용을 고려하는 것이다. 보스500 프로그램 경우 2016년까지 많은 활동이 있었는데 타이밍 조절 문제 중 하나는, 전시회 경우 〈그림 8.1〉과 같이 주의력과 활동 관리라는 측면에서 매우 좁고 짧은 절정기의 형태로 기능한다는 점이다. 이로 인해 스헤르토헨보스 주민들을 포함한 많은 사람이 전시회를 보기 위해 오랜 시간을 기다려야 했고, 이 기간에 높은 관심도를 유지하는 것이 사실상 어려웠다. 대안적인 모델은 2016년 절정기 전과 그 후에 대한 투자의 균형을 맞추도록 조정해 전시회로 인해 나타난 화제성을 효율적으로 활용, 더 많은 이익을 창출하도록 하는 것이었다(〈그림 8.2〉 참고). 2016년 대표 프로그램 운영 기간이 짧을수록 더 효과적이었으며, 향후 몇 년 동안 연장된 후속 프로그램을 개발하기 위해 더 많은 자원을 남겨두기도 하였다. 프로그램을 마치면

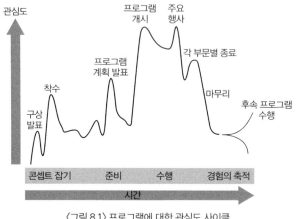

〈그림 8.1〉 프로그램에 대한 관심도 사이클

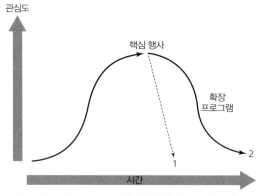

〈그림 8.2〉 보스500 프로그램의 가상 확장프로그램 사이클

서 보스500 재단이 정산한 후속 프로그램 관리비용 40만 유로에 대한 '추가' 지출 논의도 피할 수 있었다.

따라서 같은 주제로 사람들을 지루하게 만드는 잠재적 문제를 피하고자 후속 프로그램을 원래 프로그램과 다른 형태로 바꾸는 것이 현명할 수 있다.

릴3000 축제*의 사례를 보면, 3년 주기로 이벤트 프로그램을 준비하고, 2004년 당초 유럽문화수도로 선정된 내용과 직접적인 관련이 없는 새로운 주제를 고안함으로써 행사를 효과적으로 치른 경우이다.

시간을 창조하는 작은 도시

시간의 중요성은 큰 프로그램이나 대도시에만 적용되는 이야기처럼 보일 수도 있지만, 작은 도시들도 각자의 상황에 따라 적절한 프로그램을 만들어낼 수 있다. 예를 들어 시몬스(Simons 2014)는 네덜란드 남쪽의 한 마을이 조지와 용(the George and the Dragon story)과 관련된 이야기로 7년마다 축제를 개최하는 것을 언급하고 있다. 7년이라는 비교적 느린 시간 주기는 행사를 매우 특이한 경험으로 만들 뿐 아니라 마을 사람들이 축제를 통해 행사를 준비하고 회복할 수 있는 여유를 준다.

독창적인 아이디어와 에너지로 가득 찬 사람들이 새로운 팀을 꾸려 일을 하기 때문에 이벤트의 면면이 독특하다. 이는 시간적·물리적·인적·지적·경제적 측면에서 투자 규모도 도시 자체의 규모에 맞게 적절하게 조정할 수 있음을 의미한다.

---

* 프랑스 북부에 자리한 도시 릴이 '2004년 유럽문화수도(2004 European Capital of Culture)'로 선정됨을 기념해, 조직위원회에서 기획해 2006년부터 시작해 3년마다 열리는 도시 문화 축제. 비엔날레와 페스티벌을 섞어 놓은 형식으로 길거리 축제와 대규모 퍼레이드, 공연과 전시가 이어지고, 다양한 음식 행사도 마련된다. '3000년까지 문화를 지속적으로 발전시킨다'는 의미를 담고 있다.

작은 도시들은 느림의 미학이라는 장점이 있다. 반면 대도시에서는 더욱 많이 빠르게 무언가를 생산해야 한다는 압박을 받게 된다. 상대적으로 느리다는 이유로 작은 도시들은 대도시와 비교해 대체로 뒤처졌다고 간주되기도 한다. 그러나 노르트브라반트 주지사 빔 판데르동크(Wim van der Donk)는 스헤르토헨보스를 포함한 브라반트의 작은 도시들은 예술가들과 창조자들이 실패해도 그들의 약점을 드러내지 않고 성숙할 수 있는 괜찮은 환경을 제공한다고 주장한다. 대도시에서는 단 한 번의 기회만 얻을 수 있지만, 작은 도시에서는 사람들로부터 더 많은 지지를 받을 수 있고, 문화생태계의 특성도 더 긍정적이라 할 수 있다.

결론

좋은 프로그램은 시간과 좋은 타이밍이 필요하다. 잘 디자인된 프로그램은 장기적 관점에서 좋은 개념이 대중과 연결될 수 있도록 개발되어야 하며 영향력을 충분히 고려할 수 있는 사후 프로그램 기간도 고려해야 한다.

시간과 자원을 가장 효과적으로 사용하기 위해 우리는 단일 프로젝트보다 다년간의 프로그램이 가진 많은 장점을 살펴보아야 한다. 기간이 긴 프로그램은 아이디어가 무르익을 수 있는 시간을 제공하고, 자원을 한데 모아 관련된 유산을 보존하는 작업을 할 수 있게 한다.

그러나 이와 관련해서 프로그램의 역동성과 장기간에 걸친 이해관계자들과의 상호작용을 반드시 이해해야 한다. 프로그램과 각기 다른 이해관계자에 대한 관심을 집중시키는 것도 중요하다. 관심의 부족은 그들 존재에 대한 인식 부족으로 이어질 수 있고, 프로그램의 목적에 대한 반발심을 가져올 수 있다.

따라서 이러한 일이 발생할 수 있는 상황에 유연하게 대처할 수 있어야 한다. 이상적으로는 프로그램과 이해관계자를 잘 관리하는 것이 큰 장점이 될 수 있다. 한 가지 중요한 점은 프로그램의 위기 상황은 오히려 더 많은 관심을 불러일으키고, 이는 다시 화제 전환의 변화 가능성을 가져온다는 것이다.

• 참고문헌 •

Afdeling Onderzoek & Statistiek (2017). *Eindevaluatie manifestatie Jheronimus Bosch 500, 's-Hertogenbosch 2016.* 's-Hertogenbosch: Gemeente 's-Hertogenbosch.

Bramwell, B. (1997). Strategic Planning Before and After a Mega-event. *Tourism Management* 18(3): 167-76.

Fisker, J. K. (2015). Municipalities as Experiential Stagers in the New Economy: Emerging Practices in Frederikshavn, North Denmark. In A. Lorentzen, K. Topsø Larsen, and L. Schrøder (eds), *Spatial Dynamics in the Experience Economy*, 52-68. London: Routledge.

Flyvbjerg, B. (2014). What You Should Know about Megaprojects and Why: An Overview. *Project Management Journal* 45(2): 6-19.

Flyvbjerg, B., Bruzelius, N., and Rothengatter, W. (2003). *Megaprojects and Risk: An Anatomy of Ambition.* Cambridge: Cambridge University Press.

Laursen, L. H. (2013). Palm Beach and Naval Battle: Events and Experiences in a Danish Fringe Area. *Nordic Journal of Architectural Research* 20(1): 75-82.

Niedomysl, T. (2004). Evaluating the Effects of Place-Marketing Campaigns on Interregional Migration in Sweden. *Environment and Planning A* 36(11): 1991-2009.

Palonen, E. (2010). Multi-level Cultural Policy and Politics of European Capitals of Culture. *Nordisk kulturpolitisk tidskrift* 13: 87-108.

Pasquinelli, C. (2013). Competition, Cooperation and Co-opetition: Unfolding the Process of Inter-territorial Branding. *Urban Research & Practice* 6(1): 1-18.

Peck, J. (2005). Struggling with the Creative Class. *International Journal of Urban and Regional Research* 29(4): 740-70.

Plöger, J. (2007). Bilbao. City Report, LSE CASEreport 43, London. http://sticerd.lse.ac.uk/dps/case/cr/CASEreport43.pdf.

Regional Plan Association (2012). Getting Infrastructure Going. www.rpa.org/article/getting-infrastructure-going-new-approach.

Richards, G. (2010). *Leisure in the Network Society: From Pseudo-events to Hyperfestivity?* Tilburg: Tilburg University.

Richards, G., Hitters, E., and Fernandes, C. (2002). *Rotterdam and Porto: Cultural Capitals 2001. Visitor Research.* Arnhem: ATLAS.

Richards, G., and Palmer, R. (2010). *Eventful Cities: Cultural Management and Urban Revitalisation.* London: Routledge.

Sennett, R. (2009). *The Craftsman.* London: Penguin.

Simons, I. (2014). How to Slay a Dragon Slowly: Applying Slow Principles to Event Design. In G. Richards, L. Marques, and K. Mein (eds), *Event Design: Social Perspectives and Practices*, 78-91. London: Routledge.

TRAM (2007). *Haalbaarheid en effecten van het meerjarenprogramma Jeroen Bosch 500.* Barcelona: TRAM.

9장

다른 도시를 위한 시사점:
스헤르토헨보스의 결정적 성공 요인

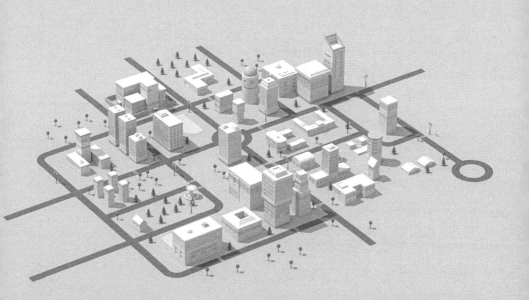

서론

우리는 도시가 이루고자 하는 목표와 요구를 충족시킬 수 있는 의미 있고 매력적인 프로그램을 개발할 수 있다면 소도시가 효과적으로 경쟁할 수 있고, 중요한 변화를 가져올 수 있다고 생각한다. 그러나 앞 장에서 설명했듯이 이는 하룻밤 사이에 일어날 수 있는 일이 아니기 때문에 변화가 찾아오거나 변화를 만들어 낼 기회를 잡아야만 한다. "기회를 잡아야 합니다. 하지만 때로는 그런 기회를 만들어 내야 합니다. 보스500은 우리가 만든 기회였습니다"(스헤르토헨보스의 인터뷰 대상자, Afdeling Onderzoek and Statistiek 2017: 5에서 인용).

　장소는 기회를 포착하고 만들기 위해 서로 배우기도 한다. 이들은 아이디어를 차용하고 모델을 모방한다. 많은 도시가 바르셀로나 모델(Caselas 2002)이나 애틀랜타 모델(Stone 1989) 그리고 영감을 주는 비슷한 장소를 참고했다. 그러한 아이디어와 모델은 어느 정도까지 전해질 수 있을까? 소도시는 어느 정도까지 다른 도시 - 대개는 대도시 - 의 경험을 활용할 수 있을까? 요컨대 지금까지 이 책에서 논의된 원리들은 다른 장소에 얼마나 적용될 수 있을까?

다른 사례에서 교훈을 얻고, 성공적인 개발 전략을 한 장소에서 다른 곳으로 전파하는 것은 생각보다 훨씬 복잡한 일이다(Wolman 1992). 한 도시에서 다른 도시로 경험을 성공적으로 전파하기 위해서는 많은 요소를 고려해야 한다(Giffinger et al. 2008).

- 정보가 없는 전파: 차용하는 도시가 모범이 되는 도시의 정책/제도 구조에 대한 불충분한 정보를 가지고 있다.
- 불완전한 전파: 모범이 되는 도시를 성공으로 이끈 정책, 전략 혹은 제도적 구조의 필수적인 요소가 전파되지 않았다.
- 부적절한 전파: 모범이 되는 도시와 차용하는 도시 간 정치·경제·사회·사상적 차이에 대한 관심이 부족했다.

특정 '모델'의 경우 경험을 전파할 때 이 세 가지 요인 모두가 관련될 수도 있다. 그 모델이 어떻게 작동하는지에 대한 지식이 부족하고, 모델의 일부만을 받아들이거나, 그 모델이 도시에 부적절할 수도 있다. 이것은 유럽과 북미에서 '창조도시' 모델을 전파할 때 발생한 일이며(Evans and Foord 2006), 루이스와 도널드(Lewis and Donald 2010)가 캐나다 사례에서 설명했듯이 소도시의 문제일 수도 있다. 결국 최고의 실천 전략을 찾아내는 것이야말로 경쟁력 있고 지속 가능한 도시개발을 뒷받침하는 기본적인 요건이다(Giffinger et al. 2008).

장소만들기는 특정한 자원, 의미, 창조성을 결합해 그 장소에 기반해야 한다(1장 참고). 이러한 요소의 결합은 변화를 위한 수단과 이유, 변화를 만드는 방법을 제공한다. 소도시가 가지고 있거나, 가질 수 있는 자원과 물질은 실천

〈사진 9.1〉 스헤르토헨보스 성 요한 성당(Sanint John's Cathedral) 옥상을 오르는 기적의 등반
(Miraculous Climb) (사진: Ben Nienhuis)

의 근간을 이룬다. 2장에서 설명한 것처럼 소도시는 상대적으로 적은 물질 자원을 가지고 있지만, "경성적인(hard)' 인프라스트럭처에서 '연성적인(soft)' 인프라스트럭처로 전환하는 디지털 시대에 큰 문제가 되는 것은 아니다. 또한 유무형의 자원은 의미 만들기(meaning-making)의 기반이 되는 도시의 DNA

와 밀접하게 관련되어 있다. 3장과 4장에서 설명한 것처럼 창조성과 스토리텔링은 DNA를 그 도시와 다른 관중 및 대중과 연결하기 위해 필요하다.

자원, 의미, 창조성의 기본 3요소는 창조적 장소만들기의 틀을 제시해 준다. 그러나 이 장소만들기 체계를 어떻게 실행에 옮길 것인가? 3장에서 장소만들기가 어떻게 시작되고, 장기간 유지되는지 분석하였다. 이 과정에서 도시의 이해관계자와 더불어 그들과 내외부의 이해관계자 집단을 연결하는 네트워크의 역할은 매우 중요하다. 현대 '네트워크 사회'에서 도시는 네트워크로부터 가치를 얻음과 동시에 모든 이해관계자에게 이익이 되기 위해 어떻게 그러한 네트워크를 형성하고, 유지하며, 이용하는지 배워야 한다. 7장에서 설명한 것처럼 전체 시스템이 작동할 때 그 결과는 놀라울 수 있다. 그러나 8장에서 본 것처럼 성공으로 향한 길은 멀고, 기회로 바꾸어야 할 장애물로 가득할 수도 있다.

성공을 위해 필요한 장소만들기 체계와 요소는 이를 실행하기 위한 일반적인 틀을 제공해 준다. 그러나 도시는 어떻게 장소만들기에 기울인 노력으로부터 최대한의 효과를 얻을 수 있을까? 이 장에서는 우리가 분석한 소도시의 경험에서 얻은 주요 시사점을 정리하고, 특히 스헤르토헨보스가 경험한 것으로부터 핵심적 성공 요인과 잠재적 난관을 파악한다.

결정적 성공 요인

많은 연구가 소도시의 성공 요인을 연구했다. 예를 들어 램(Lambe 2008)은 소도시의 성공 요인을 다음과 같이 파악했다.

- 소도시에서는 지역사회 개발이 곧 경제개발이다.
- 가장 극적인 결과를 얻은 소도시는 사전에 대책을 마련하며 미래지향적

이다. 그들은 변화를 수용하고 위험을 무릅쓴다.

- 성공적인 지역사회 경제개발 전략은 지역에서 널리 알려진 비전을 따른다.
- 자산과 기회를 광범위하게 정의함으로써 지역사회의 경쟁우위를 활용한 혁신적인 전략을 창출할 수 있다.
- 혁신적인 지역 거버넌스, 파트너십, 조직은 지역사회 경제개발 역량을 크게 향상시킨다.
- 효과적인 지역사회는 장기간의 지역사회 경제개발 지원 유지를 위해 단기간의 성공을 확인하고 평가하며 이를 기념한다.
- 성공 가능성이 높은 지역사회 경제개발은 개별적인 접근 방식보다는 전략과 수단을 아우르는 포괄적인 방식을 수반한다.

소도시 지역사회–대학 연구연합 삶의 질 매핑 프로젝트(Small Cities Community–University Research Alliance Mapping Quality of Life)와 캐나다 톰슨리버스 대학(Thompson Rivers University)의 소도시 문화미래 프로젝트(Cultural Future of Small Cities) 또한 성공 요인을 정리했다(Garrett-Petts 2017). 문화적으로 건전한 소도시의 핵심은 다음과 같다.

- 활력 있고, 문화적으로 풍부하며 다각화된 도심
- 대중적으로 기념하는 진실된 역사
- 높은 수준의 문화적 참여
- 도시 중심의 문화유산과 주변부의 연계

호주에서는 콜리츠(Collits 2000)가 소도시 개발의 다양한 자료를 요약했으며, 다음과 같은 요소가 지역 경제개발 성공에 결정적인 것으로 제시했다.

- 새로운 투자자를 긍정적으로 맞이할 수 있는 역동적인 기업 환경의 창출과 유지
- 경제 기반의 확장 및 중심지의 경쟁력 강화
- 지역 리더십의 개발 및 지원
- 변화에 대한 긍정적인 태도 증진
- 새로운 투자 기회에 대한 창조적 태도 견지
- 지역 기업의 기업가적 능력
- 기존의 제품과 서비스에 가치를 더하는 능력
- 네트워크와 협력을 통해 달성한 변화의 충분조건

이와 같은 분석에는 명확한 공통점이 있고, 특히 몇몇 요소 −리더십과 비전, 협업과 네트워킹, 창조성, 참여, 기업가 정신, 위험부담(risk-taking), 개발에 대한 종합적 접근− 가 두드러지게 나타난다. 또한 이러한 요소들은 스헤르토헨보스의 경험에도 반영되었다.

스헤르토헨보스로부터의 시사점

스헤르토헨보스의 경험은 유사한 장소만들기 계획에 참여하고 있는 다른 도시들(특히 소도시)에 실질적인 시사점을 제시한다.

정치적 의지와 장기적 비전

스헤르토헨보스는 거의 20년에 걸쳐 프로그램을 발전시켜 왔다. 이벤트 프로그램이 모든 잠재적 이해관계자에게 의미를 갖게 하기 위해서는 장기간의 전략적 비전이 요구된다. 그 비전을 개발하는 데에는 시장의 정치적 의지와 인

내가 특히 중요했다. 톤 롬바우츠 시장 스스로 강조한 것처럼 한 도시의 시장은 도시 전체를 포용하는 계획을 세워야 한다. 지도자는 대중의 지지가 필요하다. "모든 프로젝트는 창조적인 영감과 20명의 조력자가 필요하다." 핵심 팀에는 다양한 기술이 필요하고, 부족한 기술을 보완하기 위해 폭넓은 네트워크를 이용할 수 있는 능력이 있어야 한다.

비전이 핵심이다. 이루고 싶은 것이 무엇인지, 그리고 왜 이루고 싶은지에 대한 명확한 아이디어가 없다면 그 누구도 따르지 않을 것이다. 또한 비전은 다른 사람들이 이해하고 실행할 수 있도록 단순해야 한다. 톤 롬바우츠는 그가 '3C' 모델(Culture, Culture, Culture)이라 한 것에 기반해 스헤르토헨보스를 위한 프로그램을 만들었다. 그는 문화에 투자하는 것이 도시의 경제와 전반적 삶의 질 향상에 긍정적이라 주장하였다. 이 단순한 비전은 20년 넘게 개발되었으며 일관성 있게 적용되었다.

많은 소도시가 도시재생과 더불어 명성을 얻기 위한 수단으로 문화 개발을 이용해 왔다. 문화는 성장을 촉진할 뿐만 아니라 두려움과 편견, 편협한 생각을 없앨 수 있게 한다. 그러나 문화를 어떻게 활용할 것인지 알아야 하며, 이에 대한 교육이 필수적으로 요구된다. 경제개발을 지원하고 변화를 이끌어간다는 점에서 대학과 연구기관의 역할을 부각한 많은 연구에서 소도시의 역량 구축이 강조되어 왔다. 스헤르토헨보스시의 경우 대학교 설립에 실패해 문제가 불거졌으나, 최근 민간 연구기관을 설립함으로써 이를 해결할 수 있었다 (물론 연구기관은 히에로니무스 보스의 이름을 땄다).

야망(ambition)은 비전의 중요한 요소다. 네트워크나 도시 프로그램의 발전 궤적(developmental trajectory)에서 높은 수준의 야망, 즉 큰 꿈은 중요한 원동력을 제공한다. 야망과 범위 면에서 작은 규모로 시작하려는 도시에도 다음 단계로 나아가기 위한 기회가 있다. 소도시는 야망이 있어야 한다. 유일한 방법은 앞으로 나아가는 것뿐이다.

일관성

장기간의 프로그램이나 프로젝트를 개발하고 실행하기 위해서는 일관성이 요구된다. 사람들은 그 메시지가 한결같고 논리적일 때, 그 의제를 믿기 시작하고 신뢰할 것이다. 성공한 도시들의 눈에 띄는 특징 중 한 가지는 리더십의 지속성이다. 스헤르토헨보스, 인디애나의 카멜, 루마니아의 시비우(Sibiu) 같은 도시들은 안정적인 행정부 아래에서 성공적인 프로그램을 개발했다.

　동일한 리더십을 유지하는 것이 항상 가능한 것은 아니지만, 목표와 수단의 일관성을 뒷받침하기 위해 다른 전략을 개발할 수 있다. 네덜란드에서는 시장 임명 체계를 통해 일관성 있는 리더십이 도시에 유지된다. 그러나 다른 곳에서는 도시레짐(urban regime)의 발달, 협력 의제, 폭넓은 시민연합 등이 비슷한 결과를 내기 위해 도움이 될 수 있을 것이다.

　비록 일관성이 중요하다 하더라도, 장기 프로그램은 예상치 못한 문제에 대응하기 위해 유연성이 요구된다. 보스500 프로그램은 수년간 많은 문제를 겪었지만, 이 경험은 도시가 새롭고 혁신적인 해결책을 찾을 수 있게 했다. 보스 도시 네트워크(Bosch Cities Network)는 보스의 작품이 없는 스헤르토헨보스의 문제를 해결하기 위해 창설되었다. 보스 자문단(Bosch Panel)과 보스 카페(Bosch Café)는 핵심 팀의 내향성에 대한 불만에 대응하기 위해 만들어졌다. 이러한 방식을 통해 보스500 프로그램은 단점을 장점으로 바꿀 수 있었다.

관계 형성과 협업

도시의 도우미 집단과 핵심 팀은 단합해야 한다. 하지만 그들 또한 목표를 달성하기 위해 많은 시민의 지원과 협업을 필요로 한다. 스헤르토헨보스도 네트워크를 창조적으로 이용해 도시 외부의 관계를 활용할 수 있었다. 현대 네트워크 사회(Castells 2009)에서 네트워크를 효과적으로 이용하는 것은 필수적인 것이 되었다. 네트워크에 참여하는 것은 대도시와의 경쟁을 위해 '규모를 차용하는(borrowing size)' 가장 효과적인 방법 가운데 한 가지다. 스헤르토헨보스에 의해 만들어진 많은 네트워크에서 입증된 것처럼, 규모를 만드는 새로운 네트워크의 형성은 심지어 더 많은 전략적 이점을 가져다줄 수 있다(4장 참고).

따라서 특히 네트워크 내부적인 협업의 원칙을 이해하는 것이 필수다. 협업은 내부적(화합을 이루고 꿈을 지원)으로도 이루어져야 하고, 외부적(새로운 기회의 창출)으로도 마찬가지다. 작은 꿈은 스스로 이룰 수 있지만, 큰 꿈을 이루기 위해서는 도시 전체는 물론 필수적인 자원을 구하기 위해 외부로 확장할 수 있는 네트워크가 필요하다. 루마니아 시비우의 경우, 시장 클라우스 요하니스(Klaus Johannis)의 국제적 인맥이 투자 확보에 중요했으며, 오랜 기간 지속된 룩셈부르크와의 문화적 유대가 2007 유럽문화수도 선정에 결정적인 역할을 했다. 그럼에도 일관성 있는 팀과 시민들의 폭넓은 지지가 없었다면 그 프로그램은 성공적으로 발전할 수 없었을 것이다.

협력적 연계와 네트워크가 발전 경로를 가지고 있다는 것을 이해하는 것 또한 중요하다. 일반적으로 네트워크가 잘 구축되고, 파트너들이 서로 더 친밀할수록 내재된 신뢰가 더욱 견고하며, 더욱 효과적인 네트워크가 될 수 있다. 이러한 발전은 스헤르토헨보스와 노르트브라반트 지역을 연계하는 브라반쉬타트 네트워크의 사례에서 명확하게 드러난다. 이 네트워크는 업무 이야기에서 복합적인 로비 수단으로, 자원을 활용하기 위한 공동투자로, 그리고 마침내 개별 도시가 창조적으로 네트워크 자원을 이용할 수 있기까지 약 15년이 넘는 기간 동안 발전했다(Box 4.1 참고).

이야기가 필요한 소도시

스헤르토헨보스가 가진 장점 중 하나는 이야기가 가진 힘에 있다. 히에로니무스 보스의 이야기는 지역의 결과물과 함께 보편적 가치에 기반을 두고 있다. 그 과정의 주요 시기에 내부 및 외부의 이해관계자 모두에게 투자나 활동의 필요성을 확신시켜야 했다. 지역의 이야기(스헤르토헨보스의 다른 이름인 덴보스Den Bosch에서 살다가 죽음을 맞이한 화가 보스의 이야기)를 보편적 가치(예를 들어 일곱 가지 대죄)와 연결 짓는 것은 더 많은(세계의) 관객에게 흥미를 끌 수 있게 만든 공통적 이해의 기초를 마련해 주었다.

이야기가 가진 기본적인 힘 또한 다른 대중에게 연관성을 주기 위해 효과적으로 전달될 필요가 있다. 욕스 얀센(Joks Janssen)이 설명하는 것처럼 보스의 이야기에는 매력적인 내용, 상징적인 힘, 보편적인 가치 그리고 소름(kippenvel), 즉 닭살 돋게 만드는 능력까지 세계 관객의 관심을 끌고 자극하는 많은 요소가 있다. 비록 이야기일 뿐이지만 전해질 수 있고, 몰입할 수 있는 도시의 DNA, 즉 '사실'에 대한 확고한 기반이 있어야 한다. 도시에 관람객들이 방문했을 때 이야기의 증거를 확인할 수 있어야 한다. 만약 이러한 모든 요소가 개발될 수 있다면, 스헤르토헨보스 같은 도시는 욕스 얀센이 '스토리텔링 2.0'이라 하는 것, 즉 상징과 도시에 관한 신화 창조를 향해 나아갈 가능성이 있다.

위험부담

성공적인 소도시는 대부분 위험을 감수하는 도시다. 위험 없이는 어떤 것도 만들어질 수 없다. 히에로니무스 보스 스스로 말했듯이, "자신의 것을 만들지 않고 언제나 남이 만든 것을 쓰려는 자는 마음이 가난하다" 또한 새로운 아이디어를 개발하는 능력은 네트워크와 협력을 준비하는 과정에서 주도권을 차지하고 자리매김하기 위한 수단이다.

소도시는 책임질 수 없는 위험을 피하고, 사전에 파악할 수 있는 위험을 감수해야 한다. 대부분의 소도시는 큰 비용이 소요되는 기반시설이나 정교한 프로그램으로 승부를 거는 모험을 할 만큼의 자원이 없다. 그러므로 그 일들이 성과를 올릴 것이라는 확신이 필요하다. 타당한 연구와 면밀한 분석이 중요하다. 스헤르토헨보스시는 보스500 프로그램을 시행하기 전에 앞으로 발생할 효과를 추정하고, 기회를 포착하거나 위험부담을 수치화하기 위해 다른 도시의 유사한 프로그램이 어떤 결과를 냈는지 연구를 의뢰했다. 이 연구에서는 보스500 프로그램이 도시에 경제 및 문화적으로 큰 이익을 줄 것으로 예측함과 동시에 이러한 이익을 실현하기 위해 도시가 취해야 할 많은 조치에 대해서도 파악했다(TRAM 2007). 결국 스헤르토헨보스시는 예상된 위험을 감수했고, 이는 크나큰 보상으로 돌아왔다.

무엇을 측정해야 하는지 아는 것

소도시는 장소만들기에 투자해야 한다. 주요 도시에서 흔하게 발견되는 물리적인 상징 구축과 같은 전략에 비해 그 효과가 더욱 지속적이고, 확산되는지 그리고 공평한지 알아야 한다. 결국 문제는 그 도시가 프로그램이나 다른 전략을 펼치는 것이 더 나은지 판단하는 것이다.

성공적인 도시는 원하는 게 무엇인지, 언제 해낼 수 있을지 판단할 능력이 있는 도시다. 방문객의 숫자나 경제효과를 추정하는 것으로는 충분하지 않다. 그 프로그램이 도시의 문화나 사회적 생태에 어떠한 기여를 했는지를 놓고 현실적인 고민을 해야 한다. 이는 장기간의 효과도 지속적으로 관찰할 수 있도록 만드는 구조와 함께 프로그램 시작 전부터 측정된 다양한 지표(양적 및 질적)에 바탕을 두어야 한다.

약자의 위치 이용하기

대부분의 소도시는 더 크고, 부유하거나 유명한 지역에 비해 자신들이 불리하다는 사실을 알게 될 것이다. 더 큰 도시를 상대로 경쟁하는 것은 항상 위험한 일이다. 그렇지만 중립적 입장에서는 대부분 약자를 지지할 것이다. 그들은 일을 성사시킬 수 있는 소도시의 용기와 끈기를 존중한다. 그러나 약자의 위치는 언제나 상대적이다. 더 많은 동정표를 얻을 수 있는 당신의 도시에 비해 더 작고, 가난하거나 약한 도시는 항상 존재하기 마련이다. 이것이 스헤르토헨보스가 2018 유럽문화수도 타이틀을 두고 경쟁했을 때 쓰라린 경험을 통해 배운 것이다. 이미 창조도시로 상당한 명성을 쌓은 에인트호번(Eindhoven)이 경쟁을 주도하고 있었고, 상대적으로 부유한 브라반트(Brabant) 지역에서 많은 자원을 바탕으로 지원하고 있었다. 에인트호번의 유럽문화수도 유치는 '전문가들' 사이에서도 가장 선호되었다. 그러나 결국 그 타이틀은 더 작은 도시인 레이우아르던(Leeuwarden)에 부여되었으며, 심사위원단은 레이우아르던이 주변부에 위치한 불리한 입장이기에 ECOC 유치가 더 필요하다고 생각했다. 하지만 어쩌면 이 경험은 보스500 프로그램에 관한 한 스헤르토헨보스가 마드리드나 런던 같은 대도시에 비해 약자 위치를 더 잘 활용할 수 있게끔 도움이 되었다고도 할 수 있다. '천재의 비전(Visions of Genius)' 전시회를 조직하면서 쏟아진 미디어의 주목과 찬사는 수개월 전 마드리드의 프라도 미술관에서 열린 비슷한 전시회보다 훨씬 대단한 것이었다. 실제로 마드리드는 규모가 더 작은 파트너로부터 아이디어를 '빌려온' 것과 보스 연구 보존 프로젝트(Bosch Research and Conservation Project)의 결과가 나오기 시작하자 작품을 숨겼다는 점에서 상대적으로 부정적으로 비쳤다.

뿌리내림과 지원

도시는 그들이 하는 일이 폭넓은 지지를 받을 때, 위험을 감수하거나 실질적인 프로그램 개발에 더욱 힘을 쏟을 수 있다. 따라서 어떤 프로그램이든 시민들과 다른 핵심 이해관계자들의 지지가 가장 중요하다. 3장에서 보았듯, 정당성(legitimacy)은 필요한 지원을 얻기 위한 중요한 요소다. 모든 도시가 관심과 자원이 필요하기 때문에 유무형의 자원에 대한 정당한 권리를 주장하는 것이 중요하다. 스헤르토헨보스가 보스에 대한 정당한 권리를 내세울 수 있었던 것은 보스가 그곳에서 태어나고, 살고, 일했으며 또한 죽음을 맞이했기 때문이다. 이러한 근거가 없었다면 다른 도시들도 상충되는 요구를 할 수 있었을 것이다(로테르담의 보이만스 판뵈닝언 미술관에서 시도했지만 실패).

꿈은 무형이고 일시적이며 유동적이다. 이러한 특성은 꿈이 상당한 힘과 직관성을 갖게 한다. 꿈이 현실이 되기 위해서는 공유되어야 한다. 꿈은 한 명이 아닌 여러 사람이 함께 가져야 한다. 이는 소도시가 좋은 아이디어나 꿈을 그 장소와 연계하는 데 중요하다. 대도시는 여기저기서 아이디어를 얻고 도용할 것이다. 이러한 일은 스헤르토헨보스에도 일어났는데, 프라도 미술관이 히에로니무스 보스 사후 500주년 기념 전시회 아이디어를 모방한 것이 알려졌다. 대도시가 모든 것을 흡수하는 것에 대응하기 위해 소도시의 아이디어는 그 장소에 기반해야 하며, 정당성을 갖고 있어야 한다.

스헤르토헨보스의 경험은 창조적인 아이디어를 그 장소에 뿌리내리기 위한 다양한 핵심 전략을 보여 준다.

- **이곳의 사람들.** 사람들과 다른 유동적인 요소 그리고 도시를 연결하는 것은 뿌리내리기 과정의 중요한 부분이다. 만약 도시가 어떤 일을 했거나 중요한 것을 만든 사람에 대한 권리를 주장할 수 있다면, 그 자산을 이용해 명성을 얻을 수 있을 것이다. 이 자산은 창조적인 자극을 줄 수 있도록 도시의 DNA에 뿌리를 두어야 한다. 안토니 가우디(Antoni Gaudí)가 말한 것처럼 "독창성은 근원으로 돌아가는 것이다". 근원은 여전히 중요한 연결고리이지만, 많은 도시가 피카소의 예술적 유산의 일부에 대한 권리를 주장하는 것처럼 도시는 다른 방식으로도 권리를 주장할 수 있다.
- **지역의 관점 전환.** 설사 소도시의 이야기가 보편적인 것일지라도 그 도시의 입장을 발전시키거나 반전을 줌으로써 더욱 흥미를 높일 수 있다. 스헤르토헨보스는 천국과 지옥 유람선(Heaven and Hell cruise)과 같

은 창조적인 장소만들기 전략을 통해 천국과 지옥이라는 일반적인 이야기를 도시의 물리적 구조와 연결하려 노력했다. 캐나다의 슈메이너스 (Chemainus)는 벽화로 유명해졌으며(Box 9.1 참고), 캘리포니아의 길로이 (Gilroy)는 '세계의 마늘 수도'를 자처했다.

- **창발적 진정성.** 많은 이야기가 서로 다른 장소와 관련되어 있고, 도시에는 다수의 대립되는 이야기가 있을 수 있다. 이야기를 장소와 연결하는 것은 보통 전유, 반복, 사회적 재생산의 긴 과정을 의미한다. 심지어 이야기가 처음에는 '진짜'인 것으로 여겨지지 않더라도 시간이 지나면서 사람들이 그 이야기를 받아들이고 전유함에 따라 '창발적 진정성(emergent authenticity)'을 얻을 수 있다. 스헤르토헨보스가 히에로니무스 보스와의 유대를 만드는 것도 최근 수십 년간 그의 삶과 작품을 기념하려는 노력과 함께 긴 세월이 걸렸다. 그러나 보스500 프로그램을 조직하게 만든 자극제는 사실상 다른 곳, 즉 2001년 로테르담에서 열린 전시회였다. 스헤르토헨보스의 사람들이 이런 작은 도시에서 그러한 이벤트가 성공할 가능성이 있다고 확신하는 데까지도 시간이 필요했다. 하지만 결국 시민들은 보스를 마음에 품었으며, 그의 기념일을 축하하는 많은 사람이 나타났다.

장소에 뿌리내린 물질적인 것과 도시의 역사적 DNA는 결과적으로 도시의 이야기는 물론 귀환이자 새로운 출발로서 전시회에 힘을 실어주었다.

통합적 접근

한정된 범위의 문제에 집중하는 것은 제한된 이익을 제공할 가능성이 크다. 일반적으로 도시개발의 주요 문제점 중 한 가지는 안건에 동의하거나 실행하기 힘들게 만드는 이익단체의 분열이다. 이러한 의미에서 분열된 이익단체를 넘어 도시 전반의 이익을 뒷받침해 줄 수 있는 시장이나 시민 지도자의 역할이 중요하다. 리처즈(Richards 2017: 20)는 스헤르토헨보스의 사례에 대해 다음과 같이 설명했다.

그 프로그램과 관련된 핵심 수치들로 장소만들기의 목표를 달성하기 위한 통합적 접근 방식이 필요하다는 점을 수긍할 수 있었다. 이로 인해 그들은 다른 이해관계자 집단을 위해 프로그램에 다양한 의미를 부여함으로써 이해관계자들의 분열을 극복할 수 있었다. 여기에는 이벤트 관리나 디자인의 일반적인 요건을 넘어서는 스토리텔링이나 아이디어의 실용화 같은 분야의 창조적 기술이 필요하다. 근본적으로 스헤르토헨보스는 포스트모던 도시에서 볼 수 있는 […] 통상적인 유형의 '경험경관(experiencescape)'의 개발이 아니라 도시에 새로운 이벤트와 공간을 창출하도록 영감을 주는 '의미경관(meaningscape)'을 발전시켰다.

과거로부터 이어진 자산의 확보

최근 주요 이벤트에서 유산계획(legacy planning)이 인기를 끌고 있다(Gold and Gold 2017). 그러나 앞서 살펴본 것처럼, 도시는 이벤트 이전에 유산을 축적하지 않고 이벤트가 끝난 이후에도 이를 간과하곤 한다. 만약 도시가 큰 야망이 있다면, 이를 적절한 유산계획이나 '지렛대 효과(leverage)'와 연계해야 한다 (Chalip 2006). 즉 도시가 원하는 것이 무엇인지, 프로그램을 통해 무엇을 남길 것인지 이해하고 있어야 함을 의미한다. 이는 새로운 장소나 복원된 장소같이 단순한 물리적 유산 그 이상을 나타내는 것으로, 조직 역량이나 자신감 향상, 측정하기 어려운 그 밖의 '소프트'한 요인들을 말한다. 스헤르토헨보스가 가진 과거로부터 물려받은 자산 중 가장 중요한 부분 또한 도시와 보스의 유대, 더욱 중요해진 그의 작품과 영감, 유용한 파트너와 함께 성장하는 네트워크 등 뚜렷한 형체가 없는 것들이다.

〈사진 9.2〉 스헤르토헨보스 불러바드 페스티벌(Boulevard Festival)에서 보스 도시
네트워크(Bosch Cities Network)의 공동제작 (사진: Ben Nienhuis)

Box 9.1

결국 해낸 작은 마을, 슈메이너스(Chemainus, the "little town that did")

1984년 밴쿠버의 페트라 필름(Petra Films)은 슈메이너스의 놀라운 재기를 바탕으로 다큐멘터리 영화 〈결국 해낸 작은 마을, 슈메이너스(Chemainus, the little town that did)〉를 완성했다. 이 영화는 캐나다 브리티시컬럼비아주의 작은 마을(인구 4,000명)이 어떻게 예술을 통해 활기를 되찾았는지에 관한 이야기다.

지역 기업가 칼 슈츠(Karl Schutz)는 마을 주변에 그려진 거대한 야외 벽화에 관한 아이디어를 홍보했다. 그는 1971년 루마니아를 방문한 이후 그 아이디어를 떠올렸다. "우리는 수도원과 아름다운 프레스코 그림들을 보았습니다. 그곳에는 전 세계에서 온 관광객들이 있었고, 거기에서 아이디어가 비롯되었습니다. 저는 '세상에, 슈메이너스가 관광산업이라니 멋진 아이디어'라고 생각했습니다." 하지만 첫 반응은 긍정적이지 않았다. 그가 말하기를 "모든 사람이 들어본 것 중 가장 멍청한 아이디어라 생각했습니다. 그래서 전 10년 동안 끈기 있게 기다렸습니다."

1982년이 되어서야 그레이엄 브루스(Graham Bruce) 시장의 지원으로 다섯 점의 벽화가 처음으로 완성되었다. 그는 지방 재개발 기금의 보조금을 이용해 경제개발을 촉진하려 했다. 1983년 지역의 제재소가 폐업하며 700개의 일자리가 사라졌을 때, 다른 사람들도 벽화의 잠재력을 알아보기 시작했다. 그 프로젝트는 1987년 설립된 슈메이너스 벽화축제협회(Chemainus Festival of Murals Society)를 통해 마을에 자리매김했다.

그때부터 섬유 공예, 회화, 조각, 보석 세공, 유리공예, 그래픽디자인, 사진 등의 작업을 하는 갤러리, 스튜디오, 워크숍이 증가했다. 마을에서 처음 다섯 점으로 시작한 벽화가 40점이 넘는 광대한 야외벽화 갤러리로 확장되면서 마침내 상징적으로나 물리적으로 '벽화마을(Muraltown)'이 되었다. 1998년 제1회 세계 벽화 콘퍼런스(Global Mural Conference)를 주최함으로써 벽화가 마을에 뿌리내리게 되었고, 국제 네트워크와 연계가 이루어졌으며, 2012년 다시 한번 콘퍼런스를 주최했다. 협회는 이제 그 벽화 프로젝트를 '세계 최고의 지역사회 주도 예술관광 경험'이라 주장할 수 있게 되었다.

오랜 기간 재임한 브루스 시장은 그 계획 실행 초기에 일관성을 부여했고, 심 맥도널드(Cim MacDonald)는 슈메이너스 벽화축제협회의 큐레이터로 20년 넘게 일하

장소만들기 플랫폼 구축

앞서의 절에서 큰 꿈을 가진 소도시의 핵심적인 성공 요인을 설명하였다. 그러나 어떻게 이러한 요소들을 일관성 있는 프로그램에 결합할 수 있을까? 소도시를 위한 규범적인 모델을 제시하려는 것은 아니다. 모델은 서로 다르고 독특하다. 모델 대신 여기서 설명하고자 하는 것은 일하는 방식, 장소만들기나 도시만들기를 실천하는 방식이다. 우리는 장소만들기를 강조하는 것이 중요하다고 생각하며, 이는 장소만들기가 장소 마케팅이나 이벤트 주도 선전주의에 비해 한발 더 나아가는 것이기 때문이다.

튜록(Turok 2009)이 지적했듯, 도시는 차별성을 만들기 위해 현실을 바꾸는 것보다 장소 마케팅이나 브랜딩이 쉬운 선택지이기에 그 두 전략을 택하는 경향이 있다. 그러나 6장에서 설명했듯 도시는 이미지뿐만 아니라 현실도 바꾸어야 한다. 이것이 장소만들기에 대한 관심이 증가하는 중요한 이유 중 하나다. 장소만들기는 모든 사람의 삶의 질을 향상하기 위해 도시의 실질적인 변화를 촉진하는 것을 목적으로 삼기에 장소 마케팅과는 다르다. 장소를 변화시키는 것은 너무나 중요한 문제이므로 시장주의자에 의해 주도되어서는

안 된다. 도시계획가, 연구자, 정치인, 문화기관, 기업, 지역 주민 등 다양한
이해관계자가 장소만들기를 위한 절차에 참여해야 한다.

이 책은 장소만들기에 대한 통합적인 접근법을 취하고 있으며, 일부 지역
이나 목표 집단에 집중하기보다 전체 도시와 도시의 모든 이용자 집단을 포
함한다. 이러한 관점에서 장소만들기는 특정 지역에서 물리적인 변화가 있을
때조차 도시 전체와 관계가 있어야 하는 창조적 활동이라 할 수 있다. 이는 도
시계획의 하향식 개념이 도시를 만드는 좀 더 유연한 발상으로 전환되었음을
나타낸다. 또한 장소만들기는 동원할 수 있는 유무형의 자원, 도시의 DNA를
표현함으로써 이러한 요소들에 부여할 수 있는 의미, 파트너와 자원을 유치
하면서 도시의 이야기를 전하는 데 필요한 창의성과 같은 서로 다른 요소의
결합이라 할 수 있다.

현재의 '플랫폼으로서의 도시' 개발 개념(Bollier 2015)을 통해 오랫동안 프로
그램을 뒷받침할 수 있는 플랫폼을 구축함으로써 소도시는 장소만들기 활동
을 지원할 수 있다. 다수의 소도시가 이미 국가 혹은 국제 협력 플랫폼의 구성
원이지만 플랫폼은 내부 이해관계자들을 모두 연결하고, 외부 파트너 및 자
원과 연계하기 위해 도시 수준에서도 만들 수 있다.

플랫폼의 기본적인 목적은 도시의 삶의 질을 향상하기 위한 협업을 수월하
게 하는 것이어야 한다. 모든 이들이 기여할 수 있고, 기대되는 이익이 무엇
인지 알 수 있는 투명한 거버넌스를 갖추고, 관련된 모든 이해관계자에게 접
근할 수 있는 개방된 플랫폼이어야 한다. 스헤르토헨보스가 형성한 네트워크
에서 얻을 수 있는 시사점은 이러한 의미에서 매우 중요하다. 이는 플랫폼 내
부에서 네트워크의 가치가 어떻게 형성되는지 보여 주기 때문이다. 플랫폼을
통한 행위 주체의 연계는 모든 이들을 위한 가치를 생산할 수 있는 잠재력이
있다. 도시의 내외부 파트너가 가진 기술, 역량 및 지식을 하나로 결합함으로
써 도시는 더 강력한 위상에 도달하거나, 국가 혹은 국제 네트워크의 중심이

될 수 있어야 한다.

또한 플랫폼은 분명 지역 주민과 관련된 사람들에게 이익이 되어야 한다. 도시가 서비스 공급자가 됨에 따라 도시 플랫폼은 다양한 이해관계자에게 이익을 주는 하나의 서비스임과 동시에 자원을 창출할 잠재력을 지니고 있다. 플랫폼은 도시가 다양한 사람의 정보, 의견 및 혜안을 모을 수 있게 만들고, 상향식의 창조적 절차를 촉진하면서 거버넌스를 위한 수단이 될 수도 있다.

장소만들기 플랫폼의 주요 요소는 다음과 같다.

- 지식 창출과 전파. 지식은 가치 창출에 박차를 가하는 기본적인 자원이다. 내외부의 행위 주체를 서로 연결함으로써 소도시는 지식 생산의 규모와 범위를 확장시킬 수 있고, 특정 지역 내 지식의 중심지로 효과적으로 변모할 수 있다.
- 기술. 소도시는 다른 곳에서 전문적인 기술을 도입해야 하는 상황을 피하기 위해 기술 기반을 발전시켜야 하는 문제를 갖고 있다. 이를 위한 기본 수단 중 한 가지가 교육에 대한 투자다. 많은 소도시는 교육기관과 이들이 제공할 수 있는 인재 유치 기능 덕분에 성공을 거두었다. 교육기관을 서로 연결하는 것은 아이디어와 창조적 기술의 기준을 제공하는 데 도움이 된다.
- 관계. 플랫폼의 중심은 관계 형성이다. 이러한 양상은 다른 시장에서 흔히 볼 수 있는(에어비앤비Airbnb나 블라블라카BlaBlaCar와 같은) 협력 경제 플랫폼에서 분명하게 나타난다. 이와 같은 플랫폼은 자원의 사용과 관련된 새로운 관계를 형성함으로써 가치를 창출한다. 도시 기반 플랫폼은 이해관계자와 도시 자원을 연결함으로써 부가가치를 창출하는 관계를 중개할 수도 있다.

예를 들어 2003년 유럽문화수도 그라츠(Graz)에서는 이후 문화활동가를 문화공간과 연결하기 위해 새로운 플랫폼이 만들어졌다. 이를 통해 유럽문화수도에 의해 만들어진 새로운 공간을 더욱 효과적으로 사용할 수 있게 되었으며, 프로그램이 끝난 뒤 부정적 영향을 줄 수 있는 '하얀 코끼리(white elephant)'* 문제를 피할 수 있었다.

계획에서 프로그래밍으로

도시개발에서 더 큰 유연성과 역동성이 필요하다는 것은 도시가 하향식 계획 체제에서 벗어나 이벤트나 프로그램이 도시의 어젠다를 바꿀 수 있는 중심이 될 수 있도록 더욱 유연한 체제가 필요함을 의미한다.

프로그램을 기반으로 도시개발을 다루는 역동적인 접근 방식은 도시에서 이벤트를 가시화하고, 이를 이용해 집단의 목표를 발전시켜 나가는 것을 의미한다. 이와 같은 새로운 도시 플랫폼의 역할은 그 중요성이 나날이 커지고 있다. 로테르담 페스티벌(Rotterdam Festivals), 앤트워프 오픈(Antwerpen Open), 브루게 플러스(Brugge Plus) 등의 이벤트 기반 조직(Richards 2017)과 샌타페이 예술위원회(Santa Fe Arts Commission)와 같은 예술 조직을 그 예로 들 수 있다(Box 5.3 참고).

몇몇 도시는 가시적인 상징물을 얻기를 원하지만, 많은 성공적인 소도시가 장소만들기의 기반을 마련하기 위해 이벤트와 더 많은 일시적 자원을 사용해 왔다. 로타와 살로네(Rota and Salone 2014)가 주장한 것처럼, (특히 대규모 이벤트의 경우) 이벤트는 일정하지 않고 장소만들기의 관점에서 예측할 수 없는 효과를 줄 수도 있지만, 많은 이벤트가 장소와 규칙적이고 주기적인 관계를 맺

---

* 하얀 코끼리란 대형 행사를 치르기 위해 지어졌지만, 행사 이후에는 유지비만 많이 들고 쓸모가 없어 애물단지가 돼버린 시설물을 일컫는다. 이는 고대 태국 왕이 마음에 들지 않는 신하에게 하얀 코끼리를 선물한 데서 유래했다.

고 있으며, 종종 수십 년 혹은 수세기에 걸쳐 그 지역 문화생활의 일부가 되기도 한다. 그들의 견해는 "도시 공간의 생산과 소비의 대안은 강력한 사회 및 관계적 자본과 독특한 도시 정체성이 있는 곳에서 더욱 성공적으로 발달할 수 있다"는 것이다(Rota and Salone 2014: 96).

점점 더 많은 학자들이 이벤트를 장소만들기의 한 모델로 다루고 있다(Hitzler 2011; Wynn 2015; Richards 2017). '축제화(festivalization)' 혹은 '이벤트화(eventification)'의 과정에 대한 긍정적인 시선 또한 존재한다. 그들은 이벤트가 이벤트 기간뿐만 아니라 장기간에 걸쳐 장소를 탈바꿈시킬 잠재력을 갖고 있다고 주장한다. 이벤트는 도시에 대해 생각해 보는 방법이 될 수 있다. 이벤트를 통해 장기적 관점에서 접근할 수 있고, 중요한 결정을 내리며, 다른 도시와 협력할 수 있게 만든다. 그러나 일시적인 이벤트의 한계를 극복하고, 연속성과 문화유산 및 영향력을 확보하기 위해 하나의 장소로서 도시의 맥락이 요구된다.

장소만들기는 이벤트와 프로젝트에 의해 주도되는 과정으로 인식되어야 한다. 예를 들어 전술적 도시론(tactical urbanism) 분야에서 대다수의 장소만들기는 헬싱키 스트리트푸드 페스티벌(Helsinki Street festival)에서 한시적으로 운영되는 레스토랑이나 파킹데이(Parking Day)의 설치미술 혹은 도시 해변과 같이 장소와 시설을 일시적으로 사용하는 것을 연상하게 한다. 이러한 장소와 이벤트의 결합은 빠르게 변화하는 이용자의 요구에 더 쉽게 적응할 수 있도록 간편하고 유연한 구조를 보인다. 또한 윈(Wynn 2015)이 미국의 음악 축제 사례에서 보여 주듯, 이벤트는 그것들을 중심으로 도시를 형성하기 시작하는 일시적인 창조 클러스터가 될 잠재력을 갖고 있다.

윈(Wynn 2016)은 더 나아가, (음악) 축제가 박물관이나 스타디움 같은 물리적 구조물을 건축하는 것보다 더 나은 현실적 대안이 될 수 있다고 제안했다. 그는 1990년대 유럽에서 목격한 바 있듯이(Richards 2001), 미국의 박물관처럼 문화시설에 투자하는 것이 수요를 앞지를 수 있다고 주장했다. 또한 축제는 "문화적으로 생기 넘치는 도시를 만드는 더 저렴하고 공평한 방법이며, 여기에는 공적자금도 더 적게 소요되고 철과 유리도 훨씬 덜 든다"고 주장했다. 그는 축제를 더욱 유연하고 포괄적인 것으로 특징지었다.

> 영구적인 스타디움이나 박물관과 달리 축제는 유연하다. 축제는 필요하다면 공간과 프로그램을 바꿀 수 있다. 그리고 더 포괄적이다. 많은 축제 프로그램이 시민에게 무료로 제공되고, 기존의 공공장소나 문화자산을 활용하며, 공동체 구성원 간 상호작용을 촉발하면서 도시 지역, 특히 부양책이 필요한 지역의 긍정적인 이미지를 구축한다.

또한 그는 사람들이 일시적 축제에 투자해야 하는지 의문을 제기할 수 있음을 경고했다. 그러나 "축제의 일시성은 특징이지 흠이 아니다. 축제가 없었다면 비어 있을 공간을 이용하면서 융통성을 발휘하고, 현존하는 지역 예술가 집단을 위한 플랫폼의 역할을 할 수 있다"고 역설했다. 만약 이벤트가 도시 문화생활의 필수적인 부분으로 여겨진다면 일시성으로 인한 뚜렷한 결점은 강점으로 바뀔 수도 있다. 개별적인 이벤트들을 일관된 프로그램으로 바꿈으로써 도시는 자신만의 DNA를 강조하고, 이벤트의 일시적인 에너지를 얻는 문화 및 창조 클러스터의 기반을 제공할 수 있다.

따라서 장소만들기 플랫폼은 장소만들기의 결과물을 발전시키기 위해 이벤트와 프로젝트 차원에서 도시의 또 다른 틀을 만듦과 동시에 이해관계자들을 연결하고, 관심과 자원을 유치하는 수단이라 할 수 있다.

잠재적 위험요소

다른 장소가 하는 대로 따라하는 것은 꽤 구미가 당기는 일이다. 사실 산업의 경우에도 서로 아이디어를 '차용'하는 경우가 많다. 여러 도시에 같은 마스터플랜을 판매할 수 없었다면 많은 건축가가 훨씬 더 가난했을 것이다(Ponzini et al. 2016). 그러나 에반스와 푸어드(Evans and Foord 2006)가 지적하듯, 특정 모델이 다른 장소에 맞지 않는 경우가 매우 흔하기에 그대로 따라하는 것은 위험하다.

공적자금에 대한 지나친 의존

소도시에서 정부의 역할은 매우 중요한 편이다. 정부는 변화를 일으키는 데 필수적인 안정성과 자원을 공급한다. 그러나 정부의 재정지원에 대한 지나친 의존성으로 인한 위험 또한 잠재한다. 문화에 대한 자금 지원은 대부분 공공부문에서 비롯되기에 문화 프로그램은 보통 이러한 위험에 쉽게 노출되어 있다. 이는 프로그램이 정부에 지나치게 의존한다는 것을 의미하고, 사람들이 프로그램을 실행하기에 앞서 계획을 세우거나 자금을 조달하기 위해 정부의 결정을 기다리는 문화권에서 특히 문제가 될 수 있다.

시몬스(Simons 2017)가 네덜란드의 틸뷔르흐(Tilburg)에서 열린 인큐베이트 페스티벌(Incubate Festival) 사례에서 보여 주었듯이, 이벤트는 정책 변화에 취약할 수 있다. 이 성공적이고 혁신적인 이벤트조차 공공부문의 실질적인 지원을 받는 데 어려움을 겪었으며, 이로 인해 이벤트의 '대안적인' 의미에 부정적인 영향을 미쳤다. 이는 또한 도시가 자금 지원을 멈추기로 결정을 내리는 순간, 그 이벤트는 실패한다는 것을 의미한다.

시간이라는 적

스헤르토헨보스의 경험은 필요한 시간 또한 중요한 위험 요소 중 하나가 될 수 있음을 보여 준다. 이벤트가 긴박감을 주고, 촉매제 역할을 한다고 하더라도 준비와 개발에 필요한 시간은 문제가 될 수 있다. 프로그램에 대한 관심을 유지하는 것은 어려운 일이며, 시기적으로 납득할 수 있을 만큼 충분히 진행되지 않는다면 이해관계자들의 열정도 사그라들 수 있다. 긍정적인 결과가 제시되지 않을 때에는 미디어 또한 그 프로그램과 주최자에 대해 부정적인 이야기를 하기 시작할 것이다.

이벤트를 위한 이벤트

소도시는 이벤트 관점에서 장점이 있지만 위험 또한 잠재한다. 많은 이들이 관광객들을 끌어들이고, 소비를 증가시키며, 도시의 이미지를 끌어올리는 신자유주의적 하향식 개발을 비판해 왔다(Smith 2015; Rojek 2013). 이벤트를 만들어 내는 것 자체가 도시 전략의 필수 요소가 되는 경우, 도시는 다른 기본적인 정책 목표를 실현하기보다 이벤트를 위한 이벤트를 개최하게 되는 위험성이 존재한다. 또한 이벤트나 프로그램 개발의 규범적 모델을 따르는 잠재적 문제도 있다.

이벤트 주도형 접근 방식은 이벤트 프로그램을 구성할 때 많은 사람이 주목하는 작은 것에만 집중하는 문제를 나타내기도 한다. 특정 날짜까지 일을 마쳐야 하기에 때로는 더 큰 사안에 피해를 주는 한이 있더라도 이벤트를 성사시키는 데 초점을 맞추는 경향이 있다. 스헤르토헨보스의 사례에서 오로지 '천재의 비전' 전시회에만 집중한다는 것은 연구 프로그램이 부재하거나, 전시할 그림이 부족하거나 아니면 미디어와 대중으로부터 관심을 받지 못한다는 것을 의미한다.

명성의 역설

프로그램을 진행하는 데 언론의 관심이 필수적이지만, 이는 때때로 독이 되기도 한다. 보스500 프로그램은(국제 혹은) 국가적 언론 보도로 엄청난 혜택을 보았으나, 잠재적 이윤보다 비용에 더 초점을 맞춘 지역 미디어의 반발을 사기도 했다. 미디어는 이해관계자들이 서로 대치해서 이윤과 비용에 대해 논쟁을 하고, 책임 소재를 따지는 전장이 되기도 한다. 이렇게 미디어가 주도하는 갈등은 소도시에서 심각한 피해를 초래할 수 있다.

정책 조정의 결여

보스500 프로그램의 가장 큰 단점 중 한 가지는 스헤르토헨보스가 이윤을 극대화할 수 있도록 지원하는 정책이 충분히 활성화되지 않았다는 것이다. 조치가 필요한 부문이 무엇인지 파악하기 위해 수많은 토론이 있었음에도, 대부분 희망했던 조치들은 부족하거나 부재했다. 특히 숙박 시설 개발이 이에 해당한다. 2016년을 위한 계획을 세울 당시 도시에는 단지 550개의 호텔 객실만이 있었기 때문에 시내에서 하룻밤 묵기를 원하는 모든 관광객을 수용하기 어려웠음은 명백했다. 추가적인 호텔 수용 인원의 필요성은 이미 2015년의 보고서(LAGroup 2015)에서 제한 요인으로 확인되었으며, 특히 보스 전시회가 목전에 닥치면서 해당 보고서는 주변 지역으로의 확산효과(spillover ef-fect)와 함께 시내 숙박 수요가 10% 증가할 것으로 추정했다. 그러나 행사 이전이나 행사 기간에 도시 내 새로운 호텔에 대한 투자가 더는 진행되지 않았다. 하루만 머무른 관광객들은 스헤르토헨보스에서 훨씬 적은 지출만 할 것이기에 이는 중요한 문제로 떠올랐다. 이로 인한 잠재적 손실은 해당 프로그램이 잠재적으로 거둘 수 있는 총 경제효과의 15%에 이를 것이라 추정되었다. 이러한 예상에도 불구하고, 2016년을 앞두고 호텔 투자를 촉진하기 위한 진지한 노력은 전혀 없었다. 오래된 교도소를 일시적으로 개조한다거나, 공유경제 유형의 숙박 시설 공급을 확장하는 등 예상되는 최대 수요에 대처하기 위해 많은 아이디어가 해결책으로 발표되었으나, 그 어떤 아이디어도 실천으로 옮겨지지 않았다.

잠재적 방해 세력

톤 롬바우츠 시장은 재능 있는 사람들로 이루어진 소규모 전담팀의 필요성을 확신했다. 하지만 이 또한 다른 이해관계자의 요구에 제대로 답하지 않는 '파벌'을 만들 위험성이 있다. 베이필드(Bayfield 2015)는 이에 대해 다음과 같이 설명했다.

> 앞서 강조한 정치·경제적 지원 네트워크와 마찬가지로, 인터뷰 대상자들은 […] 예술과 관련된 일을 한다는 것은 그 작업에 가장 적합한 사람들을 아는 것을 말한다고 강조했다. (짐작건대 다른 많은 도시와 마찬가지로) 맨체스터에서는 이 도시의 문화적 생산을 구성하는 문화 및 시민 엘리트의 네트워크와 관련된 일련의 '잠재적 방해 세력(usual suspects)'을 의미한다.

맨체스터 사례에서 잠재적 방해 세력은 지위가 높은 의회 관계자와 조직 관리자, 유명한 예술가 등을 말한다. 그들은 문화 프로그램 개발이나 구상 과정에서 대개 중요한 역할을 담당한다.

역량에 맞지 않는 무리한 계획 추진

우리는 이 책에서 소도시가 감히 큰 꿈을 가져야 한다고 주장해 왔다. 하지만 때때로 도시의 작은 규모에 그 야망은 너무 클 수 있다. 예를 들어 노르웨이 스타방에르(Stavanger)에서 열린 2008 유럽문화수도 관련 자료에 따르면, 상대적으로 작은 문화 부문은 대규모 프로젝트를 감당할 역량이 없으며, 일부

〈사진 9.3〉 2016년 12월 11일 열린 보스500 폐막 행사 '보스 비스트(Bosch Beast)'
(사진: Ben Nienhuis)

Box 9.2

히에로니무스 보스로부터의 조언: 장소만들기의 일곱 가지 덕목과 일곱 가지 대죄

소도시는 큰 꿈을 이루기 위해 무엇을 할 수 있을까? 이 책을 쓰면서 우리는 모델을 만들거나 처방을 하고 싶지는 않았다. 대신 프로그램 구축과 관련된 일곱 가지 덕목과 일곱 가지 잘못을 파악하기 위해 보스로부터 영감을 얻었다. 아래에 제시된 장소만들기를 할 때 해야 할 것과 하지 말아야 할 것들은 보스 자신이 작품에 나타낸 보편적인 가치에 기반한다.

장소만들기 프로그래밍의 일곱 가지 덕목
신중함/지식 = 예측, 현명함. 지식은 프로그램의 기반을 형성할 수 있고, 프로그램과 도시 간 관련성을 만들 수 있다. 지식은 새로운 기회를 제공하면서 네트워크를 통해 이동하고, 사람들을 서로 연결한다. 보스 네트워크는 프로젝트의 명성을 높이고, 보스에 대한 권리를 강화하는 데 도움이 된 주요 기관(보스500 재단과 보스 연구 보존 프로젝트BRCP로부터 지원받은 네이메헌Nijmegen의 라드바우드 대학Radboud University 특별 위원장 포함)을 통해 지식을 창출했다. 또한 보존 작업을 통해 보스의 유산을 보호하고, 학자와 미디어, 궁극적으로는 대중을 위한 새로운 지식을 창출했다. 결국 이러한 지식은 스헤르토헨보스가 보스의 도시(the Bosch City)라는 위상을 확보하는 데 도움이 되었다.

정의 = 타인과의 거래 규제. 네 것의 권리를 정당하게 주장하라. 스헤르토헨보스는 히에로니무스 보스의 그림을 보유하고 있지 않았기에 몇 년 동안 그에 대해 큰 신경을 쓰지 않았다. 그 인물을 내세울 권리에 대한 물리적 증거가 전혀 없었다. 그러나 그의 출생, 그가 일한 곳, 그가 사망한 곳, 그 이름의 기원 등 권리의 정당성은 마침내 분명해졌다. 심지어 더 강력한 파트너들이 그들의 영향력을 행사했을 때조차(로테르담과 프라도 미술관 사례) 명분은 확실했다.

절제 = 자제, 겸손, 온순함. 프로그램의 관점에서 그 계획과 재정 문제에 침착하고 조심스럽게 접근하는 것이 중요하다. 도시에 실질적 변화를 줄 수 있는 프로그램 요소에 투자하라.

성실함 = 끈기, 노력. 용기를 가지고 원칙을 고수하라. 보통 중요한 장소만들기 프로그램 개발에 한 세대가 걸리거나, 프로그램의 주요 이벤트를 계획하는 데만 5년이 걸리는 경우 이를 지키기란 쉽지 않다. 또한 실수를 인정하고 고칠 수 있도록 용기를 가져라.

믿음 = 신뢰, 신임. 큰 꿈을 가진 소도시에는 신뢰가 중요하다. 그 꿈이 공유되고, 당신이 하는 모든 일과 연관될 수 있도록 해야 한다. 큰 꿈을 꾸고 양보하지 마라. 소도시도 세계적 규모의 꿈을 가질 수 있고, 세계를 변화시키는 결과를 낼 수도 있다.

희망 = 바람, 기대. 독창성을 가져라. 소도시의 한계를 벗어나 독창적으로 생각하라. 예술, 문화, 과학, 스포츠, 스토리텔링, 혁신을 하나로 엮는 놀라운 연계를 만들어라. 그리고 (아마도 불분명한) 파트너와 어떻게 유대를 만들지 생각하라.

자비 = 사랑, 관대함. 보스의 유산을 보존하는 데 스헤르토헨보스는 놀라울 정도로 관대했다. 보스의 예술품이 없었던 스헤르토헨보스시는 가지고 있지도 않은 작품들을 보존하는 데 막대한 금액을 지출했다. 하지만 이는 경쟁과 제로섬게임만을 생각하던 다른 도시에 중요한 의미가 있다. 그 투자는 스헤르토헨보스와 다른 도시들 그리고 근본적으로는 전 세계의 이익이 되었다.

장소만들기 프로그래밍의 일곱 가지 대죄

질투 = 다른 누군가가 소유하고 있는 물품이나 경험을 향한 욕망. 질투는 모든 단계에서 생겨난다. 특히 중요한 이벤트를 위험 요소이자 재원 확보 경쟁으로 여기는 기존 단체들의 저항을 불러일으킬 것이다. 끊임없는 부정적 관심과 압박은 프로그램에 영향을 줄 수 있다.

과식 = 과도한 소비. 다년간 진행되는 프로젝트에서는 신중하게 재정을 관리해야한다. 처음에 '과식'하지 말고 나중을 위해 아껴라. 보스500 프로그램은 지나치게 빨리 시작되었는데 현명한 재정 관리를 통해 천천히 신중하게 만들어졌어야 했다. 전시회와 연구는 다른 프로그램 요소 대신 예산의 매우 큰 부분을 차지했다.

욕심 혹은 탐욕 = 물질적 소유에 대한 지나친 추구. 주요 프로젝트에 관련된 돈은 욕심을 자극한다. 프로그램을 위한 예산은 문화단체 입장에서 종종 생각지도 않은 자산으로 여겨질 때가 있다. 잠재적 파트너들은 돈 주변으로 빠르게 모이고, 많은 이들이 그들만의 꿈에 자금을 대기를 원한다. 도시의 꿈과 프로그램의 목표에 모두가 관심이 있는 것은 아니다. 이를 경계하고 명확한 규칙을 만들어라. 더 높은 목표를 지지하는 파트너들에게 힘을 실어주고, 그들을 프로젝트의 주인으로 만들어 프로그램에 대한 책임을 공유하라.

욕정 = 통제할 수 없는 열정 혹은 갈망. 대도시처럼 되고 싶은 욕구는 때때로 치명적이다. 빠른 승리나 쉬운 목표, 혹은 눈부신 모델의 유혹에 넘어가서는 안 된다.

교만 = 타인을 고려하지 않는 자신만의 견해. 다른 사람들과 성공을 나눠야 할 때 자존심을 내세우지 마라. 단체, 도시, 시민, 특히 정치인들과의 협업을 강조하라. 보스500의 경우 암스테르담 출신의 관리자를 지명한 것이 모욕으로 여겨졌다. 왜 우리 스스로 할 수 없는 것일까? 프로그램은 엘리트 혹은 문화(Culture, 대문자 C)만을 위한 것이 아닌 전체 도시를 위한 것이어야 한다. 일반 대중이 그 프로그램에서 자신들을 인식할 수 있게 해야 한다. 이는 지역 예술가나 아마추어와의 협업을 뜻한다. 이것이 때맞춰 활기를 띠어 프로젝트를 살린 '도시의 비전(Vision of the City)'이 프로그램의 일부가 된 이유였다.

나태 = 지나친 나태함 혹은 행동하고 재능을 활용하는 것에 실패. 산만해져서는 안 된다. 장기 프로그램에서는 나태해지기 쉽다. 조직은 안일해질 수 있고, 제시간에 조치하지 않는 것은 문제가 커질 수 있음을 나타낸다. 긴장을 유지하고, 능동적이며

> 적극적이어야 한다. 다른 이해관계자들의 관심이 줄어들 때 조직은 특히 경계해야
> 한다. 유산에 관심을 두고, 성공에 기반을 두어야 한다. 때로는 프로그램 이후의 기
> 간이 가장 중요하지만, 특히 장기간 지속되는 프로젝트에서 그 이후를 생각하기란
> 쉽지 않다. 노력했던 몇 년의 시간이 쓸모없어지는 것은 안타까운 일이 될 것이다.
> **분노 = 타인에 대한 걷잡을 수 없는 분노와 증오.** 부정적인 관심과 비판이 아무리
> 부당하다 하더라도 견뎌야 한다. 심지어 조력자, 시민, 정치인들의 격렬한 비판에
> 직면하거나, 특히 미디어가 이를 과장하더라도 조직은 평정을 유지해야 한다. 비판
> 하는 사람들을 동참하게 만듦으로써 부정적인 견해를 약화시켜야 한다.

조직은 결국 역량이 '고갈'되어 문제를 드러냈다(Asle Bergsgard and Vassenden
2011). 만약 지역 문화 부문이 프로그램을 감당할 수 없다면, 이를 보완하기
위해 참여하게 된 외부인들로 인해 이익의 많은 부분이 도시 외부로 '유출'될
위험성이 증가한다.

스헤르토헨보스의 사례에서도 성공할 경우를 대비한 준비가 부족했다. 모
든 지역 주민과 주요 이해관계자들이 그 프로그램이 성공할 것이라 확신한
것은 아니었다. 과연 누가 들어보지도 못했고, 발음하기도 힘든 작은 도시를
찾아올 것인가? 큰 꿈과 함께 소심하고 비관적인 생각도 어느 정도 존재했다.
결과적으로 방문객을 맞이하는 데 필요한 모든 것이 제대로 준비되지는 않았
으며, 경제효과가 감소하게 되었다.

다른 장소에도 적용할 수 있는 원칙

우리는 모든 도시가 여기서 분석한 경험들로부터 무언가 배울 수 있다고 생
각한다. 하지만 스헤르토헨보스나 다른 성공한 소도시에 의해 개발된 전략들
이 어느 장소에서든 채택되어 바로 적용할 수 있는 모델은 아니다. 물론 각 도

시에서 그들의 상황에 적용할 수 있는지 확인이 필요한 것은 사실이지만, 이 장에서 논의한 성공 요인들은 또 다른 상황에서도 작동할 수 있는 전략과 전술에 대한 보편적인 정보를 제공한다.

또한 다른 도시에서 따라 하기 어려운 스헤르토헨보스의 맥락을 파악할 수 있다. 특히 이것은 문화 및 정치적 요소와 관련이 있다. 네덜란드의 정황을 전체적으로 살펴보자면, 남부 네덜란드에서는 가톨릭 특유의 개방성과 시장 임명 체계 두 가지 모두 도시의 성공에 한몫을 했다고 말할 수 있을 것이다. 브라반트 지역의 가톨릭 문화는 분명 왜 해당 지역이 유럽에서 가장 혁신적인 지역 중 하나인지 어느 정도 보여 준다. 사람들은 도시, 기업, 부문별 경계를 넘어 기꺼이 아이디어를 공유하려 한다.

1장에서 설명한 것처럼 소도시의 맥락이나 역량에 상당한 격차를 가져오는 거버넌스 구조에도 차이가 존재한다. 예를 들어 스헤르토헨보스의 성공 요인 중 하나로 정치적 리더십의 연속성을 강조했다. 하지만 이것은 톤 롬바우츠 시장이 20년 이상 연임할 수 있게 만든 도시의 시장 임명 체계 때문이기도 하다. 그러나 베크 외(Bäck et al. 2006)가 유럽의 시장에 관한 연구에서 보여 준 것처럼 유럽 내에서조차 시장의 입지와 재임 기간은 매우 다르게 나타난다.

소도시에 자금을 조달하는 것 또한 지역이 가진 가능성을 판단하는 중요한 요소다. 예를 들어 북미 도시에서는 지방세 등을 통해 돈을 마련해야 할 필요성이 커지는 반면 유럽의 도시들은 다양한 공적자금을 요청할 수 있다. 네덜란드에서 보스500 프로그램은 지역, 지방, 국가 그리고 국제적 자금원으로부터 지원을 받을 수 있었고, 이는 지역의 재정지원에 대한 높은 수준의 지렛대 효과를 나타낸다. 미국 카멜(Carmel)의 제임스 브레이너드(James Brainard) 시장이 옹호했던 재생 프로그램은 차입 요건의 강화로 비난받았다.

결론: 도시권에서 변하고 있는 소도시의 위상

소도시는 오랫동안 대도시의 영향 아래 있었지만, 국제 도시권에서 소도시의 위상은 새로운 기술, 변화하는 자원 기반, 다른 근무 형태, 대도시 집적의 부정적 효과, 소도시의 창조적 장소만들기 활동 등으로 인해 변화하기 시작했다.

소도시의 위상은 이제 인구 규모나 어메니티 혹은 그들이 유치할 수 있는 창조적 인재의 구성원과 직접적으로 관련되지 않는다. 사코와 블레시(Sacco and Blessi 2007)가 문화지구 모델에 관해 제안한 것처럼(2장 참고), 소도시는 다양한 자원을 이용하며 새로운 잠재력을 찾아내기 시작했다. 소도시는 개발을 촉진하기 위해 전통적인 어메니티와 더불어 품질, 장소의 정신(Genius loci), 명소, 사교성, 네트워킹 자본 등을 이용하고 있다. 이러한 자원의 활용은 경쟁보다 네트워킹과 협력을 강조하는 경향이 있다. 도시는 마케팅과 브랜딩을 통해 어떻게 자신들을 차별화할 수 있을지뿐만 아니라, 네트워크 가치와 협업의 이점을 발전시키기 위해 어떻게 다른 도시와 함께 일할 수 있을지 생각할 필요가 있다. 네트워크를 이용한다는 것은 개발의 물리적 과정인 도시계획으로부터 자원을 역동적으로 연계하고 의미를 부여하는 창조적 행위인 프로그래밍으로 전환하는 것을 의미한다.

소도시는 그 DNA에서 의미를 찾을 수 있지만, 편협한 지역주의를 피하려면 창조성과 야망이 필요하다. 스헤르토헨보스는 대담한 꿈을 꾸고, 대도시의 경쟁 원리로부터 탈피함으로써 물리적 규모와 소도시 특유의 사고방식에서 비롯되는 한계를 벗어날 수 있었다. 네트워크 사회의 협업은 다양하고 새로운 창조적 가능성을 제시한다. 도시는 이용할 수 있는 자원을 잘 활용하고, 공동가치창출(co-creation)을 촉진하기 위해 지역 및 국제적 흐름을 연결함과 동시에 도시 자체에서 상향 및 하향식 절차를 이용해 이러한 요소들을 활용할 수 있다. 도시는 공유하는 가치와 높은 수준의 목표를 바탕으로 도시에 나타난 집단적 창조성을 활용하는 프로그램을 만들 수 있다. 지역 주민들과 기관의 풀뿌리 참여로 뒷받침했던 하향식 비전이 없었더라면 보스500 프로그램은 성공하지 못했을 것이다. 창조적 장소만들기를 실천할 때 하향식 절차는 상향식 절차가 발달할 수 있는 환경을 조성할 수 있다.

오클리(Oakley 2015)가 제안한 것처럼 도시에서 프로그래밍과 이벤트로 형성된 새로운 공간을 활용해 새로운 장소의 정치학을 만들어 낼 수 있다. 도시는 단순히 활기를 되찾거나 관광을 목적으로 이벤트를 조직하기보다는 삶의 질에 기여하기 위해 도시의 DNA에 따라 행사를 기획해야 한다. 도시에 대한 프로그래밍 관점의 발전은 도시의 장소라는 공간적 측면과 아울러 일시적인 측면, 혹은 컨(Kern 2015)이 말한 복합적인 일시성과 사건성(eventfulness)을 포함하는 '시공간(timespace)'을 고려해야 함을 나타낸다.

과거 장소만들기는 시간상으로 선형적인 형태로 공간을 개발하는 도시 공간계획 방식을 따르는 경향이 있었다. 계획에서 프로그래밍 관점으로 변화함으로써 도시는 다른 시간의 관점을 통해 장소를 개발하는 가능성도 갖게 되었다. 8장에서 논의한 것처럼 시간(time), 타이밍(timing), 속도(tempo)를 통합하는 대안적인 '3-Ts' 비전은 도시가 '가진 것'으로부터 '될 수 있는 것'으로 초점을 변화시켰다. 도시 프로젝트의 수행은 행동을 위해(타이밍) 자원을 이용하고(시간) 옮기는 과정(속도)을 수반한다. 이는 도시가 스스로를 조직하는 방식에 의미가 있다. 적당한 시기에 움직일 수 있다는 것은 유연성이 요구되는 것으로, 이는 공통의 목표를 가진 다수의 행위자를 하나로 연결하는 네트워크를 갖추거나, 행동을 준비하는 방식으로서 도시의 일시적 자원을 연계하는 플랫폼을 창출하는 것으로부터 생겨날 수 있다. 강력한 시간적 관점(temporal perspective)을 고려하는 것은 장소만들기를 (우리가 가진) 자원으로부터 (꿈을 이루기 위해 어떻게 변화할지에 대한) 역학관계로 전환하면서 장소만들기의 실천에 새로운 역동성을 더한다. 소도시는 제한된 자원만을 가지고 있기 때문에 현명하고 창조적으로 자원을 이용해야 한다. 이 책에서 우리는 도시가 그 초점을 양(창조적인 사람과 어메니티의 양적 규모)에서 질(보유하고 있는 사람과 물건의 질을 어떻게 향상시킬 것인가)로 바꾸어야 한다고 주장했다.

도시 이론의 측면에서 우리는 도시개발에 물리적 규모나 어메니티뿐만 아니라 도시의 질적이고 역동적인 자질과 도시성(urbanity)도 고려해야 함을 제안했다. 물리적 규모의 문제로 볼 때 당연히 소도시는 구조적으로 불리하다 (Lorentzen and van Heur 2012). 도시 역학 관점에서 소도시는 프로그래밍과 개발의 창조적 행위를 통해 물리적 규모로 인한 불이익의 많은 부분을 극복할 수 있다. 보유하고 있는 자원의 양보다는 도시가 자원을 어떻게 활용할지가 중요해졌다.

우리의 분석은 거시적 도시주의(urbanism)에서 벗어나 '복합적인 일상적 도시(multiplex, ordinary city)'의 축소판에 대한 분석으로 옮겨가야 한다는 논의와 관련이 있으며, 이는 기동성, 흐름, 일상적인 관행과 더불어 장소만들기 행위자에 의해 이러한 것들이 형성되는 방식을 강조한다(Warren and Dinnie 2017). 스헤르토헨보스의 경험은 캐나다 토론토의 장소 브랜딩 행위자가 했던 정당화 관행(legitimation practices)에 대한 워런과 디니(Warren and Dinnie)의 설명과 부합한다. 스헤르토헨보스의 장소만들기는 도시 자원의 결합에 의미를 부여하기 위해 내러티브와 스토리텔링을 이용한 소수의 문화매개자(cultural intermediaries) 집단에 의해 강하게 주도되었다. 장소만들기 프로그램으로 창출되는 가치가 도시의 핵심 결정권자에게 항상 분명하게 보이는 것은 아니기 때문에 장소만들기와 장소 브랜딩의 정당화에는 여전히 투쟁이 필요하다. 스헤르토헨보스의 경우, 보스500 프로그램의 가장 값진 효과는 보스의 유산을 확보한 것과 더불어 미래에도 계속해서 도시에 자원을 공급할 수 있는 지식의 흐름을 창출한 것이었다고 할 수 있다. 그러나 장소만들기의 정당화는 필요한 투자를 확보하기 위한 프로그램의 경제적 가치에 주로 집중되어 있었다.

창조적인 장소제작자들에게 어려운 문제는 보스500 프로그램의 '경성적인 (hard)' 경제적 내러티브와 '연성적인(soft)' 지식 기반 가치창출 과정 사이에 존재하는 격차로, 그런 배경을 모르는 사람들에게 그 효과가 거의 마술처럼 보이게 할 수 있다는 것이다. 즉 갑자기 수백만 명의 사람들이 소박한 지방 박물관을 방문하기 위해 잘 알려지지도 않은 도시를 찾는 것처럼 보일 수 있다. 꽉 들어찬 호텔과 레스토랑, 상점들의 경제적 효과는 빙산의 일각에 불과하며, 장소만들기 효과의 대부분은 그 아래에 감춰져 있다. 워런과 디니(Warren and Dinnie 2017)는 장소 브랜딩을 하는 사람들은 그들의 활동이 지엽적인 것으로 여겨진다는 이유로 이를 정당화하기 힘들어한다고 말했다. 장소만들기 또한 활동의 효과가 대부분 눈에 띄지 않을 때, 이와 비슷한 문제를 겪을 수 있다. 요스 프랑컨(Jos Vrancken)이 언급한 것처럼, 거대도시보다 대립되는 이야기가 적은 소도시에서는 장소만들기의 중요성을 강화할 수 있어야 한다. 장소만들기 프로그램을 발전시키는 문화매개자들의 활동은 소도시 전체의 미래 발전에 더 큰 영향을 줄 수 있다.

스헤르토헨보스는 지역에 착근된 지식을 바탕으로 자원을 창의적으로 활용하는 프로그램의 기반으로써 도시의 DNA를 이용할 수 있었기에 성공을 거두었다. 의욕적인 소수 집단의 리더십이 그랬던 것처럼, 네트워크를 구축하고 주도하는 스헤르토헨보스시의 능력은 성공으로 이끄는 결정적인 요인이었다. 그 작은 도시는 내부를 변화시키기 위해 외부와의 연계가 필요했다. 외부 세계와 관계를 맺음으로써 도시 전체가 프로그램의 중요성을 인정하게 되었다.

이러한 과정은 분명한 비전에 크게 의존함과 동시에 (대부분의 도시 프로그램이 중점을 두는) 사람들이 원한다고 생각하는 것을 제공하는 정치에서 벗어나 사람들이 미래에 원하게 될 것을 주는 데 중심을 두었다. 이러한 변화를 일으키는 과정에서는 사람들과 함께하는 것이 필수적이며, 소수의 '잠재적 방해세력(usual suspects)'만이 이야기를 이해해서는 안 된다. 도시의 이야기는 그 지역의 사람들을 통해 쓰여야 하고, 그들이 이야기의 주인이 되어야 한다. 개발된 의미 또한 더 널리 공유되어야 한다. 이는 의미가 '연결된(bridging)' 형태(타인과 우리를 연결하는 것)뿐만 아니라, 의미가 '결합한(bonding)' 형태(우리가 공통적으로 가진 것)로 의미가 만들어지는 것을 뜻한다. 의미를 결합하는 것은 소속감을 통해 시민 프로그램에 대한 광범위한 지원을 이끌어 내는 데 도움이 될 수 있다. 의미를 연결하는 것은 도시를 새로운 관계, 네트워크, 분야와 연결함으로써 새로운 기회를 준다.

효과적인 장소만들기를 위해서는 자원, 의미, 창조성 이 세 가지 요소 간 성공적인 균형을 이루는 것이 중요하다. (물리적) 자원에 대한 과도한 집중(〈그림 9.1c〉 참고)은 리처즈와 윌슨(Richards and Wilson 2006)이 언급한 것처럼, 상징에 기반해 복제를 반복하는 문제로 이어질 수 있다. 의미에 대한 지나친 관심(〈그림 9.1b〉 참고)은 힐드레스(Hildreth 2008)가 주장한 것과 같이 편협한 접근방식으로 이어지거나, 장소 브랜딩이나 장소 마케팅에 대한 과도한 의존으로 이어질 수 있으며, 이는 도시의 현실을 개선하는 것에 비해 그 효과가 훨씬 작다. 마지막으로 창조성을 지나치게 강조(〈그림 9.1a〉 참고)하는 것은 결국 프로그램이 그 피상성과 엘리트주의로 크게 비판받은 창조도시 전략의 모방에 그칠 수도 있음을 뜻한다(Peck 2005; Waitt and Gibson 2009).

장소만들기의 자원, 의미, 창조성 사이의 균형이 이루어졌을 때(〈그림 9.1d〉 참고), 각각의 요소는 다른 요소를 뒷받침하게 된다. 도시의 의미를 착근시키고 차별화하기 위해서는 도시의 자원이 필요하다. 또한 의미는 창조성의 원천이 되고, 창조성은 도시와 흐름의 공간(space of flows)을 잇는 네트워크로부터 더 많은 자원과 지식을 활용하기 위해 이용될 수 있다. 추가적인 자원은 새로운 의미를 표현하는 수단이 된다. 따라서 이와 같은 장소만들기 체제의 요소 간 상호의존성은 발전의 선순환으로 변화하게 된다.

　핵심적인 접근 방식의 한 가지는 대도시처럼 생각하지 않고, 다르게 생각하는 것이다. 소도시는 대도시가 될 필요가 없으며, 우물 안 개구리가 될 필요도 없다. 우리는 세계경제의 변화가 제시하는 새로운 가능성을 활용하는 대안 전략에 대해 논의했다. 현대 네트워크 사회에서 새로운 가능성을 제시하기 위해 많은 변화가 일어나고 있으며 서로 융합(converging)하고 있다.

- 규모와 관련된 열등감에서 탈피
- 경쟁의 대안으로서 협업과 협력 이용

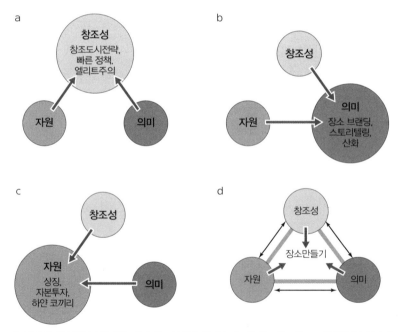

〈그림 9.1〉 장소만들기의 자원, 의미, 창조성 간 균형: (a) 과도한 창조성 – 창조도시 전략 (b) 의미에 대한 지나친 강조 – 장소 브랜딩 전략 (c) (물리적) 자원에 대한 과도한 의존 – 상징 주도 개발 (d) 자원, 의미, 창조성을 결합하는 균형 잡힌 장소만들기 접근법

- 더 많은 자원을 갖는 것을 걱정하기보다 더 효과적으로 자원 이용
- 네트워크 가치 창출을 위해 도시를 네트워크에 입지

소도시가 이와 같은 새로운 전략을 개발할 수 있게 되었을 때, 우리는 비로소 콜리츠(Collits 2000)가 설명한 '소도시 낙관주의(small-city optimism)'를 공유할 수 있고, "지역사회는 그들 스스로 경제를 호전시킬 수 있다". 비록 소도시가 대도시와 치열한 경쟁을 하게 되더라도 이 책과 다른 연구에서 제시된 사례들은 소도시의 쇠퇴가 불가피한 것이 아니며, 내생적 발전을 통해 쇠퇴를 멈추거나 반등시킬 수 있음을 보여 준다. 그러나 이를 성공적으로 해내기 위해서는 창조적으로 자원을 모으고, 프로그램이 도시의 본질적인 DNA에 뿌리내려야 한다. 이러한 방식을 통해 거대도시를 모방하거나 소도시 보수주의에 안주하는 것보다 더욱 긍정적인 방향을 모색할 수 있다는 희망이 존재한다. 우리는 작은 도시가 발전하고 번영하기 위해 열망하는 것에 대한 더욱 분명한 아이디어가 있어야 한다고 설명한 마호니(Mahoney 2003)의 주장에 공감한다. 소도시가 큰 꿈을 갖는 것은 매우 중요하다.

· 참고문헌 ·

Afdeling Onderzoek & Statistiek (2017). *Eindevaluatie manifestatie Jheronimus Bosch 500.* 's-Hertogenbosch: Gemeente 's-Hertogenbosch.

Asle Bergsgard, N., and Vassenden, A. (2011). The Legacy of Stavanger as Capital of Culture in Europe 2008: Watershed or Puff of Wind? *International Journal of Cultural Policy* 17(3): 301-20.

Bäck, H., Heinelt, H., and Magnier, A. (2006). *The European Mayor: Political Leaders in the Changing Context of Local Democracy.* Vienna: Springer.

Barnes, T. J., and Hayter, R. (1992). "The Little Town That Did": Flexible Accumulation and Community Response in Chemainus, British Columbia. Regional Studies 26(7):

647-63.

Bayfield, H. (2015). Mobilising Manchester through the Manchester International Festival: Whose City, Whose Culture? An Exploration of the Representation of Cities through Cultural Events. PhD, University of Sheffield.

Bollier, D. (2015). *The City as Platform: How Digital Networks Are Changing Urban Life and Governance*. Washington, DC: Aspen Institute.

Caselas, A. P. (2002). The Barcelona Model? Agents, Policies and Planning Dynamics in Tourism Development. PhD dissertation, Rutgers University.

Castells, M. (2009). *Communication Power*. Oxford: Oxford University Press.

Chalip, L. (2006). Towards Social Leverage of Sport Events. *Journal of Sport & Tourism* 11(2): 109-27.

Collits, P. (2000). Small Town Decline and Survival: Trends, Success Factors and Policy Issues. Paper presented at the conference "Future of Australia's Country Towns", La Trobe University, Bendigo, Australia.

Evans, G., and Foord, J. (2006). *Small Cities for a Small Country: Sustaining the Cultural Renaissance?* London: Routledge.

Garrett-Petts, W. (2017). Culture, Tourism, Sustainability: Toward a Vernacular Rhetoric of Place Promotion. Paper presented at the conference "Culture, Sustainability, and Place: Innovative Approaches for Tourism Development", Ponta Delgada, Portugal, 13 Oct.

Giffinger, R., Kramar, H., and Haindl, G. (2008). The Role of Rankings in Growing City Competition. In *Proceedings of the 11th European Urban Research Association (EURA) Conference*, Milan, Italy, 9-11 Oct. http://publik.tuwien.ac.at/files/PubDat_167218.pdf.

Gold, J., and Gold, M. (2017). Olympic Futures and Urban Imaginings: From Albertopolis to Olympicopolis. In J. Hannigan and G. Richards (eds), *The SAGE Handbook of New Urban Studies*, 514-34. London: SAGE.

Hildreth, J. (2008). The Saffron European City Brand Barometer: Revealing Which Cities Get the Brands They Deserve. http://saffron-consultants.com/wp-content/uploads/Saff_CityBrandBarom.pdf.

Hitzler, R. (2011). *Eventisierung: Drei Fallstudien zum marketingstrategischen Massenspaß*. Wiesbaden: Verlag für Sozialwissenschaften.

Kern, L. (2015). Rhythms of Gentrification: Eventfulness and Slow Violence in a Happening Neighbourhood. *Cultural Geographies* 23(3): 441-57.

LAGroup (2015). Actualisering hotelonderzoek 's-Hertogenbosch en omgeving. Amsterdam: LAGroup. www.ondernemenindenbosch.nl/uploads/media/564c3750d4de6/

actualisering-hotelonderzoek-s-hertogenbosch-e-o-lagroup-april-2015.pdf.

Lambe, W. (2008). *Small Towns Big Ideas: Case Studies in Small Town Community Economic Development.* Chapel Hill: University of North Carolina School of Government and Rural Economic Development Center. http://ncruralcenter.org/images/PDFs/Publications/stbigideasi.pdf.

Lewis, N. M., and Donald, B. (2010). A New Rubric for "Creative City" Potential in Canada's Smaller Cities. *Urban Studies* 47(1): 29-54.

Lorentzen, A., and van Heur, B. (2012). *Cultural Political Economy of Small Cities.* London: Routledge.

Mahoney, T. R. (2003). The Small City in American History. *Indiana Magazine of History* 99(4): 311-30.

Oakley, K. (2015). Creating Space: A Re-evaluation of the Role of Culture in Regeneration. http://eprints.whiterose.ac.uk/88559/3/AHRC_Cultural_Value_KO%20Final.pdf.

Peck, J. (2005). Struggling with the Creative Class. *International Journal of Urban and Regional Research* 29(4): 740-70.

Ponzini, D., Fotev, S., and Mavaracchio, F. (2016). Place-Making or Place-Faking? The Paradoxical Effects of Transnational Circulation of Architectural and Urban Development Projects. In A. P. Russo and G. Richards (eds), *Reinventing the Local in Tourism: Producing, Consuming and Negotiating Place,* 153-70. Bristol: Channel View.

Richards, G. (2001). *Cultural Attractions and European Tourism.* Wallingford, UK: CAB International.

Richards, G. (2017). From Place Branding to Placemaking: The Role of Events. *International Journal of Event and Festival Management* 8(1): 8-23.

Richards, G., and Wilson, J. (2006). Developing Creativity in Tourist Experiences: A Solution to the Serial Reproduction of Culture? *Tourism Management* 27: 1209-23.

Rojek, C. (2013). *Event Power: How Global Events Manage and Manipulate.* London: SAGE.

Rota, F. S., and Salone, C. (2014). Place-Making Processes in Unconventional Cultural Practices: The Case of Turin's Contemporary Art Festival Paratissima. *Cities* 40: 90-98.

Sacco, P. L., and Blessi, G. T. (2007). European Culture Capitals and Local Development Strategies: Comparing the Genoa and Lille 2004 Cases. *Homo Oeconomicus* 24(1): 111-41.

Simons, I. (2017). The Practices of the Eventful City: The Case of Incubate Festival. *Event Management* 21(5): 593-608.

Smith, A. (2015). *Events in the City: Using Public Spaces as Event Venues.* London: Routledge.

Stone, C. N. (1989). *Regime Politics: Governing Atlanta, 1946-1988.* Lawrence: University

Press of Kansas.

TRAM (2007). *Haalbaarheid en effecten van het meerjarenprogramma Jheronimus Bosch 500*. Barcelona: TRAM.

Turok, I. (2009). The Distinctive City: Pitfalls in the Pursuit of Differential Advantage. *Environment and Planning A* 41(1): 13-30.

Waitt, G., and Gibson, C. (2009). Creative Small Cities: Rethinking the Creative Economy in Place. *Urban Studies* 46(5-6): 1223-46.

Warren, G., and Dinnie, K. (2017). Exploring the Dimensions of Place Branding: An Application of the ICON Model to the Branding of Toronto. *International Journal of Tourism Cities* 3(1): 56-68.

Wolman, H. (1992). Understanding Cross National Policy Transfers: The Case of Britain and the US. *Governance* 5(1): 27-45.

Wynn, J. R. (2015). *Music/City: American Festivals and Placemaking in Austin, Nashville, and Newport*. Chicago: University of Chicago Press.

Wynn, J. (2016). Why Cities Should Stop Building Museums and Focus on Festivals. http://theconversation.com/why-cities-should-stop-building-museums-and-focus-on-festivals-57333.

큰 꿈을 키우는 작은 도시들
창조적 장소만들기와 브랜딩 전략

초판 1쇄 발행 2021년 7월 28일

지은이   그렉 리처즈·리안 다위프
옮긴이   이병민·남기범·양호민·정선화·정수희·최성웅·허동숙

펴낸이   김선기
펴낸곳   (주)푸른길
출판등록 1996년 4월 12일 제16-1292호
주소   (08377) 서울시 구로구 디지털로 33길 48 대륭포스트타워 7차 1008호
전화   02-523-2907, 6942-9570~2
팩스   02-523-2951
이메일   purungilbook@naver.com
홈페이지 www.purungil.co.kr

ISBN   978-89-6291-908-0 93980

• 본 저서는 2017년 대한민국 교육부와 한국연구재단의 지원을 받아 수행된 연구임
(NRF-2017S1A3A2067374).